人工智能实验
简明教程

焦李成 孙其功 田小林 侯彪 李阳阳 编著

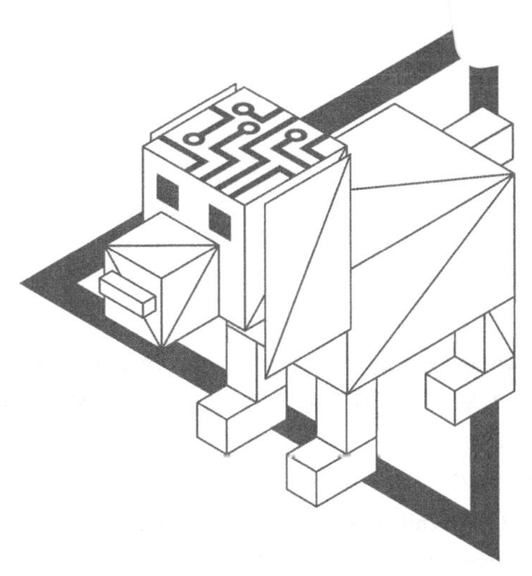

清華大學出版社
北京

内容简介

随着人工智能的飞速发展及广泛应用，人工智能专业教育正在逐步完善，作为国内人工智能领域的创新性实验教材，本书结合人工智能的理论、实践和创新型，实现了先进性与新颖性并举，内容涵盖了图像、语音、文本和视频等人工智能技术广泛应用的多个领域，涉及识别、分类、检测、预测、跟踪和三维重建等多类实验任务。内容与理论教学相呼应，注重趣味性，极具实操性。本书实验体系完备，对每个实验均从原理、实际操作到所应用平台环境进行详细介绍，符合人工智能发展的特质与人才培养的需求，读者可通过对本书内容的学习，对实验进行整体了解并独立完成实验，提高自身创新能力。

本书可作为高等院校人工智能、智能科学与技术、大数据技术、智能机器人、智能医学工程、网络工程、物联网技术、航天工程、电子科学与技术、控制科学与工程、信息与通信工程等专业及学科的本科生、硕士、博士研究生的实验教材。同时也可以供有一定专业知识储备的科研人员、从业者、人工智能爱好者参考。

图书在版编目(CIP)数据

人工智能实验简明教程/焦李成等编著.—北京：清华大学出版社，2021.3（2025.1重印）
ISBN 978-7-302-57429-3

Ⅰ.①人… Ⅱ.①焦… Ⅲ.①人工智能—高等学校—教材 Ⅳ.①TP18

中国版本图书馆CIP数据核字(2021)第021170号

责任编辑：王　芳
封面设计：刘　键
责任校对：徐俊伟
责任印制：沈　露

出版发行：清华大学出版社
网　　址：https://www.tup.com.cn，https://www.wqxuetang.com
地　　址：北京清华大学学研大厦A座　　**邮　　编**：100084
社 总 机：010-83470000　　**邮　　购**：010-62786544
投稿与读者服务：010-62776969，c-service@tup.tsinghua.edu.cn
质量反馈：010-62772015，zhiliang@tup.tsinghua.edu.cn
课件下载：https://www.tup.com.cn，010-83470236
印 装 者：三河市龙大印装有限公司
经　　销：全国新华书店
开　　本：185mm×260mm　　**印张**：15.25　　**彩插**：5　　**字　　数**：378千字
版　　次：2021年3月第1版　　**印　　次**：2025年1月第5次印刷
印　　数：3201～3500
定　　价：59.00元

产品编号：090206-01

前言
PREFACE

近年来，人工智能的发展势如破竹，人工智能专业教育体系正在加速建设和完善中，但在人工智能专业的教学实践中发现，实验课程作为其中的重要一环却还未引起足够重视：缺乏相应的系统性实验教材，缺乏相关实验教学经验，亟待建立与理论教学体系相呼应的实验教学体系。本书既是应需求而作，也是对本团队十余年人工智能实验教学经验的总结，同时又是对人工智能实验培养体系的探索和实践。本书选取了部分人工智能在实际生活中有趣的应用作为实验素材，并从理论到实现过程对这些应用进行了详细的讲解说明，希望能为广大的人工智能学习者了解人工智能理论并完成相关实验提供指导，也期待本书能为人工智能专业实验课程体系建设"抛砖引玉"。

人工智能就是让计算机仿照人的大脑来工作，目的是使计算机拥有模拟、延伸和发展人类认知世界的能力。深度学习是实现人工智能的一个重要方法，它是一种以多层人工神经网络为架构，对数据进行表征学习的方法，在过去几十年的发展历程中，针对不同的问题，各具特色的深度学习框架和算法不断涌现，成就了如今的人工智能时代。本书的实验内容涵盖了图像、语音、文本和视频等人工智能技术广泛应用的多个领域，涉及识别、分类、检测、预测、跟踪和三维重建等多类实验任务；人工智能实验的基础理论部分介绍了不同实验所涉及的深度学习模型框架的理论、发展及功能；实验部分阐述了实验背景、原理、操作步骤、数据、评估准则、所应用的平台及系统环境等内容，读者可在了解理论的基础上根据实验部分的描述独立完成相关实验，从理论到实践来体会人工智能之美、人工智能之趣、人工智能之于社会生产生活的深刻影响。

本书的主要特点如下：

(1) 理论性、实践性与创新性相结合。本书反映人工智能新发展、新知识、新技术、新方法的科研成果转化为适合实验教学的基础实验，内容和章节设计新颖，以使读者懂理论、会应用、能创新为目标，涵盖理论思想、实践应用以及方向展望，既能帮助读者夯实基础理论，又能锻炼基本算法实现技能，培养人工智能技术创新意识、创新能力和创新精神。

(2) 先进性与新颖性并举。本书所选取的实验既是人工智能技术发展中前沿、新颖的应用，也是与大众日常生活密切相关的实际问题，如聊天机器人、语音识别、图像修复等。其中一些实验涉及比较有意趣的应用，如老照片上色、年龄判断、语义生成风景图、人物年龄判断及情绪预测等；还有一些实验涉及复杂系统构建，如智慧城市、安防领域中应用较多的目标检测、视频目标跟踪等。

(3) 与理论教学相呼应。本书所选取的实验涵盖了深度神经网络理论教学的基本内容，通过这些实验能够使读者加深理解以及巩固基本概念和理论，熟悉和掌握深度网络的经典结构、训练方法、优化方法等，为进一步学习人工智能理论课程打下坚实基础。

(4) 注重趣味性,极具实操性。本书选择使用活泼生动的描述方式代替生硬的专业表达来对实验进行介绍,一方面有利于读者对内容的理解,另一方面拉近作者与读者的距离,希望给读者以现场教学的感觉。与此同时,本书对选取的每一个实验均进行了详尽的介绍和分析,特别注重实验过程的完整描述,读者可以使用本书自行完成相关实验,在此过程中提升人工智能实验的能力。

(5) 具有开拓性、首创性。本书是对人工智能人才培养实验教材建设及体系建设的探索。

(6) 符合人工智能发展的特质与人才培养的需求。本书的编写着眼于产学研相结合的实验体系建设,将教学科研成果转化为实验内容,将实验模型原理、实际操作过程以及实际应用成果深度结合,旨在培养创新能力与应用技能相协调统一的人才。

(7) 研发相关实验系统与平台。团队研发了涵盖本书内容的人工智能实训平台,为读者提供了实验环境及教学资料。读者可以使用该平台进行完整实验操作及相应环节。

本书的实验内容安排采用了更为灵活的方式,无先后之分,每一章为一个独立实验,涵盖从研究背景、理论原理到结果分析的完整表述,使用范围和场景更广泛,可以作为人工智能、智能科学与技术、人工智能与信息处理、机器人工程、模式识别与智能系统、人工智能技术服务、大数据采集与管理等专业的专科、本科及研究生选用及参考的实验教材,也可以作为补充学习的工具书籍;适宜全面、顺序地阅读或教学,也可根据实际所需进行选择性使用;读者可以是有一定专业知识储备的科研人员或从业者,也可以是人工智能的兴趣爱好者及初识人工智能的学生。

全书内容及实验体系由焦李成、孙其功、田小林、侯彪、李阳阳等策划、设计和统稿,第1章内容由马成聪慧、冯拓撰写,第2章由胡冰楠、冯拓撰写,第3章由王嘉荣、高艳洁撰写,第4章由赵嘉璇、黄钟健撰写,第5章由游超、李小雪撰写,第6章由宋雪、杨静怡撰写,第7章由邵奕霖、高艳洁撰写,第8章由郭志成、冯雨歆撰写,第9章由李云、李小雪撰写,第10章由李莉萍、施玲玲撰写,第11章由聂世超、杨静怡撰写,第12章由尹淑婷、黄钟健撰写,第13章由耿雪莉、冯雨歆撰写,第14章由张艳、杨育婷撰写,第15章由于正洋、杨育婷撰写,第16章由王燕、李英萍撰写,第17章由武永发、施玲玲撰写,第18章由杨雨佳、李英萍撰写。在此特别感谢王丹、施玲玲、李秀芳、刘昕煜等老师和同学的帮助及辛勤劳动。

人工智能技术发展迅猛且涉及领域繁杂,而编者水平有限,本书中难免有不足之处,恳请各位专家及广大读者批评指正。

编 者

2020年7月

目录

CONTENTS

第1章 聊天机器人

CHAPTER 1

如今聊天机器人已经融入人们的生活。作为一种“生活助手”，它既可以帮助你将时间安排得井井有条，也可以倾听你的喜怒哀乐，已然成为日常生活的重要伙伴之一。在众多“陪伴者”中，最被大家所熟知的非 Siri 莫属，它可以设置闹钟、记录备忘事件、拨打电话、甚至在无聊时陪伴聊天等。曾有网友在微博吐槽某演员：“演技不如 emoji，台词不如 Siri”，足以见识到 Siri 语言功底的深厚。图 1.1 中的几组对话，就见证了 Siri“有趣的灵魂”。

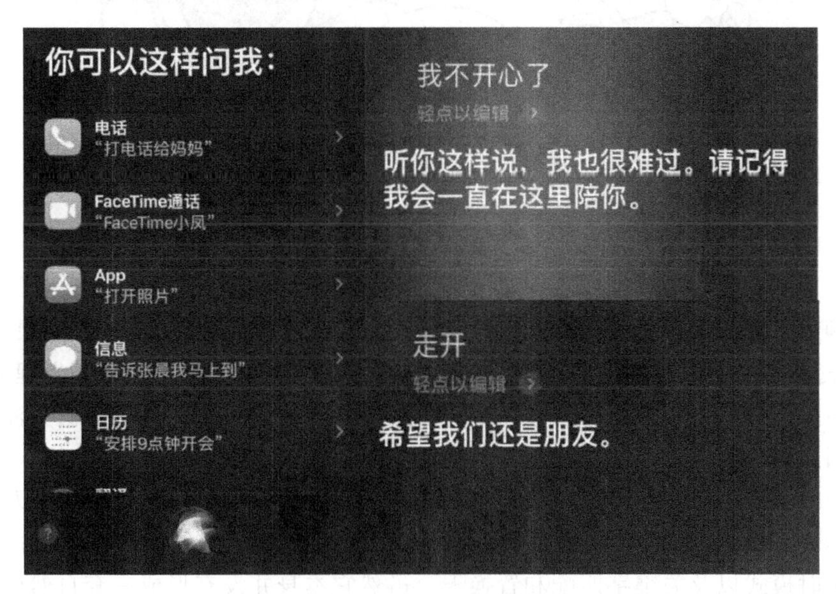

图 1.1　与 Siri 的对话

当向 Siri 寻求帮助时，它会解锁自己强大的“助手”功能，助你一臂之力；当你情绪低落时，它如同一位老朋友对你表示安慰和陪伴；当你“抛弃”它时，它会自动退出聊天界面，识趣地走开。Siri 不仅聊天功能强大，还拥有自己的“心理活动”。在它“心中”，白雪公主是世界上最美丽的人；钢铁侠是漫威宇宙中值得敬佩的超级英雄；奥黛丽·赫本是最优雅的女性；邹忌是它心目中颜值最高的人类。

无论是聊天娱乐还是排解烦闷，抑或是高效地利用时间，Siri 无疑都是一位强大的助手和伙伴，它在给我们的生活带来趣味和便利的同时，也推动着聊天机器人背后技术的飞速发展，使智能科技更快地融入生活。本章内容将带我们走进聊天机器人的前世今生，并学习制作一个属于自己的聊天机器人。

1.1 背景介绍

聊天机器人是一种通过文字或语音进行交流的计算机程序，它能够模拟人类对话，如图1.2所示。一般情况下，可通过图灵测试(The Turing test)来验证它的性能。图灵测试是指：在测试者与被测试者(一个人和一台机器)隔开的情况下，通过一些装置(如键盘)向被测试者随意提问，若超过30%的测试者不能确定被测试者是人还是机器，则机器被认为具有人类智能。聊天机器人会模仿人的语言习惯，通过模式匹配的方式来寻找答案。在它们的对话库中存放着很多句型、模板，对于知道答案的问题，往往回答比较人性化，而对于不知道的问题，则通过猜测，转移话题的方式给出答案。

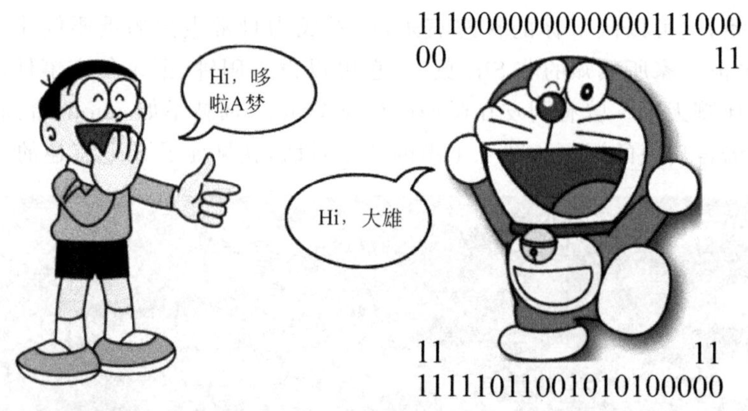

图1.2 人机对话

关于聊天机器人的研究工作开始于20世纪60年代，而早在1950年，图灵(Alan M. Turing)通过提出“机器能思考吗”，进而提出了图灵猜想，为聊天机器人的研发埋下了种子，这颗种子不断成长、生根、发芽……直到20世纪末，聊天机器人正式受到广泛关注。此间几个重要时间点为聊天机器人的从无到有奠定了基础。

第一个时间点为1966年，世界上最早的聊天机器人ELIZA诞生。该机器人由麻省理工学院约瑟夫·魏泽鲍姆(Joseph Weizenbaum)研发，被用于在临床治疗中模仿心理医生。实现技术实时模式以及关键字匹配和置换[1]。虽然它本身并没有形成一套自然语言理解的理论和技术体系，但是却开启了智能聊天机器人的时代，具有启发意义。第二个时间点为1981年，罗洛·卡朋特(Rollo Carpenter)受到ELIZA和它的变体Parry的启发，研发了世界第一个语音聊天机器人Jabberwacky。该机器人主要用于模仿人类的对话，以达到通过图灵测试的目的。第三个时间点为1988年，罗伯特·威林斯基(Robert Wilensky)等研发了名为UC(UNIX Consultant)的聊天机器人系统[2]，主要目的是帮助用户学习使用UNIX操作系统。它通过分析用户需求、操作目标，生成与其对话的内容，并根据用户对UNIX系统的熟悉程度进行建模。UC的出现使聊天机器人更进一步智能化。第四个时间点为1995年，同样受到ELIZA聊天机器人的启发，理查德·华勒斯(Richard Wallace)研制了业界有名的聊天机器人系统ALICE，它被认为是同类型聊天机器人中性能最好的之一[3]。与其一同问世的还有人工智能标记语言(Artificial Intelligence Markup Language,AIML),该语言到目前为止仍被广泛使用在移动端虚拟助手开发中。第五个时间点即为本世纪,人类彻底进入了智能终端的时代[4],智能手机的兴起使聊天机器人的应用更加方便快捷,其主要分类如图 1.3 所示。其间涌现出 Siri、Google Now、Alexa 和 Cortana 等一系列被大家所熟知的手机助手机器人。随着需求的变化,越来越多的团队开始构建服务型聊天机器人系统,其中具有代表性的产品有 Wit. ai、Api. ai、Luis. ai 等。

随着人工智能的发展,曾被认为遥不可及的聊天机器人已经融入人们的日常生活中,相信在未来会有更加长足的发展。

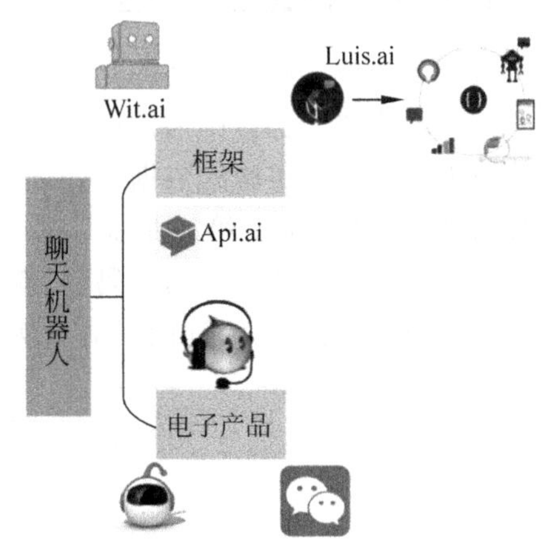

图 1.3 聊天机器人类别

1.2 算法原理

聊天机器人的实现过程如图 1.4 所示。如果将整个实现过程比作打怪升级,那么数据集就是基本装备,而模型就如同所使用的角色,只有拥有了优良的装备,角色才能发挥出超强的战斗力,所以,对数据集的处理方式决定着模型是否可以生成流畅的对话结果。首先,要进行装备的打磨即数据预处理。本实验将数据集划分为训练集和测试集,训练集用于培养"装备"与"角色"的契合度,而测试集则是为了测试这种"默契"。其次,就是对"装备"的升级,升级过程主要为数据处理。该过程是使用 word2vec 生成机器人能够识别语言的过程。由于使用的是英文数据集(英文语句的词与词之间以空格的形式自动隔开),所以没有对其进行分词,而是使用 word2vec 将每个语句生成对应的词向量,所有单词对应的词向量就组成了一本"字典",每当和机器人进行对话时,它都会在这本"字典"里进行搜索匹配,生成自身可理解的语言。词向量即为数据集与模型之间"沟通"的桥梁,拥有了桥梁,就可以进行模型与数据之间的"磨合"。升级过装备,就到了角色学习使用它的过程,进而使"装备"与"角色"达到最佳的默契度。本实验使用 seq2seq 模型进行学习,该过程分为两步完成:第一步是解读机器人读入的语言(编码过程);第二步则是机器人生成对应的答句(解码过程)。利用损失函数初步计算学习结果。当模型不断学习使损失函数趋于稳定时,即认为它们已经可以配合默契。最后,需要通过测试集对数据集与模型之间的配合程度进行最终的评估。对话的效果是否优良,则需要根据日常的对话习惯进行判断。

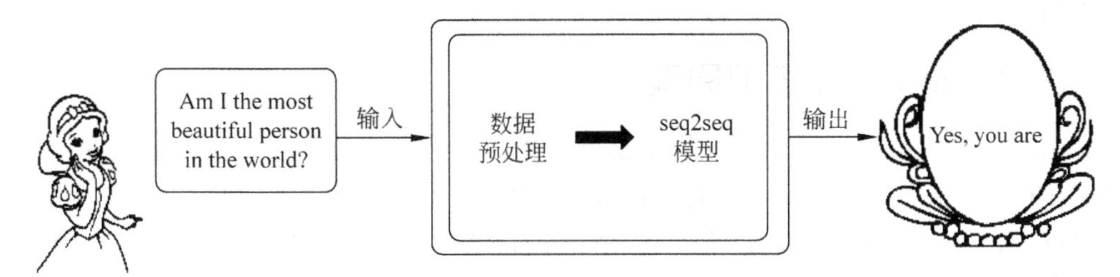

图 1.4 整体流程图

1.2.1 数据预处理

数据预处理是模型训练的基础，也是首要工作，处理的结果关乎模型性能的优劣。处理好的数据训练部分将会作为模型的输入进行模型训练，测试部分则用来测试模型的性能。

图 1.5 表明本实验的数据预处理主要分为三个步骤：第一步是将测试集和训练集中的问答句进行划分存储；第二步统计每个词被输入的次数，将其按照从小到大的顺序排列，每个词所对应的序号就是它的编码，所有词的编码组成了字典；第三步利用 word2vec 将语句转换为词向量，表 1.1 为词向量的示例。

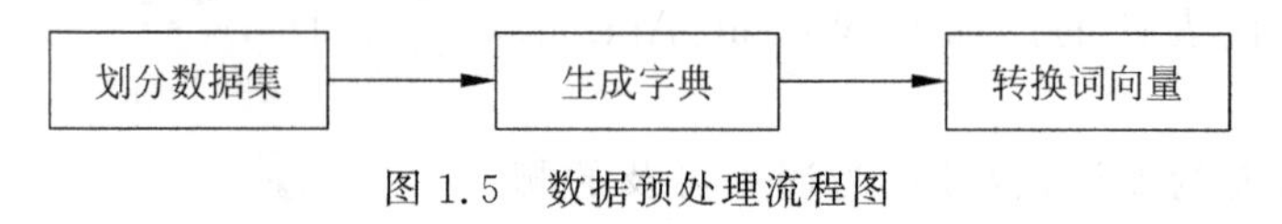

图 1.5 数据预处理流程图

表 1.1 原句对应词向量列举

原　　句	词　向　量
Why?	104 8
Where've you been?	128 5 60 9 88 8
Forget it.	792 15 4
She okay?	118 221 8
Hi.	380 4

word2vec 的作用是将词语转为实数向量，如图 1.6 所示。它主要分为两种模式：跳字模式和连续词袋模式。其中跳字模式是根据一个词来预测它周围的词，而连续词袋模式则是根据一个词的上下文来预测它本身。算法的背后是一个三层神经网络，它具有一般神经网络普遍具有的输入层、隐藏层和输出层。输入层和传统的神经网络模型有所不同，输入的每一个节点单元不再是一个标量值，而是一个动态向量。这个向量就是输入语句所对应的词向量，训练过程中要对其进行更新。隐藏层和传统神经网络模型不同，它使用线性激活函数(相当于没有激活函数)。输出层和传统神经网络模型相同，将上一层的输出结果输入 Softmax 函数对词向量进行分类，并输出分类结果。

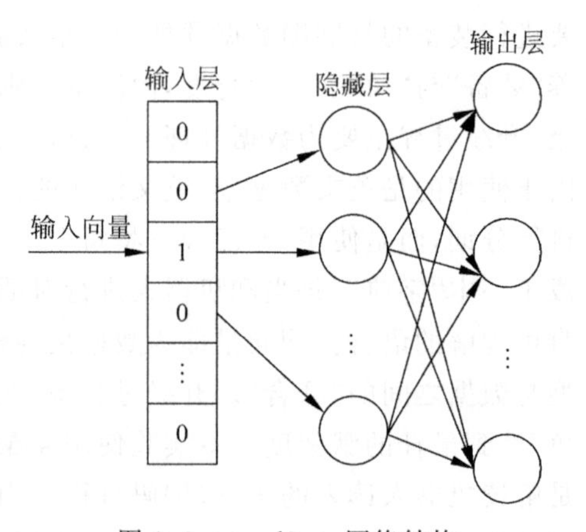

图 1.6 word2vec 网络结构

1.2.2 seq2seq 模型原理

sequence to sequence 简称 seq2seq，是基于递归神经网络(Recurrent Neural Network，RNN)的生成序列模型[5]。该模型先通过 RNN 对输入的序列(即问句)进行编码，生成中间语义向量。再将语义向量传输给另一个 RNN 进行解码，得到输出序列(即答句)。在生成中间词向量时引入注意力机制，以确保网络对每个分词的“关注度”不同，从而达到更加优良的问答效果，具体过程如图 1.7 所示。

1. 编码原理

编码器的作用是将定长的语句转变为一个确定长的中间向量 $\boldsymbol{C}$，如图 1.8 所示。本实验中所使用的编码器为长短期记忆网络（Long Short-Term Memory，LSTM）和门控循环神经网络（Gated Recurrent Unit，GRU）。

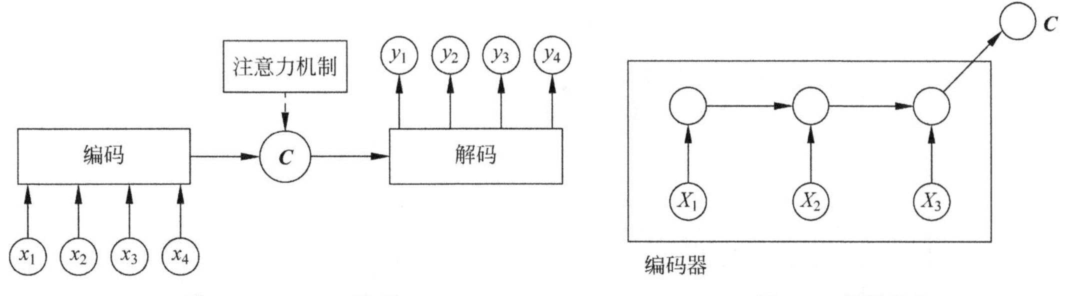

图 1.7　seq2seq 模型　　　　图 1.8　编码结构

LSTM 之所以能够记忆长短期的信息，是因为它具有利用“门”结构去除和增加信息到神经元的能力，“门”是一种让信息选择性通过的方法，结构如图 1.9 所示。它的 3 个门分别是输入门（input gate）、输出门（output gate）和遗忘门（forget gate）。其中输入门和遗忘门是 LSTM 能够长期记忆的关键[6-7]。首先通过遗忘门判断需要从神经元状态中遗忘哪些信息，两个输入通过一个 sigmoid 函数，得到 0～1 的数值。0 表示信息完全遗忘，1 表示信息完全保留；然后要通过输入门判断什么样的新信息可以被存储进神经元中。这部分的两个输入分别是，通过 sigmoid 层判断需要被更新的值和 tanh 层创建的一个新候选值向量，更新值会被加入到状态当中。在此过程中，遗忘门会丢弃一些无用信息；最后，由输出门决定当前时刻的网络内部有多少信息需要输出[6-8]。

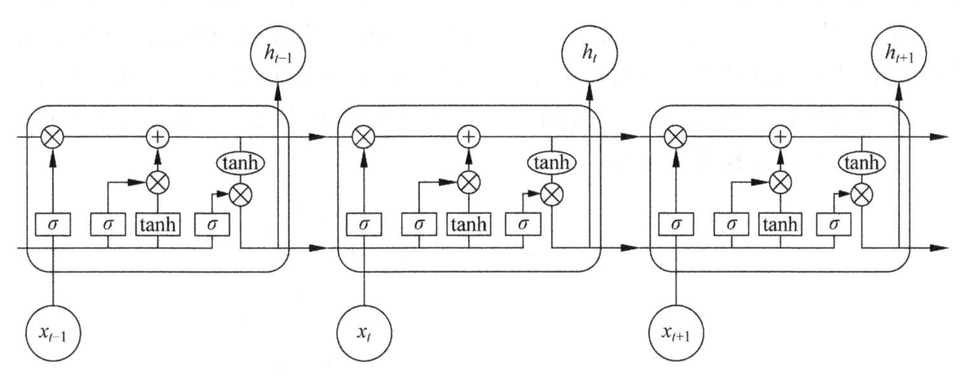

图 1.9　LSTM 结构

GRU 将 LSTM 的输入门和遗忘门合并为更新门，结构如图 1.10 所示。更新门用于控制当前时刻输出的状态 h_t 中要保留多少历史状态 h_{t-1}，以及保留多少当前时刻的候选状态 $\tilde{h}_t$。重置门的作用是决定当前时刻的候选状态是否需要依赖上一时刻的网络状态以及需要依赖多少，从图 1.9 可以看到，上一时刻的网络状态 h_{t-1} 先和重置门的输出 r_t 相乘后，再作为计算当前候选状态的参数。GRU 还在当前网络状态 h_t 和前一网络状态 h_{t-1} 中添加了线性依赖关系，以解决数据传递过程中的梯度消失和梯度爆炸问题[8-11]。

2. 解码原理

解码器也是一种逻辑框架，同样由 LSTM 或 GRU 组成。它将编码器所产生的中间语义向量作为输入，根据上述原理将其生成对应的输出序列，即对话中的答句，结构如图 1.11 所示。

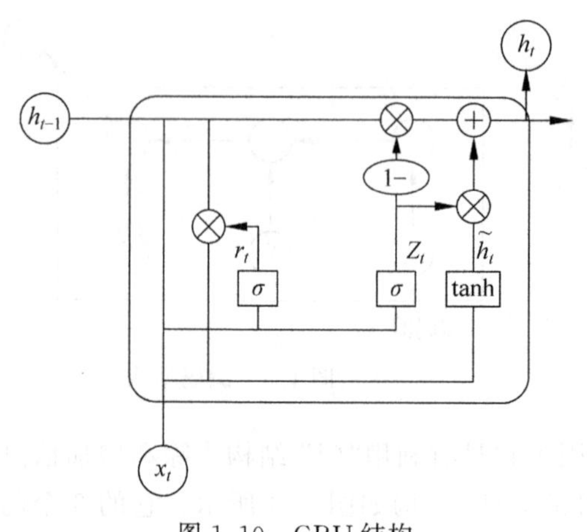

图 1.10 GRU 结构

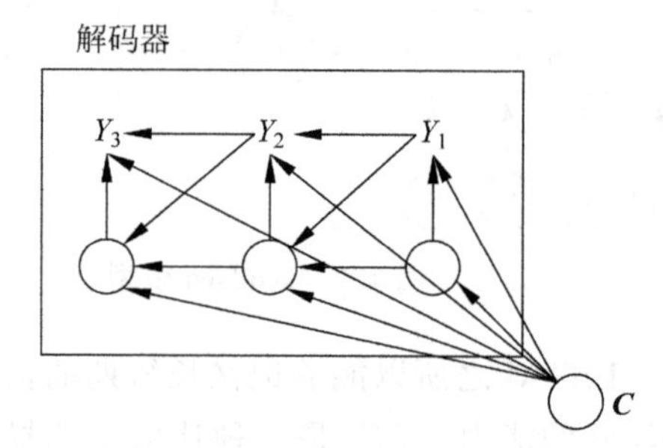

图 1.11 解码结构

3. 注意力机制原理

所谓注意力机制就是对编码所生成的序列中，如图 1.12 所示，每一部分的词语关注度不同。因为解码过程是非线性变换，它所使用的语义向量 $\boldsymbol{C}$ 是相同的，所以输入语句中的任意单词对于输出目标的影响效果都是相同的，这很类似于人眼在观察事物时没有所要关注的焦点。没有引入注意力机制的解码-编码模型在输入语句较短的时候并不会产生较大问题，但是当输入语句较长时，"没有焦点地观察"会丢失很多重要信息。注意力机制的主要过程为：首先，对编码器中所有时间步的隐藏状态做加权平均，得到中间向量 $\boldsymbol{C}$；其次，解码器在每一时间步调节这些概率也就是权重，从而得到注意力权重，这个过程使解码器在不同时间关注到序列中的不同部分，这时解码过程对每个单词的"注意力"就会有所不同。注意力机制的引入可以提高模型的效率。

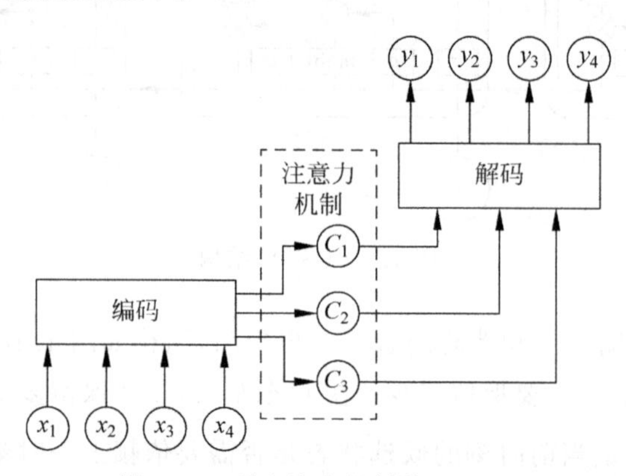

图 1.12 引入注意机制的 seq2seq

1.2.3 网络结构介绍

本实验使用的模型有3个GRU或LSTM(可自己选择)层,每层有256个隐藏单元。每一层中的GRU或LSTM一个作为编码器、另一个作为解码器。注意力机制使用soft函数来生成分数嵌入在编码器的隐藏层上,生成的中间向量被输入到解码器,每一时间步更新一次分数以得到不同的中间向量。再次利用soft函数,计算在该输入序列时所生成的输出序列的条件概率。具体网络结构如图1.13所示。

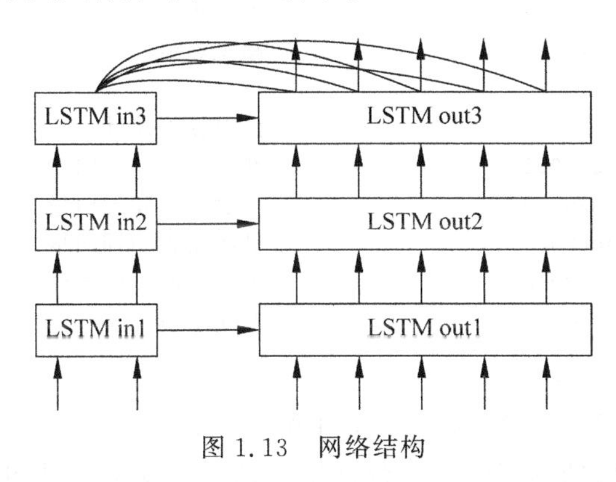

图1.13 网络结构

利用小批量随机梯度下降训练交叉熵损失函数,即给定输入序列的正确输出序列的对数概率在训练集上的平均值。

1.3 实验操作

1.3.1 代码介绍

1. 实验环境

聊天机器人实验环境如表1.2所示。

表1.2 实验环境

条件	环境
操作系统	Ubuntu 16.04
开发语言	Python 3.7
深度学习框架	TensorFlow 1.10.1
相关库	Jieba 0.39 Flask 0.11.1

2. 实验代码下载地址

扫描二维码下载实验代码。

3. 代码文件目录结构

代码文件目录结构如下:

```
├── app.py·····························可视化模块
├── data ······························数据集
│   ├── test.dec·······················测试集答句
│   ├── test.enc·······················测试集问句
│   ├── train.dec······················训练集答句
│   └── train.enc······················训练集问句
├── data_utls.py ······················数据预处理
├── execute.py·························执行程序
├── seq2seq.ini························模型参数
├── seq2seq_model.py···················实验模型
├── seq2seq_serve.ini··················模型参数
├── working_dir
│   ├── checkpoint·····················已有模型统计
│   ├── test.dec.ids20000··············测试集答句词向量
│   ├── test.enc.ids20000··············测试集问句词向量
│   ├── train.dec.ids20000·············训练集答句词向量
│   ├── train.enc.ids20000·············训练集问句词向量
│   ├── vocab20000.dec·················答句字典
│   └── vocab20000.enc·················问句字典
```

程序运行前目录包括 data 数据、.py 文件和.ini 文件。

(1) data 数据用于已处理好的实验数据集。其中数据集文件包括：test.dec 存放数据集中的测试集答句；test.enc 存放数据集中的测试集问句；train.dec 存放数据集中的训练集答句；train.enc 存放数据集中的训练集问句。

(2) .py 文件为本实验所需的执行文件。其中，data_utls.py 是本实验的数据集预处理文件，包括将数据集转换为词向量并生成字典；execute.py 是本实验主要操作程序，包括训练函数和测试函数；seq2seq_model.py 为本实验的模型程序，实现序列的编码解码；app.py 为前端可视化聊天界面，可以在该页面与机器人进行对话。

(3) .ini 文件为本实验模型的参数设置文件。seq2seq.ini 和 seq2seq_serve.ini 文件包含了实验模型所需的参数、文件保存和读取路径。

程序执行后目录为 working_dir：用于存放实验数据集的词向量、字典和训练好的模型。其中所包含的文件如下。

(1) checkpoint 用于记录已经训练好的模型。

(2) test.dec.ids20000 为运行程序 data_utls.py 后生成的测试集答句所对应的词向量。

(3) test.enc.ids20000 为运行程序 data_utls.py 后生成的测试集问句所对应的词向量。

(4) train.dec.ids20000 为运行程序 data_utls.py 后生成的训练集答句所对应的词向量。

(5) train.enc.ids20000 为运行程序 data_utls.py 后生成的训练集答句所对应的词向量。

(6) vocab20000.dec 为运行程序 data_utls.py 后生成的答句字典。

(7) vocab20000.enc 为运行程序 data_utls.py 后生成的问句字典。

1.3.2 数据集介绍

本实验所使用的数据集为康奈尔大学的电影对白语料库——Cornell Movie-Dialogs Corpus。该语料库从原始电影脚本中提取对话，其中涉及 617 部电影中的 9035 个角色，总共 304 713 段对话。未处理数据集包含的文件如图 1.14 所示，其中，movie_titles_metadata.txt 包含每部电影的标题信息，movie_characters_metadata.txt 包含每部电影的角色信息，movie_lines.txt 包含每个表达(utterance)的实际文本，movie_conversations.txt 为数据集对话的结构，raw_script_urls.txt 为数据原始来源的 url。进行实验时建议下载已处理好的数据集。数据集的部分内容如表 1.3 所示。

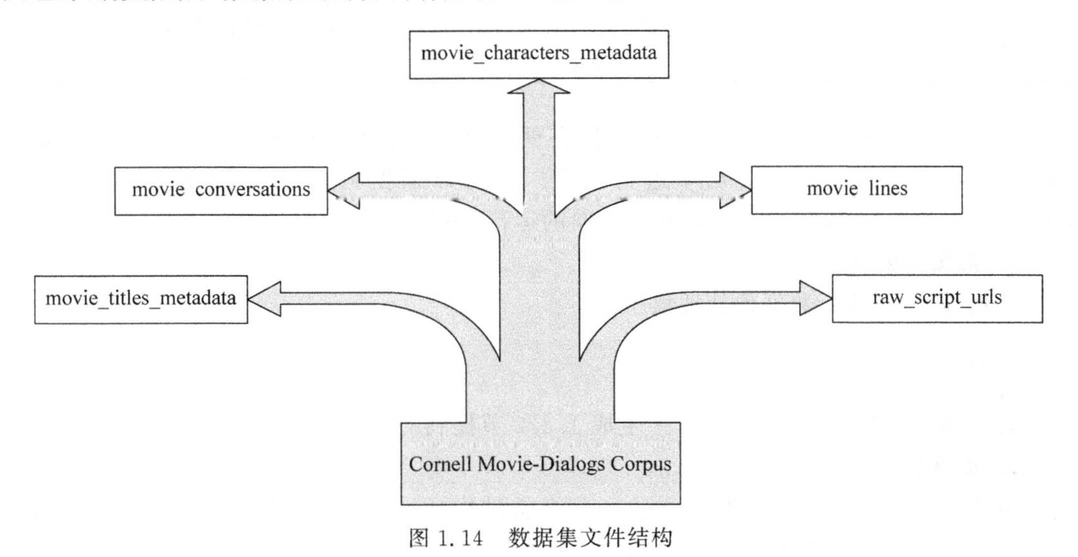

图 1.14 数据集文件结构

表 1.3 语料库部分内容展示

问:	答:
Where've you been?	Nowhere... Hi, Daddy.
Pay money?	Yeah, dummy. Money.
Is that better?	Perfect, Mr. President.
Are you alright?	I'm okay, honey, I'm okay.
Did you change your hair?	No.

未处理数据集代码下载地址如下：

http://www.cs.cornell.edu/~cristian/Cornell_Movie-Dialogs_Corpus.html

处理后数据集代码下载地址如下：

https://www.dropbox.com/s/ncfa5t950gvtaeb/test.enc?dl=0

https://www.dropbox.com/s/48ro4759jaikque/test.dec?dl=0

https://www.dropbox.com/s/gu54ngk3xpwite4/train.enc?dl=0

https://www.dropbox.com/s/g3z2msjziqocndl/train.dec?dl=0

1.3.3 实验操作及结果

seq2seq. ini 文件中重要参数介绍见表 1.4。

表 1.4 seq2seq. ini 文件中重要参数

参　　数	参数说明
train_enc，train_dec test_enc，test_dec	4 个参数为存储对应的 4 个数据集的路径
working_directory	working_dir 文件夹的路径
steps_per_checkpoint	保存模型参数，评估模型并打印结果时的训练步数
use_lstm	False：循环网络使用 GRU；True：循环网络使用 LSTM
learning_rate	学习速率

在运行实验程序之前，根据程序文件存储的路径，需要对 train_enc、train_dec、test_enc、test_dec、working_directory 进行设置。也可以根据自己的需要改变 steps_per_checkpoint 和 learning_rate 的值，观察实验的运行时间。

1. 数据预处理

在终端输入，执行数据预处理程序：

```
$ python data_utls.py
```

程序运行后会在 working_dir 中生成 1.3.2 节提到的文件。

2. 训练模型

首先，执行训练程序之前，将 seq2seq. ini 文件中的 mode 设置为 train，此操作会执行 executa. py 中的 train()函数；然后，在终端执行如下程序：

```
$ python executa.py
```

在训练过程中，每 300 个 step 生成一个训练好的模型存储在 working_dir 文件中，并在 checkpoint 文件中产生一个当前模型的记录。本实验会在训练过程中自动调节 learning_rate 的值，随着损失函数的减小，learning_rate 的值也会减小，当损失等于 0 时即得到最优的训练模型。

3. 测试模型

方法一，首先，改写 seq2seq. ini 文件中的 mode 值，将它设置为 test，执行 execute. py 中的 decode()函数；然后，在终端输入如下程序：

```
$ python executa.py
```

若操作正确，将输出如下信息：

```
>> Mode : test
2019 - 12 - 03 12:04:29.230699:I...
2019 - 12 - 03 12:04:32.076722:W...
Created model with fresh parameters.
Instructions for updating:
```

```
Use `tf.global_variables_initializer` instead
>
```

在该符号后面输入问句，机器人会做出回答。测试结果如图 1.15 所示。

```
> Who is there?
Bertrand , sire .
> Where are we going?
To the hospital .
> Are you alright?
I ' m fine .
> What about Margie?
You don ' t know ?
> How many others killed ?
Two I guess .
> Do you have a daughter?
No .
```

图 1.15　测试结果

方法二，通过可视化模块进行在线聊天服务，在终端输入如下程序：

```
$ python app.py
```

若运行正确，将输出如下信息：

```
2019 - 12 - 03 12:04:29.230699:I...
2019 - 12 - 03 12:04:32.076722:W...
Created model with fresh parameters.
Instructions for updating:
Use 'tf.global_variables_initializer' instead.
 * Running on http://0.0.0.0:8808/ (Press CTRL + C to quit)
```

在本机浏览器打开输出信息中的网址，程序会自动调用 execute.py 中的 decode()函数，在网页显示的对话界面中可以与机器人进行聊天。界面展示如图 1.16 所示。

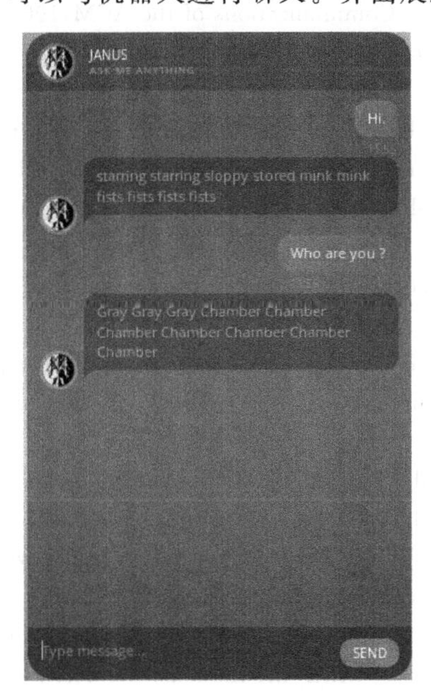

图 1.16　测试结果界面

1.4 总结与展望

本实验使用 seq2seq 模型结合注意力机制，对输入问句进行解码编码，生成输出答句，其中编码器和解码器都由 GRU 或 LSTM 完成。本聊天机器人可以完成一些日常的英文文本对话。

随着自然语言处理技术的飞速发展，聊天机器人不再只包含文本之间的问答，还包括语音转文本、文本转语音以及不同语言之间的交流。未来的研究将着眼于以下三方面：

(1) 端到端：得益于深度学习技术的发展，已有学者开始着手研究端对端的对话系统，即利用统一的模型代替序列化执行自然语言理解、对话管理和自然语言生成的步骤，从用户的原始输入直接生成系统回复。

(2) 从特定域到开放域：随着大数据时代的到来，一方面，开放域的聊天机器人系统可以获取丰富的对话数据用于训练；另一方面，在大数据上可以自动聚类或抽取对话行为等信息，避免繁杂的人工定义。

(3) 更加关注"情商"：如果说传统的聊天机器人关注的是"智商"，即聊天机器人的信息和知识获取能力的话，那么今后的聊天机器人研究则更加注重"情商"，即聊天机器人的个性化情感抚慰、心理疏导和精神陪护等能力。

相信在不久的将来，一个能够让人们与之无所不谈的高"情商"聊天机器人将走入我们的日常生活，成为我们的朋友、同事甚至是家人。

1.5 参考文献

[1] Weizenbaum J. ELIZA—a computer program for the study of natural language communication between man and machine[J]. Communications of the ACM,1966,9(1):36-45.

[2] Wilensky R,Chin D N,Luria M,et al. The Berkeley UNIX Consultant Project[J]. Artificial Intelligence Review,14(1-2):43-88.

[3] Ritter A,Cherry C,Dolan W B. Data-driven response generation in social media[C]//Proceedings of the 2011 Conference on Empirical Methods in Natural Language Processing. 2011:583-593.

[4] Shang L,Lu Z,Li H. Neural responding machine for short-text conversation[EB/OL]. [2020-08-20]. https:// arxiv. org/abs/1503. 02364.

[5] Graves A. Generating Sequences With Recurrent Neural Networks[EB/OL]. [2020-08-20]. https://arxiv. org/abs/1308. 0850.

[6] Cho K,Van Merriënboer B,Gulcehre C,et al. Learning phrase representations using RNN encoder-decoder for statistical machine translation[EB/OL]. [2020-08-20]. https://arxiv. org/abs/1406. 1078.

[7] Yu Z,Moirangthem D S,Minho L. Continuous timescale long-short term memory neural network for human intent understanding[J]. Frontiers in Neurorobotics,2017,11:42.

[8] Sutskever I,Vinyals O,Le Q V. Sequence to sequence learning with neural networks[C]//Advances in Neural Information Processing Systems,2014:3104-3112.

[9] Lee C W,Wang Y S,Hsu T Y,et al. Scalable sentiment for sequence-to-sequence chatbot response with performance analysis[C]//IEEE International Conference on Acoustics,Speech and Signal Processing (ICASSP),IEEE,2018:6164-6168.

[10] Yin Z, Chang K, Zhang R. Deep probe: Information directed sequence understanding and chatbot design via recurrent neural networks[C]//Proceedings of the 23rd ACM SIGKDD International Conference on Knowledge Discovery and Data Mining, 2017: 2131-2139.

[11] Chung E, Park J G. Sentence-chain based seq2seq model for corpus expansion[J]. ETRI Journal, 2017, 39(4): 455-466.

第2章 CHAPTER 2 老照片上色

拍照对于现在的年轻人来说是一件稀松平常的小事，只需轻轻按下快门键，一张张生动逼真的照片就会记录下我们工作和生活中美好的点滴。但在过去，拍照对普通的老百姓来说是件难得的“大事”，因此，那些记录美好瞬间的照片都会被人们珍藏。

偶然翻开爷爷家的旧相册，奶奶的生活照、爷爷的工作照、爸爸的童年照……家人过去美好的生活仿佛历历在目。但遗憾的是，因为技术有限，那时的照片大多只有黑白两色。如果能通过技术的力量对这些黑白老照片进行上色，还原当时的情景，那么家人们就能重拾青春的记忆和童年的回忆，相信也会带给我们更大的视觉冲击力和更多的感动！可是如何才能实现从黑白照片到彩色照片的转换呢？

在改革开放40年之际，百度联合新华社，发起了“给旧时光上色”活动，这项活动是利用百度的黑白照片上色技术对旧照片进行“焕彩”，还原老照片本来的色彩，让记忆中的黑白照片更加鲜活、生动地展现在我们眼前。百度表示，给黑白照片上色时该技术会识别主动上传的照片信息，之后利用AI技术进行颜色转换，最终得到上色后的彩色照片(见图2.1)。

图2.1 黑白照片上色

(图片来自N软网IT资讯)

图2.1展示的是许多年前的老照片，如今沉淀出时代的色彩，一花一草一人一物都饱含着曾经的记忆。以往的老照片上色通常都会借助Adobe Photoshop中的图像修复功能，但本章将通过AI技术的力量唤醒老一辈人手中的黑白老照片，让每个人看到那个年代最真实的景象，同时也让代码变得更加有温度和色彩。

2.1 背景介绍

老照片上色是利用计算机将黑白照片着色为彩色照片的过程。之前的很长一段时间，通常都用 Photoshop 等软件对黑白老照片进行手动上色。但随着 AI 技术的兴起和发展，如今已经可以借助代码来实现上色功能。

在解释如何运用 AI 技术给照片上色之前，先来看一下人工如何给图像上色。运用 PS 技术上色是一份非常耗时且对技能要求很高的工作。为了创建一张色彩协调的照片，人类着色师在运用 Photoshop 等软件工具对黑白图像进行上色时，需要对照片的历史、地理、文化背景进行深入研究，以推断出合适的颜色。类似地，计算机程序在对黑白照片上色时，需要识别黑白照片中的目标并根据之前见过的大量的照片数据推断出适合目标的颜色。可以看出，如果能利用计算机技术给照片上色，将会大大简化整个上色过程，提高照片上色的效率，减少所花费的时间。本实验运用的是深度学习中的生成式对抗网络（Generative Adversarial Network，GAN）技术，并且使用了流行的 Fastai 和 Pytorch 程序库开发模型来给黑白照片进行上色。首先使用具有大量数学参数的生成器，基于图像中的特征来预测不同黑白照片的像素值并生成相应图像；其次用判别器来判别与原始彩色图像相比，生成照片的颜色是否逼真。

除了该实验所运用的 GAN，也可以运用一个简单的神经网络——Inception Resnet V2 来完成着色任务，该网络是目前用于图像识别的最好的模型。这个神经网络在输入值和输出值之间创建了一种关系，网络需要找到能够将灰度图像和彩色图像联系起来的特征，从而更准确地完成着色任务。在照片着色过程中，可以采用编码-解码的思路，用 Inception Resnet V2 融合编码后的信息。这个过程也可以理解为，在对图像中的要素进行更好的识别之后，可以采用集中训练的上百万张图片的颜色对黑白老照片进行渲染；另外，新加坡 GovTech 数据科学与人工智能部门也曾介绍过一个为百年旧照上色的项目，这个项目名为 Colourise. sg，最初是该团队为新加坡旧照做的深度学习上色工具。简单来说，该上色过程就是用大量的老旧照片训练类神经网络，让程序能够判断照片的每一部分并对其进行修复上色。Colourise. sg 使用了新加坡国家档案馆、纽约公共图书馆和美国国会图书馆的老照片进行训练，其中包含两个神经网络：色彩产生器和图片辨识网络，训练过程中使用了超过 50 万张旧照片。

总的来说，AI 让照片修复上色成为可能，它改变了传统操作模式，能够通过一键点击自动完成，虽然在实际生活中还有许多需要完善的地方，但因为方便快捷，其也在不少场景中得到了应用。人们对 20 世纪 50 至 80 年代的一组老照片上色，用丰富的色彩给照片增添了一种新的生命力。之前的黑白老照片给人一种凄凉、萧条的感觉，一下就拉远了我们与过去之间的距离，在尝试给这些照片上色后，历史照片中的人物也鲜活起来，感觉就在我们身边。

对视频的上色和对照片的上色相似，在近几年也得到了越来越广泛的应用。在建国 70 年之际，中央档案馆公布了以俄罗斯联邦档案部门提供的开国大典彩色影片为基础剪辑制作的开国大典影像档案，这就借助了老照片上色的技术。这也是目前公开的，关于开国大典时间最长、内容最完整的视频，真实还原了这一伟大的历史时刻。电影《决胜时刻》结尾的一段长达 4min 的“超级大彩蛋”正是当年开国大典的彩色真实影像。也就是说，这一中国历史上最让人激动和难忘的时刻，在先进技术的修复下焕然一新了！

据悉，开国大典原来是有彩色影像的，遗憾的是一场火毁掉了这些珍贵资料，只有一些黑白影像保留了下来，而如今利用先进的AI技术将彩色影像复原了。如图2.2和图2.3所示，从黑白到彩色，AI技术拉近了我们与历史的距离，此刻回看，依旧热血沸腾！每张照片，每段视频，都是一份珍贵的档案资料，也是中华人民共和国成立后历史的真实缩影。其中所运用的老照片上色技术是人工智能不断发展的产物，它不仅在潜移默化地改变着我们的生活，也在温暖着我们的生活，不断地唤起我们对一个时代的记忆！

图2.2 开国大典原图

（图片来自开国大典影像档案）

图2.3 开国大典修复后图片

（图片来自电影《决胜时刻》）

2.2 算法原理

本实验分为训练和测试两部分，主要运用了GAN。训练部分就是运用GAN训练生成器和判别器最终生成模型的过程，测试部分就是将黑白老照片输入GAN进行上色的过程。下面对如图2.4所示的训练流程和如图2.6所示的测试流程分别进行详细介绍。

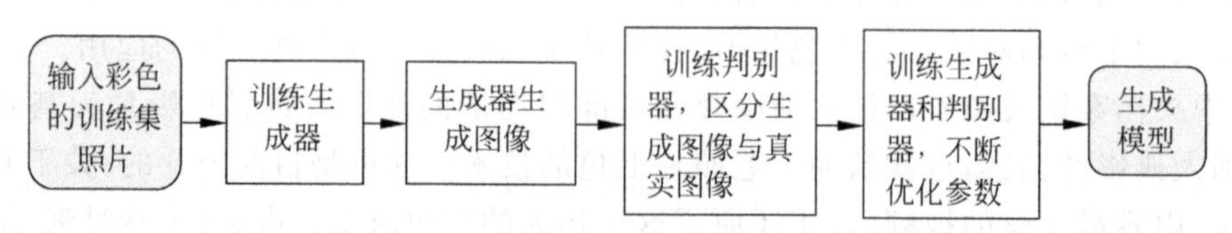

图2.4 训练流程图

2.2.1 实验训练部分

已参照“实验测试部分”加入一句描述。

1. 输入彩色的训练集照片

彩色的训练集照片可以包括人、动物、植物等各种类别的照片，本节采用经典的ImageNet图像数据集中的照片。

2. 训练生成器

在接收到彩色的训练集照片后，首先将彩色照片转换为黑白照片，并以常规的方法训练生成器，且此时只存在特征损失。

3. 生成器生成图像

从上一步所训练的生成器中生成图像，也就是通过生成器对黑白照片进行上色处理，并将生成的彩色照片送入判别器中，让判别器来区分这些输出图像与真实的图像，将其作为基本的二元分类器。

4. 训练判别器，区分生成图像与真实图像

训练判别器，其用来区分生成的彩色图像与原本训练数据集图像，并对其图像的真假作出判断。

5. 训练生成器和判别器，不断优化参数

在GAN中一起训练生成器和判别器。判别器的判别结果反传给生成器与判别器，使其不断优化参数，最终达到纳什均衡。此时，生成器生成的图像达到了以假乱真的程度，使得判别器已区分不出真假，那么模型的能力也就变得越来越强。

6. 生成模型

最终，生成并保存训练好的模型。上色后的照片看起来很真实，这是因为它们包含一些在图像数据集中训练充分的目标。因此模型可以识别图像中的正确目标，并给它们上色。

如图2.5所示为对黑白老照片上色的简化的训练过程图。训练过程中运用了Unet，该网络常见于图像分割任务。Unet采用的是一个包含下采样和上采样的网络结构。下采样用来逐渐展现环境信息，而上采样的过程是结合下采样各层信息和上采样的输入信息来还原细节信息，并且逐步还原图像内容。

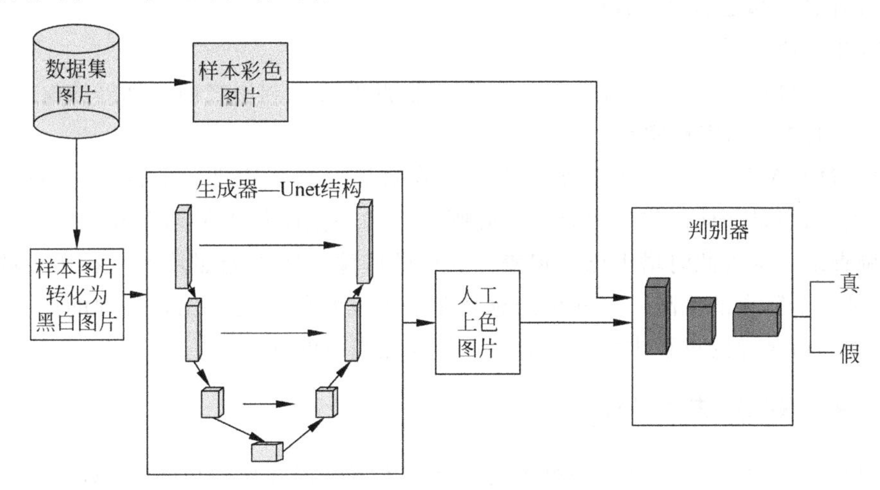

图2.5　用于上色的简化GAN架构图

在训练过程中，所有有用的 GAN 训练都只在很短的时间内进行。这里存在一个拐点，在拐点处判别器能够把有用的信息传送给生成器。超过这一点，图像质量就会在拐点处所获得的最佳质量之间波动，或者以可预见的方式变差(例如，图像中人物的皮肤出现橘皮、嘴唇过红等现象)。训练好的模型是稳定的，即使是在移动场景中，上色时的颜色渲染也是较为一致的。一般来说，在更高的分辨率下进行颜色渲染会增加上色的稳定性，因为图像具有更高保真度的图像信息，并且更容易做出正确的决策。与此密切相关的是使用 ResNet101 作为生成器的主干[6]，它可以更加正确地检测对象。

本实验在 GAN 训练的基础上还引入了 NOGAN 训练。NOGAN 训练是一种新型的 GAN 训练，用于解决先前 DeOldify 模型中的一些关键问题。它在拥有 GAN 训练优点的同时，也可以花费最少的时间进行 GAN 训练。它用更直接、快速和可靠的方法将大部分训练时间分别对生成器和判别器进行预训练。这些方法通常会得到需要的大部分结果，而 GAN 可以用来弥补其与现实之间的差距。在非常短的训练期间内，生成器不仅获得了完整逼真的着色功能，而且没有产生和 GAN 训练一样的副作用。所以说，NOGAN 训练结合了 GAN 训练的优点(例如，绚丽的色彩)，同时消除了一些副作用(例如，视频中闪烁的物体)，这对于在迭代中获得稳定的彩色图像是至关重要的。

2.2.2 实验测试部分

本实验的测试流程如图 2.6 所示。

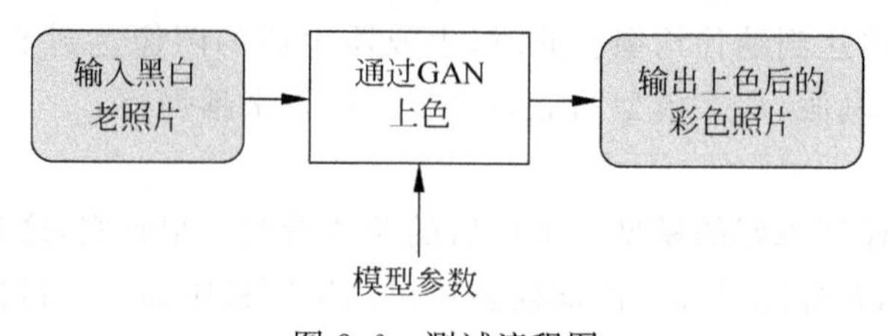

图 2.6 测试流程图

1. 输入黑白老照片

首先，输入待测试的黑白照片。本实验用 CMU-MIT 数据集中的图像作为待测试的照片，其中所有照片都是黑白格式的。

2. 通过 GAN 上色

将输入的黑白照片通过 GAN 进行上色处理，此时可以利用之前训练好的模型。

3. 输出上色后的彩色照片

输出经过 GAN 进行上色后的彩色照片。在对黑白老照片进行上色时，虽然颜色的渲染看起来很酷，但是如何确定颜色是否准确呢？比如一张照片中最初看起来山上的塔是白色的，但调查结果发现此时塔上已经覆盖了红色的底漆。所以老照片上色在历史的准确性方面仍然是一个巨大的挑战。其配色的意义在于生成颜色看上去比较合理的照片，但并不保证在修复黑白照片的过程中生成的彩色照片就是当时的真实颜色。

2.2.3 网络结构介绍

本实验运用了 GAN。GAN 的思想是一种二人零和博弈思想(two-player game)，博弈双方[7]的利益之和是一个常数，比如两个人掰手腕，假设总的空间是一定的，力气较大的一方得到的空间多一点，相应地另一方的空间就少一点，但两者的总空间是一定的，这就是二人博弈，其总利益是一定的。GAN 的博弈双方是生成器 G（Generator）和判别器 D（Discriminator），生成器的任务是捏造出新的数据出来，判别器负责判断该数据是不是真实的数据。本节实验在训练时，先将数据集图片转化为黑白样本图片，再将其输入到图片生成网络 G 中，G 的输出则是一张张由这些样本所生成的上色后的图片；而 D 模型是一个判别网络，其输入是通过 G 网络生成的彩色图片和原本的样本彩色图片，输出是一个表示概率的数字。数字为 1 代表此图为真，为 0 代表此图为假，之后将判别结果的误差反传给 G 和 D，各自改进网络参数，提高自己的生成能力和判别能力。如此反复[1-2]，不断优化，两个模型的性能越来越强，最终达到纳什均衡状态。

训练过程中运用了 Unet 网络，并使用 Resnet 作为生成器的主干。训练的最终目的是使生成器所生成的图像达到以假乱真的程度[1]，即由黑白样本图片生成的彩色图片与原本的彩色样本图片非常接近，判别器已分辨不出真假。此时，训练好的模型就可以用来进行测试，完成老照片上色的任务。测试时就是将需要上色的黑白老照片输入到训练好的模型中，输出为上色后的逼真的彩色照片。本节实验在 GAN 训练的基础上引入了 NOGAN 训练，提高了训练网络的效率。

本实验中运用的 GAN 作为一种生成式方法[3]，通过对两个深度神经网络进行对抗训练并采用随机梯度下降实现优化，既避免了反复应用马尔可夫链学习机制所带来的分配函数计算[7]，也无须变分下限或近似推断，从而大大提高了应用效率，对生成式模型的发展具有深远意义。

2.3 实验操作

2.3.1 代码介绍

1. 实验环境

老照片上色实验环境如表 2.1 所示。

表 2.1 实验环境

环　　境	条 件 描 述
操作系统	Ubuntu 16.04
开发语言	Python 3.6
深度学习框架	Pytorch 1.0
相关库	python>=3.7.3　fastai=1.0.51 ffmpeg=4.1.1 tensorboardX=1.6 youtube-dl>=2019.4.17 jupyterlab pip：ffmpeg-python==0.1.17 opencv-python>=3.3.0.10

2. 实验代码下载地址

扫描二维码下载实验代码。

3. 代码文件目录结构

```
DeOldify·························································工程根目录
├── CMU - MIT - master·········································测试数据集
│   ├── test···················································用于测试的黑白图片
├── deoldify_show.py···········································测试界面
├── environment.yml············································实验环境
├── fasterai···················································相关函数
│   ├── augs.py················································噪声函数
│   ├── critics.py·············································训练 GAN 的评价函数
│   ├── dataset.py·············································数据集函数
│   ├── filters.py·············································将彩色照片转为黑白照片
│   ├── generators.py··········································生成器函数
│   ├── __init__.py
│   ├── layers.py··············································网络函数
│   ├── loss.py················································损失函数
│   ├── save.py················································保存函数
│   ├── unet.py················································unet 网络
│   └── visualize.py···········································可视化函数
├── fiximage.py················································修复图像
├── ILSVRC2015·················································训练数据集
│   └── Data···················································其中的数据文件夹
│       └── CLS - LOC··········································CLS - LOC 数据文件夹
│           └── train··········································用于训练的数据集图片
├── models·····················································训练好的模型
│   ├── ColorizeArtistic_gen.pth·······························训练好的艺术模型
│   ├── ColorizeStable_gen.pth·································训练好的稳定模型
│   ├── ColorizeVideo_gen.pth··································训练好的视频模型
├── README.md··················································说明文件
└── scripts····················································三种模式的训练
│   ├── ColorizeTrainingArtistic.py····························艺术部分训练
│   ├── ColorizeTrainingStable.py······························稳定部分训练
│   └── ColorizeTrainingVideo.py·······························视频部分训练
```

2.3.2 数据集介绍

本实验使用了 ImageNet 数据集作为训练数据集，CMU-MIT 数据集作为测试数据集，下面对其进行详细介绍。

1. ImageNet 数据集

ImageNet 数据集，旨在为世界各地的研究人员提供易于访问的图像数据库。目前 ImageNet 中共有 14 197 122 幅图像，分为 21 841 个类别(synsets)，每个类别包含数百张图像。图 2.7 展示了该数据集中的图像。ImageNet 是一个计算机视觉系统识别项目，是目前世界上最大的图像识别数据库，由美国斯坦福大学的计算机科学家模拟人类的识别系统建立的。它能够从图片中识别物体。ImageNet 中的每张图片属于提供图片的个人，其不拥有图像的版权，该数据集可以免费用于学术研究和非商业用途，但不能直接使用这类数据作为商业产品的一部分。每年举办的 ImageNet 大规模视觉识别挑战赛(ImageNet Large Scale

Visual Recognition Challenge,ILSVRC),比赛项目包括:图像分类(Classification)、目标定位(Object localization)、目标检测(Object detection)、视频目标检测(Object detection from video)、场景分类(Scene classification)、场景解析(Scene parsing)。ILSVRC 中使用到的数据仅是 ImageNet 数据集中的一部分。从 ILSVRC2015 文件夹中进入 Data 数据目录,可以看到一个名为 CLS-LOC 的子目录。而在子目录中,可以找到需要处理的 train、val 和 test 数据集。选择 train 文件夹中的图片进行训练。

数据集下载地址:https://www.kaggle.com/c/imagenet-object-localization-challenge/data。

(a) (b) (c) (d)

图 2.7 ImageNet 数据集图片

2. CMU-MIT 数据集

CMU-MIT 是由卡内基·梅隆大学和麻省理工学院一起收集的数据集,如图 2.8 所示,所有图片都是黑白的 gif 格式,将下载下来的黑白照片作为需要修复的老照片。里面包含 511 个闭合的人脸图像,其中 130 个是正面的人脸图像。下载后的数据集文件夹名为 CMU-MIT-master,其中含有 4 个文件夹,分别名为 newtest、rotated、test、test-low。其中 rotated 文件夹中包含了人脸黑白图片,而 test、test-low 文件夹中既包含了较大的单个人脸图片,又包含了一部分多人黑白图片。可以利用训练好的模型及此数据集中的黑白图片进行测试,测试结果会生成相应的修复后的彩色图片。

数据集下载地址:https://github.com/watersink/CMU-MIT。

2.3.3 实验操作及结果

实验中将进行网络模型的训练和网络模型的测试,由于执行这些 Python 文件需要依

(a) (b) (c) (d)

图 2.8 CMU-MIT 数据集图片

赖库，所以在进行以下操作时都需要在创建好的环境中进行。

1. 训练网络模型

使用 ColorizeTrainingArtistic.py 文件进行模型训练。其参数如表 2.2 所示，代码如下：

```
$ cd DeOldify
$ cd scripts
$ python ColorizeTrainingArtistic.py
```

表 2.2 训练时的参数

参数名称	含义	取值示例
path_lr	存放黑白样本图片的路径	DeOldify/ILSVRC2015/Data/CLS-LOC/train/bandw
TENSORBOARD_PATH	存放训练好的模型的路径	data/tensorboard/ArtisticModel

此模型在对图像上色的一些细节和鲜艳度方面能得到较高质量的结果。但是其明显的缺点是，要得到最佳结果要多花些力气，并且该模型在一些常见的场景中表现不佳（如在自然场景或是肖像中）。除了最原始的训练外，该模型还通过 NOGAN 进行了 5 次重复训练，这种模型一次训练了 32%的 ImageNet 数据。除了上述的 Artistic 模型，还有 Stable 和 Video 两个模型，它们分别对应着 ColorizeTrainingStable.py 和 ColorizeTrainingVideo.py 文件。Stable 模型在使用风景画和肖像时可以达到最佳效果，这恰恰弥补了 Artistic 模型

的不足。除了最原始的训练外，Stable 模型还通过 NOGAN 进行了 3 次重复训练，一次可训练 7%的 ImageNet 数据；Video 模型针对平滑、连续和无闪烁的视频进行了优化，此模型是三个中色彩最差的，其架构与 Stable 模型相似，但在训练上却不同。Video 模型只进行了原始的训练，一次仅能训练 2.2%的 ImageNet 数据。这 3 个模型各有优势，可将这 3 个训练好的模型进行合并，最终得到一个高质量的理想的模型。

如图 2.9 所示，在 Python 中进行训练时，会有对应的迭代次数(epoch)、训练损失(train_loss)、有效损失(valid_loss)及时间(time)。训练过程中会生成将彩色照片处理过后的黑白照片，其保存在对应文件夹下。

```
epoch     train_loss  valid_loss  accuracy_thresh_expand  time
0         0.697262    0.492652    1.000000                00:13
1         0.636449    0.000000    1.000000                00:02
2         0.419999    0.000000    1.000000                00:02
3         0.311797    0.000000    1.000000                00:02
4         0.246892    0.000000    1.000000                00:02
5         0.203638    0.000000    1.000000                00:02
/root/anaconda3/envs/python3.6/lib/python3.6/site-packages/fastai
  warn("`random_split_by_pct` is deprecated, please use `split_by
epoch     train_loss  valid_loss  accuracy_thresh_expand  time
0         0.000000    0.000000    1.000000                00:14
Epoch 2/4 : |
```

图 2.9　训练过程图

2. 测试网络模型

将训练好的模型进行测试。运行 deoldify_show.py 程序，会出现名为“老照片上色”的界面。测试过程如图 2.10～图 2.12 所示。

```
$ python deoldify_show.py
```

单击左上方“打开照片”按钮，打开 DeOldify 下的 CMU-MIT-master 数据集文件夹，任选其中一个文件夹中的黑白照片作为原照片。之后，单击“修复”按钮，会在后边生成相应的上色后的照片，即完成了照片的上色。

3. 结果展示

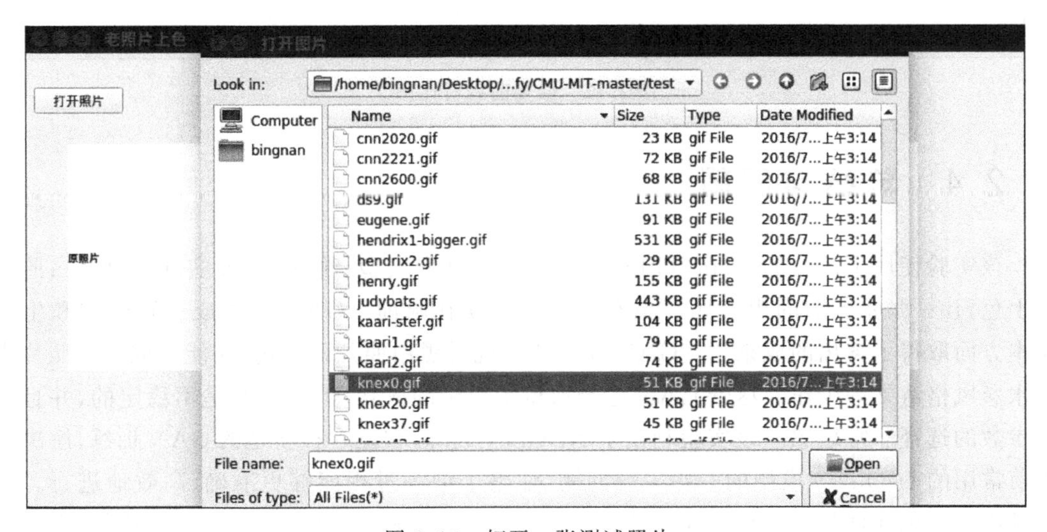

图 2.10　打开一张测试照片

图 2.11　对该照片进行修复

图 2.12　修复前后对比图

2.4　总结与展望

该实验使用了流行的 fastai 和 Pytorch 程序库开发模型，通过 GAN 实现了对黑白照片的上色，让一张张老旧的黑白照片更有温度地展现在眼前。GAN 在生成逼真图像和生成文本方面取得了突出的成果[4]。GAN 除了能实现对黑白照片的上色，还能完成对老照片进行水彩风格渲染等工作。尽管 GAN 已经取得了一定的成功，但其训练是不稳定的，并且对超参数的选择非常敏感。该实验利用了 NOGAN 训练，它是一种新型的 GAN 训练，解决了以前常用的 DeOldify 模型的一些关键问题，使整个训练过程能够更准确、高效地进行。对视频进行上色处理与对静止图像着色是一样的，因为视频是使用孤立的图像生成的，没有任何形式的时间建模附加。在重建视频之前，需要对单个帧进行“去旧化”处理（此过程执行

30～60min 的 GAN 部分的 NOGAN 训练，一次使用 1%～3%的 ImageNet 数据）。

先进的 ImageNet GAN 模型擅长合成具有少量结构约束的图像，却无法捕捉一些连续出现的几何或结构图案（例如，通常用真实的毛发纹理来绘制狗，但却没有定义其单独的一只脚）。因此，在目前的图像生成模型中，一般很难处理好细节和整体的权衡。特别是一些注重细节的生成任务，一点点的扭曲和模糊就显得特别不真实。由于卷积网络中局部感受野的限制，如果要生成大范围相关的区域，就需要多层卷积层才能很好地处理，所以需要一种能够利用全局信息的方法。后来，自我注意生成对抗网络（Self-Attention GAN，SAGAN）被提出，它将一种自我注意机制引入到卷积 GAN 中，使得生成器和判别器能够有效地对广泛分离的空间区域之间的关系进行建模[5]。

SAGAN 是基于自我注意机制，远距离实现图片的生成任务。传统的卷积 GAN 是通过低分辨率图像中的空间局部点来生成高分辨率细节特征。而在 SAGAN 中，可以根据位置的提示来生成详细信息，因为判别器可以检查图像的远端部分中的高度详细的特征是否一致[5]。SAGAN 的优点如下：可以很好地处理图像中的依赖关系；生成图像时能够协调好每一个位置的细节和远端的细节；判别器还可以更准确地对全局图像结构实施复杂的几何约束[5]。研究表明，对生成器进行有效的调节可以影响 GAN 的性能，因此可以在 GAN 的生成器（generator）中加入光谱正则化（spectral normalization），来稳定训练和生成过程。

2.5　参考文献

[1] 闫东杰. 机器学习 GAN 框架初探[J]. 数字技术与应用，2019 (6)：110.

[2] 朱秀昌，唐贵进. 生成对抗网络图像处理综述[J]. 南京邮电大学学报：自然科学版，2019，39(3)：1-12.

[3] 李卓蓉. 生成式对抗网络研究及其应用[D]. 杭州：浙江工业大学，2018.

[4] Heusel M，Ramsauer H，Unterthiner T，et al. GANs Trained by a Two Time-Scale Update Rule Converge to a Local Nash Equilibrium-Supplementary Material[J].

[5] Zhang H，Goodfellow I，Metaxas D，et al. Self-attention generative adversarial networks[C]//International Conference on Machine Learning，2019：7354-7363.

[6] He K，Zhang X，Ren S，et al. Deep residual learning for image recognition[C]//Proceedings of the IEEE conference on computer vision and pattern recognition，2016：770-778.

[7] Goodfellow I，Pouget-Abadie J，Mirza M，et al. Generative adversarial nets[C]//Advances in neural information processing systems，2014：2672-2680.

第3章 图像修复

CHAPTER 3

人们总是怕美好的时光一去不复返，从而千方百计地想要留住它，于是就有了照片，照片留住了我们生命中某个难忘的时刻。现如今，拍摄一张照片是再简单不过的事情，无论是山川风景、自然风光还是结婚照片或者是平日里的随手自拍，都可以被完好地保存下来。然而，对于20世纪70—80年代的人们来说，想要留下一张照片是极为不容易的，要完好地保存到现在更是不太可能的事情。

我们可能经常会在家里找到父母或者爷爷奶奶那一辈的老照片，就像下面这张图片，记录了他们年轻时候的样子，保留了他们的青春。然而这种照片大多经过岁月的洗礼，都已不太清楚，难以辨认，给我们珍贵的回忆带来了遗憾。这时候，图像修复技术就提供了莫大的帮助。最近，如图3.1所示的图像修复大火，从网友们用小程序"你我当年"一键修复老照片到热门项目"用机器学习修复老照片"，都是保存记忆的好方法。

图3.1 图片修复效果

（图片来源：https://max.book118.com/html/2016/0513/42875437.shtm）

3.1 背景介绍

什么是图像修复呢？图像修复就是对图像中缺失的区域进行修复，或是将图像中的对象抠去并进行背景填充，以取得难以用肉眼分辨的效果。用通俗的语言来讲就是既可以用这种方法来还原缺失图像，如图3.2(a)所示，也可以用此方法将图像中不想要的对象除去，如图 3.2(b)所示，并且让人看不出毛病，以为图片本应如此。

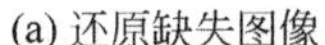

(a) 还原缺失图像　　(b) 去除图像多余部分

图 3.2　图像修复效果

图像修复(image inpainting)的历史可以追溯到文艺复兴时期，起初是指艺术工作者对于博物馆等地方所储存的年代久远、已经出现破损或缺失的艺术作品进行手工修补的一种方法。要使图像修复的结果达到预计效果是非常困难的，它要求修复后的图片和原图难以区分，看起来毫不违和。这个问题就像是一幅画的一部分被遮住了，可以利用想象力来想象或者以逻辑来推断被遮挡的区域是什么样子。这些对人来说似乎很简单，然而要让机器做到却非常困难。

随着计算机技术的飞速发展，图像修复的方法也有所改进。Bertalmio 等在博物馆通过长时间的仔细观察，于 2000 年 7 月第一次提出了数字修补(digital inpainting)这个术语，并建立了三阶偏微分方程(Partial Differential Equation，PDE)来解决这一问题。这是一个突破性的进展，它使本来由艺术工作者手工完成的工作得以用计算机来完成。这项技术在节省时间的同时也提高了图像的可重复修改性[1]。

近年来，深度学习(Deep Learning，DL)方法在图像修复方面取得了巨大的成就。它可以通过自己学习到的数据分布来填充缺失区域的像素，还可以在缺失区域生成与未缺失区域连贯的图像结构框架，这对传统的修复方法来说几乎是不可能做到的。最早使用深度学习来进行图像修复的方法之一是上下文编码器[2]，它使用了编码器-解码器的结构。编码器将缺失区域的图像进行映射到低维度的特征空间，解码器在它的基础上构造输出图像。然而，这种方式的缺点是它的输出图像通常出现了视觉伪像，并且相对模糊。因此，Lizuka 等通过减少下采样层的数量，并用一系列的空洞卷积层替换全连接层，使用变化的膨胀因子来补偿下采样层的减少[3]。但是由于采用了大的膨胀因子产生了极为稀疏的滤波器，则必然大大增加了时间成本。对上下文编码器进行改善的另一个方法是使用预训练的 VGG 网络，通过最小化图像背景的特征差异来改善上下文编码器的输出[4]。但同样，这个方法需要迭代地求解多尺度的优化问题，在时间上也增加了计算成本。也可以引入部分卷积，其中卷积的权重由卷积滤波器当前所在窗口的掩膜区域归一化得到[5]，此方法有效解决了卷积滤波器在遍历不完整区域时捕获过多零的问题。而文献[6]中提出的方法与之前有了明显的不同与进步，它采用两个步骤来解决问题，首先，对缺失的区域进行粗略估计，接着细化网络，通过搜索与粗略估计得出具有高相似性的背景图片的集合，使用注意力机制来锐化结构。同样地，可以通过引入一个“补丁交换”层，用缺失区域内的每个补丁来替换边界上与之相似的补丁[7-8]。也可以使用手绘草图的方法来指导图像修复工作[9]，这种方法使修复的效果得到了更好的保证。然而，手绘的方法显然不是那么智能，还是需要借助于人工力量的帮助。因此，本实验在此基础上取消了手绘草图的步骤，使其学会在缺失的区域产生合理的边缘幻觉，最终达到合理的修复效果。

图像修复技术除了修复久远的照片之外还有着非常广泛的应用。比如在日常生活中，随手的自拍照就可以用图像修复技术来去水印，消除红眼或者不喜欢的痘痘、疤痕等。与之相似地，在电视电影行业中，可以用这个技术对电影中不清晰的画面进行补全，或者修复已经久远的、保存不完整的胶片等。在文物领域，由于各种原因而损坏的历史文物，人为修复可能会存在修复失误从而造成二次损坏的情况，这时候图像修复技术就可以很好地解决这个问题。在医学领域，可利用图像修复技术去除医学图像中的噪声，增加图像的对比度和清晰度，方便观察和处理。在数字图像的编码和传输过程中也可以使用图像修复技术来替换丢失的数据。在很多方面，图像修复技术都有着不可替代的作用。本次实验只针对照片的修复进行，旨在令读者清楚图像修复的原理和思路。

3.2 算法原理

本次实验使用了两次 GAN，实验流程如图 3.3 所示，首先将缺失图像输入网络，经过边缘生成网络(第一个 GAN)生成一个完整的边缘图像，并以此为前提将图像再输入图像补全网络(第二个 GAN)，最后生成完整的图像。

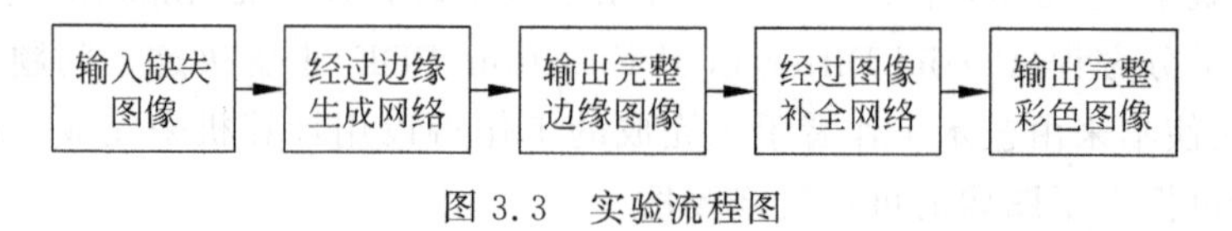

图 3.3 实验流程图

这里首先介绍一些后面网络模型会用到的概念，以帮助后续过程的理解。

3.2.1 基础知识介绍

1. 空洞卷积

如图 3.4 所示，空洞卷积(dilated convolution)又可以翻译为膨胀卷积或扩张卷积，起源于语义分割，就是在标准的卷积层中注入空洞，从而来增加计算的区域。这个卷积的好处就是在不进行导致信息损失的池化层操作的情况下，让每个卷积都可以输出尽可能大范围的信息。

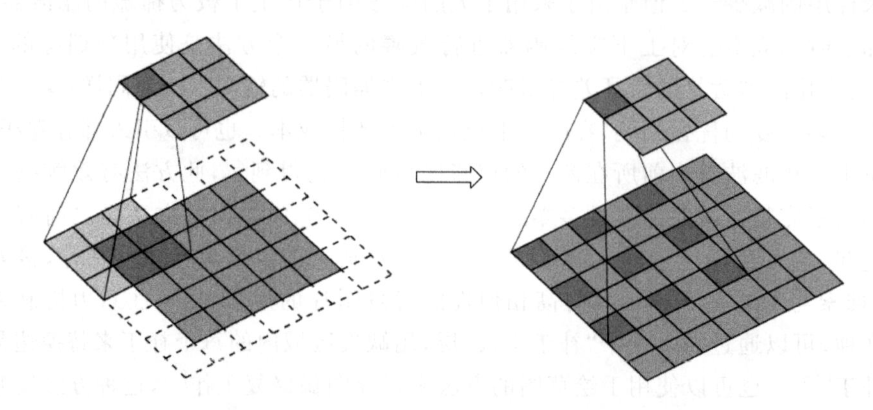

图 3.4 空洞卷积示意图

2. 掩膜

掩膜是由 0 和 1 组成的一个二进制图像。当在某一功能中应用掩膜时，1 值区域被处理，被屏蔽的 0 值区域不被包括在计算中。用这个设定好的二进制图像对要处理的图像进行遮挡，进而控制要处理的图像区域。将原图中的像素和掩膜中的像素对应进行运算，1 & 1 = 1，1 & 0 = 0。比如一个 3×3 的图像与 3×3 的掩膜进行运算，得到的结果图像如图 3.5 所示。

23	22	89
0	0	255
90	0	23

&

0	0	1
1	0	1
1	1	1

⇨

0	0	89
0	0	255
90	0	23

图 3.5 掩膜原理示意图

3. Canny 边缘检测器

Canny 边缘检测是一种非常流行的边缘检测算法，由 John Canny 在 1986 年提出的。它是一个多阶段的算法，该算法可分为以下步骤：

(1) 图像灰度化，只有灰度图才能进行边缘检测。

(2) 使用高斯滤波器，以平滑图像，滤除噪声。

(3) 计算图像中每个像素点的梯度强度和方向。

(4) 应用非极大值抑制(non-maximum suppression)消除边缘检测带来的杂散响应。

(5) 应用双阈值(double threshold)检测来确定真实的和潜在的边缘。

(6) 通过抑制孤立的弱边缘最终完成边缘检测。

本实验使用了一个两阶段的边缘连接模型，第一个步骤生成了完整的边缘图像，使用了边缘生成网络。第二个步骤将图片修复完整，使用图像补全网络。

3.2.2 边缘生成网络

边缘生成网络中使用了一次 GAN，如图 3.6 所示，将缺失的彩色图像变为灰度图像，并且提取出它的边缘图像，再加上该图像对应的掩膜图像，将这三种图像输入网络，通过训练好的 G_1 网络使其输出相应的完整边缘图像。其中，G_1 网络包含两个进行编码的下采样层、

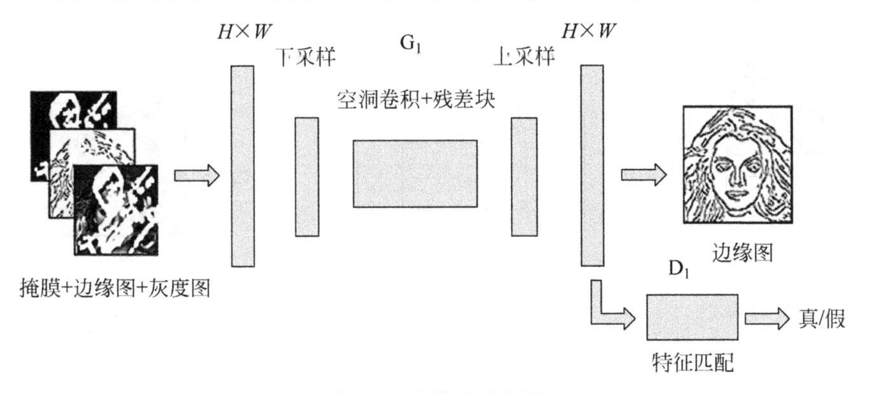

图 3.6 边缘生成网络

8 个残差模块和一个解码的上采样层，用两个带有伸缩因子的空洞卷积层在残差块中代替常规的卷积，使其在最终的残差块中生成区域。

在第一个阶段中，输入网络的缺失图像中，白色部分为缺失区域。使用边缘生成模型对缺失的区域产生“幻觉”生成一个完整的边缘图像，这个边缘图像中用黑色轮廓线表示从输入图像的现有部分提取出的边缘图像，用蓝色的轮廓线表示通过生成模型所补全的缺失区域的边缘图像。

图 3.7(a)为输入的缺失图像，缺失的区域用白色来表示。然后计算出图像的边缘掩膜，图 3.7(b)中的深色边缘线是用 Canny 边缘检测器对已知区域边缘的计算，而浅色边缘线是边缘生成网络对缺失区域的补全效果。

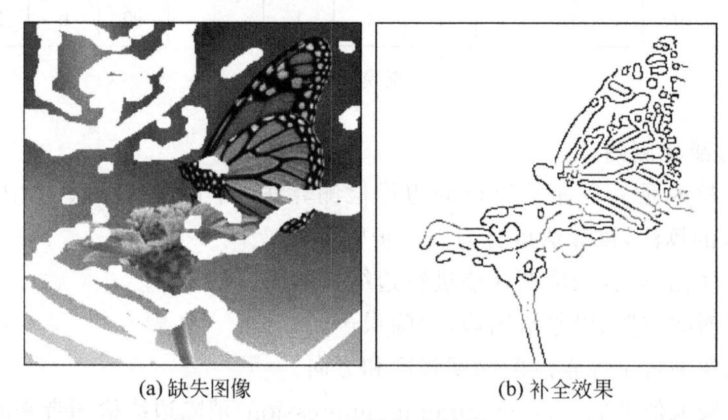

(a) 缺失图像　　(b) 补全效果

图 3.7　边缘补全效果

3.2.3 图像补全网络

然后进入第二个阶段，在图像补全网络中又一次使用了 GAN。如图 3.8 所示，将得到的这个完整的边缘图像和要补全的图像输入图像补全网络，通过训练好的 G_2 网络处理后得到完整的补全后的图像。该 G_2 网络中的具体构造与图像生成网络相同，包含两个进行编码的下采样层、8 个残差模块和一个解码的上采样层。对于 D 网络，使用 70×70 的 patch GAN 架构[10]来判断重叠部分是否正确，并用实例正则化来遍历网络的所有的层。其中，示例正则化是指对一个批次中的单个图片进行归一化，而不是像批量归一化(batch normalization)一样对整个批次的所有图片进行归一化。如果读者想进一步了解其具体原

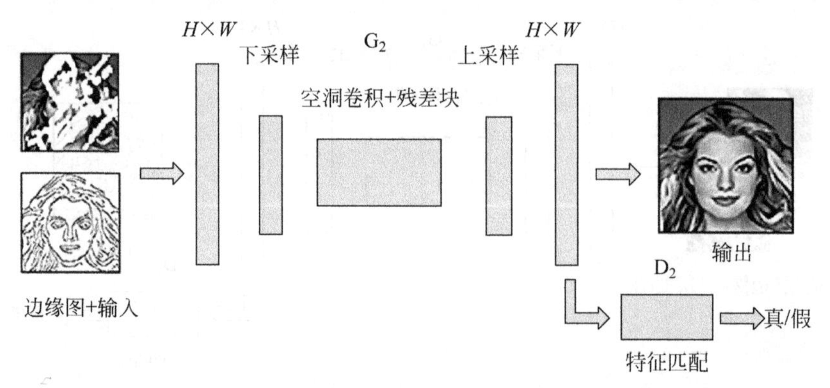

图 3.8　图像补全网络

理，可参考 Johnson 等的论文[11]来了解其更具体的网络构成。

图 3.9(a)为缺失的彩色图像，即要补全的图像，缺失区域用白色部分表示。图 3.9(b)为经过第一个阶段修复好的完整边缘图像。以这两个图像为依据，输入图像补全网络，从而就可以得到完整的修复后的效果图，如图 3.9(c)所示。

(a) 缺失图像

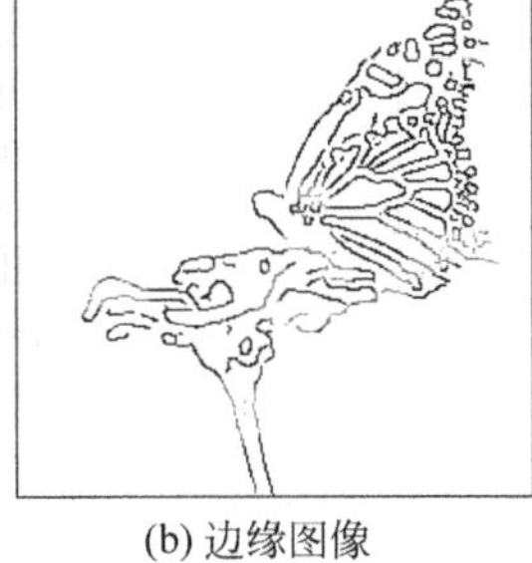
(b) 边缘图像

(c) 完整修复

图 3.9 图像补全效果

3.2.4 网络结构介绍

整个网络分为两个 GAN 的组合。GAN 主要包括了两个部分，即生成模型 G(Generator)与判别模型 D(Discriminator)。G 模型是一个图片生成网络，它的输入是一系列无规律的随机样本，输出是由这些样本所生成的图片，而 D 模型是一个判别网络，它的输入是 G 网络输入的图片，输出是一个表示概率的数字。如果该数字为 1，则代表是真实的图片；如果是 0，那么它一定不是真实的图片。G 模型主要通过学习真实输入的图像来让自己生成的图像更加的“真实”，从而“骗过”D 模型。而 D 模型则主要对接收到的图片进行真伪的判断。这个生成器生成更加真实的图像和判别器努力识别图像真伪的过程相当于一个二人博弈的过程，随着不断地互相完善，G 模型和 D 模型最终会达到一个动态平衡的状态，即 G 模型可生成接近真实的图像，而 D 模型可判断它为真，对于给定图像的预测为真的概率基本接近于 0.5 即可。

在使用网络对图像修复之前，应该先对整个模型算法进行训练，使其拥有能够补全输入图形的能力。接着可以用一张图片进行测试，看看它到底能不能达到所要求的补全效果。本实验的训练中，需要训练两个网络，即边缘生成网络和图像补全网络。经过两次 GAN 的训练，将得到实验所需要的完整网络模型。训练好网络模型后，就可以开始对它的效果进行测试。如图 3.6 和图 3.8 所示的那样，首先将缺失边缘图像、缺失灰度图像、缺失图像掩膜输入 GAN 的生成模型中，经过训练好的 G1 网络就可以生成所需要的完整的边缘图像，再将这个图像和一开始要补全的那个彩色图像输入第二个 GAN，经过训练好的 G2 网络，最终得到所需要的补全后的图像。

3.3 实验操作

3.3.1 代码介绍

1. 实验环境

图像修复实验环境如表 3.1 所示。

表 3.1 图像修复实验环境

条　件	环　境
操作系统	Ubuntu 16.04
开发语言	Python 3.6
深度学习框架	Pytorch 1.0
相关库	Numpy=1.14.3 Scipy=1.0.1 Future=0.16.0 Matplotlib=2.2.2 Pillow=5.0.0 opencv-python=3.4.0 scikit-image=0.14.0 pyaml

2. 实验代码下载地址

扫描二维码下载实验代码。

3. 代码文件目录结构

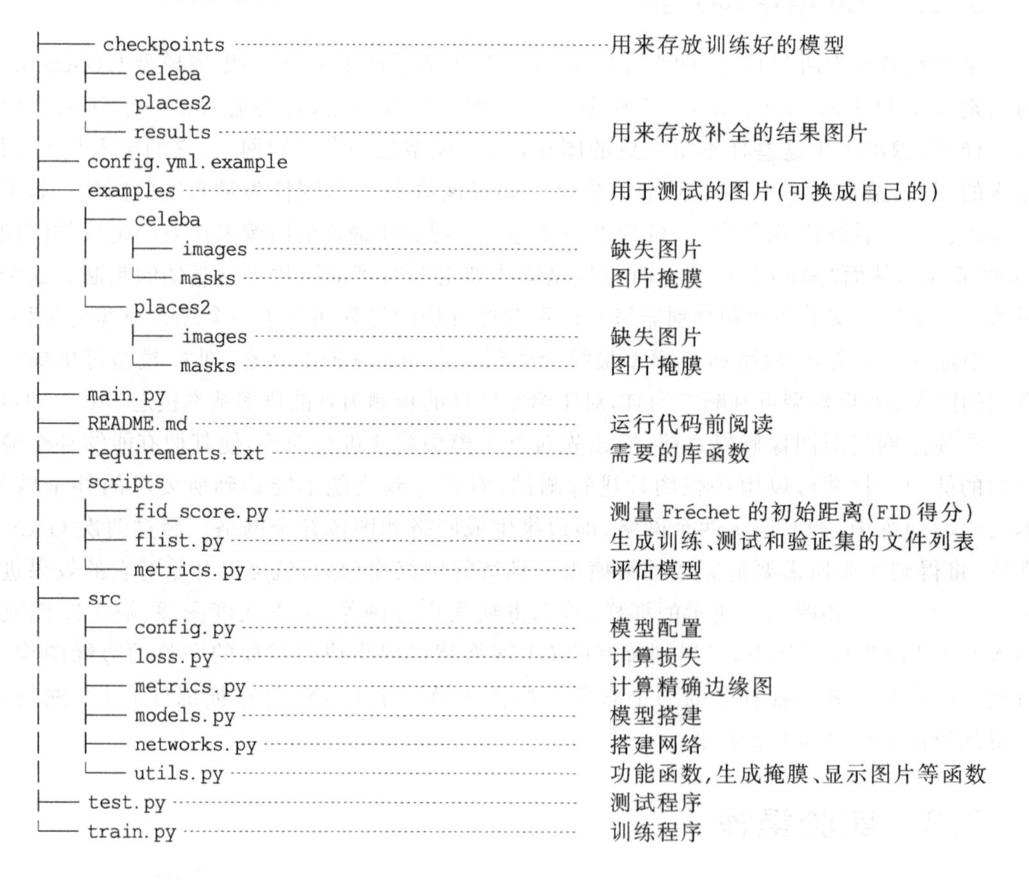

```
├── checkpoints ........................ 用来存放训练好的模型
│   ├── celeba
│   ├── places2
│   └── results ........................ 用来存放补全的结果图片
├── config.yml.example
├── examples ........................... 用于测试的图片(可换成自己的)
│   ├── celeba
│   │   ├── images ..................... 缺失图片
│   │   └── masks ...................... 图片掩膜
│   └── places2
│       ├── images ..................... 缺失图片
│       └── masks ...................... 图片掩膜
├── main.py
├── README.md .......................... 运行代码前阅读
├── requirements.txt ................... 需要的库函数
├── scripts
│   ├── fid_score.py ................... 测量 Fréchet 的初始距离(FID 得分)
│   ├── flist.py ....................... 生成训练、测试和验证集的文件列表
│   └── metrics.py ..................... 评估模型
├── src
│   ├── config.py ...................... 模型配置
│   ├── loss.py ........................ 计算损失
│   ├── metrics.py ..................... 计算精确边缘图
│   ├── models.py ...................... 模型搭建
│   ├── networks.py .................... 搭建网络
│   └── utils.py ....................... 功能函数,生成掩膜、显示图片等函数
├── test.py ............................ 测试程序
└── train.py ........................... 训练程序
```

3.3.2 数据集介绍

1. Places2 数据集

Places2 数据集如图 3.10 所示,是一个场景图像数据集,包含 1000 万张图片,400 多个

不同类型的场景环境，如餐厅、森林、码头、街道、游乐场等。该数据集可用于以场景和环境为应用内容的视觉认知任务，由 MIT 维护。

图 3.10 Places2 数据集部分图像展示

Places365-Standard 是 Places2 数据库的核心。Places365 的类别列表位于 Categories_places365.txt。Places365-Standard 的图像数据有 3 种类型：Places365-Standard 的训练数据（TRAINING）、验证数据（VALIDATION）和测试数据（TEST）。3 种数据源没有重叠：培训、验证和测试。所有这 3 组数据均包含 365 种场景的图像。高分辨图像档案中图像已调整大小，最小尺寸为 512，同时保留图像的长宽比。小尺寸图像档案中，如果图像尺寸小于 512，则原始图像保持不变。在简洁目录下的小尺寸图像文档中，不管图像原始宽高比如何，数据集中的图像均已调整为 256×256。这些图像是 256×256 图像，采用的是更友好的目录结构。

数据集下载地址：http://places2.csail.mit.edu/index.html。

2. CelebA 数据集

CelebFaces 属性数据集（CelebA）如图 3.11 所示，是一个大型数据集，包含二十多万张名人图像，每个图像有 40 页的属性注释。此数据集中的图像涵盖了较大的姿势变化和背景杂波。CelebA 具有多种多样，数量众多且注释丰富的特点，其身份数量为 10 177，人脸图像为 202 599 张，还包括 5 个地标位置，每个图像有 40 个二进制属性注释。该数据集可用作为以下计算机视觉任务的训练和测试集：面部属性识别、面部检测、界标（或面部部分）定位以及面部编辑和合成。CelebFaces 属性数据集是香港中文大学的开放数据。

该数据集包含 3 个文件夹，Img 文件夹下是所有的图片，图片又分为 3 类。其中 img_celeba.7z 文件夹是没有做裁剪的图片，img_align_celeba_png.7z 和 img_align_celeba.zip 是把 img_celeba.7z 文件裁剪出人脸部分之后的图片，其中 img_align_celeba_png.7z 是 png 格式的，img_align_celeba.zip 是 jpg 格式的。

数据集下载地址：http://mmlab.ie.cuhk.edu.hk/projects/CelebA.html。

图 3.11 CelebA 数据集部分图像展示

3.3.3 实验操作及结果

1. 预处理图像

本实验使用了 Places2 和 CelebA 这两个数据集，在它们的基础上训练模型，读者可根据数据集介绍部分了解和下载。

下载后运行 scripts 中的 flist. py 来生成训练和测试的文件列表。例如，要在 Places2 这个数据集上来生成训练集文件列表，可运行如下命令（在实际操作时应 path path_to_places2_train_set 改为数据集所在目录）：

```
$ mkdir datasets
$ python ./scripts/flist.py -- path path_to_places2_train_set\
  -- output./datasets/places_train.flist
```

此步骤将新建一个名为 datasets 的文件夹，并在这个文件夹下生成名为 places_train. flist 的文件列表。

2. 掩膜处理

可从 http://masc. cs. gmu. edu/wiki/partialconv 处下载由 Liu 等提供的公开的不规则掩膜数据集，并且使用 scripts 中的 flist. py 来生成训练和测试的掩膜文件列表。

3. 训练网络模型

开始训练模型之前，先下载一个类似 example config file（示例配置文件）的 config. yaml 文件，并将其复制到程序中 checkpoints 的文件夹下。

训练模型可以使用如下指令：

```
$ python train.py -- model [stage] -- checkpoints [path to checkpoints]
```

例如，要在./checkpoints/places2 目录下的 places2 数据集上训练边缘模型：

```
$ python train.py -- model 1 -- checkpoints ./checkpoints/places2
```

4. 测试网络模型

同样，在开始测试模型之前，先下载一个类似 example config file（示例配置文件）的 config. yaml 文件，并将其复制到程序中 checkpoints 的文件夹下（若在训练步骤已做过相关步骤，此处可以省略）。

在测试前应将之前训练好的模型或者可以下载已有的预训练模型放在 checkpoints 文件夹下（若要下载预训练模型，可运行这个指令：bash ./scripts/download_model. sh）。

接着，测试图像时需要提供一个带掩膜的输入图像和一个灰度掩膜文件，应该确保掩膜文件覆盖输入图像中的整个掩膜区域，接着用以下代码设置测试时需要使用的参数：

```
$ python test. py \
-- model [stage]
-- checkpoints [path to checkpoints] \
-- input [path to input directory or file] \
-- mask [path to masks directory or mask file] \
-- output [path to the output directory]
```

例如用 places2 模型中的图像来测试：

```
$ python test. py \
 -- checkpoints ./checkpoints/places2 \
 -- input ./examples/places2/images \
 -- mask ./examples/places2/mask\
 -- output ./checkpoints/results
```

以上命令将在./examples/places2/images 中使用和./examples/places2/mask 对应的掩膜图像，并将结果保存在./checkpoints/results 目录中。可在./checkpoints/results 下查看图像补全的结果。

5. 结果展示

图 3.12 给出了部分需要修补的缺失图像，图 3.13 为补全效果图。

图 3.12 缺失图像展示

图 3.13 补全效果图展示

3.4 总结与展望

本实验所提出的图像补全方法证明了边缘信息可以优化图像补全的效果,但在此不做过多证明,有兴趣的读者可以自己做一些模型简化测试来进行验证。

同样,这个实验所用到的模型也不止可以用来作为图像补全的模型。例如,可以使用一张图片的左半部分的人脸信息和另一张图片的右半部分的人脸信息生成一个完整的人脸轮廓的边缘图像,再用此边缘图像生成一个彩色图像,得到一个全新的拥有两张图片特点的人。或者可以去除图像中的目标区域,利用掩膜处理图像中不想要的区域,再用本实验中的模型进行补全,就可以得到最终的效果图。诸如这种有趣的实验还很多,需要读者发挥自己的想象力去探索。

对于本实验,想更深入进行了解的读者可阅读文章 *EdgeConnect: Generative Image Inpainting with Adversarial Edge Learning* 进行深入理解和学习。2019 年的 CVPR 中的一篇文章 *Foreground-aware Image Inpainting* 也用了相似的思路,先推断生成轮廓边缘,来帮助修复缺失的区域,读者也可进行参考学习。另外,在有关基于深度学习的图像补全的方法中,2019 年发表的论文 *Coherent Semantic Attention for Image Inpainting* 中提出了另一种思路。这篇文章提出由于局部像素的不连续性,现有的基于深度学习的图像修复方法经常产生具有模糊纹理和扭曲结构的内容。为了解决这个问题,他们提出了一种基于深度生成模型的精细方法,不仅可以保留上下文结构,而且可以对缺失部分进行更有效的预测,通过对孔特征之间的语义相关性进行建模。任务分为粗略和精炼两个步骤,并在 U-Net 架构下使用神经网络对每个步骤建模。实验证明,该方法可以获得高质量的修复结果。在 2019 年的 CVPR 文章 *Pluralistic Image Completion* 中提出了一种用于多元图像完成的方法,一种新颖且以概率为原则的框架,该框架具有两条平行的路径,两者均受 GAN 支持。还引入了一个新的短期和长期关注层,该层利用了解码器和编码器功能之间的关系,从而改善了外观一致性。在数据集上进行测试时，该方法不仅生成了更高质量的完成结果，而且还具有多种多样的合理输出，有兴趣的读者也可以进行深入阅读和学习。

3.5 参考文献

[1] 王妮娜. 图像修补方法的研究[D]. 南京：东南大学，2005.

[2] Pathak D，Krahenbuhl P，Donahue J，et al. Efros. Context encoders：Feature learning by inpainting. [C]//Proceedings of the IEEE Conference on Computer Vision and Pattern Recognition (CVPR)，2016.

[3] Iizuka S，Simo-Serra E，Ishikawa H. Globally and locally consistent image completion[J]. ACM Transactions on Graphics (TOG)，2017，36(4)：107.

[4] Yang C，Lu X，Lin Z，et al. High-resolution image inpainting using multi-scale neural patch synthesis [C]//Proceedings of the IEEE Conference on Computer Vision and Pattern Recognition (CVPR)，2017.

[5] Liu G，Reda F A，K. J. Shih K J，et al. Image inpainting for irregular holes using partial convolutions [C]//European Conference on Computer Vision (ECCV)，2018.

[6] Yu J，Lin Z，Yang J，et al. Generative image inpainting with contextual attention[C]//Proceedings of the IEEE Conference on Computer Vision and Pattern Recognition (CVPR)，2018.

[7] Song Y，Yang C，Lin Z，et al. Contextual-based image inpainting：Infer，match，and translate[C]// European Conference on Computer Vision (ECCV)，2018：3-19.

[8] Yu J，Lin Z，Yang J，et al. Free-form image inpainting with gated convolution[EB/OL]. [2020-08-20]. http arXiv preprint arXiv：1806. 03589.

[9] Isola P，Zhu J Y，Zhou T，et al. Image-to-image translation with conditional adversarial networks [C]//Proceedings of the IEEE Conference on Computer Vision and Pattern Recognition (CVPR)，2017.

[10] J.-Y. Zhu J Y，Park T，Isola P，et al. Unpaired imageto-image translation using cycle-consistent adversarial networks[C]//The IEEE International Conference on ComputerVision (ICCV)，2017.

[11] Johnson J，Alahi A，Li. F F. Perceptual losses for real-time style transfer and super-resolution[C]// European Conference on Computer Vision (ECCV)，2016：694-711.

第4章 语义图生成风景图

CHAPTER 4

古往今来,图像都是人类获取信息的重要渠道,它可以引起无穷遐想。在古代没有拍照技术的时候,人们往往会请画师来记录一些重要的时刻,而对画家画出的画,更是要求具有真实性。这在普林尼(Pliny the Elder)的《博物志》以及很多资料中都有很多记载:在公元前五世纪欧洲文艺的古典时期,一位画家的画越逼真,他就越会受到人们的称赞,一个很好的例子便是著名的宙克西斯和帕拉西乌斯的《竞赛》情节。

回到我们中国,从小就耳熟能详的《神笔马良》的故事也阐述着同样的道理(见图4.1)。相传马良有一支神笔,他用这支笔画一只鸟,鸟就会伸开翅膀,飞到天上;画一头牛,牛便蹒跚着在农田里耕地;画一匹马,马儿便会开始奔跑……这支笔可以将马良的想象转化为现实中真实存在的东西。这个故事固然不稽,但是将想象转换为栩栩如生的画面确实是人们普遍的愿望。在科技快速发展的今天,这个愿望能否更轻松地实现?

图4.1 神笔马良图

(图片来源:儿童故事《神笔马良》动画)

答案是肯定的,利用计算机便可辅助完成这项工作,我们需要做的,仅是动动鼠标简单"画"出画面中这个位置有什么东西,另一个位置有什么东西的"语义图",计算机便会帮我们完成接下来的工作。

4.1 背景介绍

计算机图像领域的语义概念是指对图像内容、内涵的理解[1-2,11]。由此引申出的语义图像是用物体的类别去标记图像的每个像素[12];直观来讲,是将图像的不同元素以不同的颜色进行表示，比如在一张图像里将动物的所有像素点用红色表示，雪地的所有像素点用白色来表示，河的所有像素点都用绿色来表示等，如图 4.2(a)所示。而语义图像的合成技术便是通过输入一张语义图片，输出一张对应现实中真实场景的图像，如图 4.2(a)到图 4.2(b)的过程，这样就实现场景语义匹配的合成算法；而相对应的由图 4.2(b)返回到图 4.2(a)的过程便是图像理解中的图像分割算法实现过程，通过在图像分割算法中输入图像，达到输出对应语义标签元素的过程。

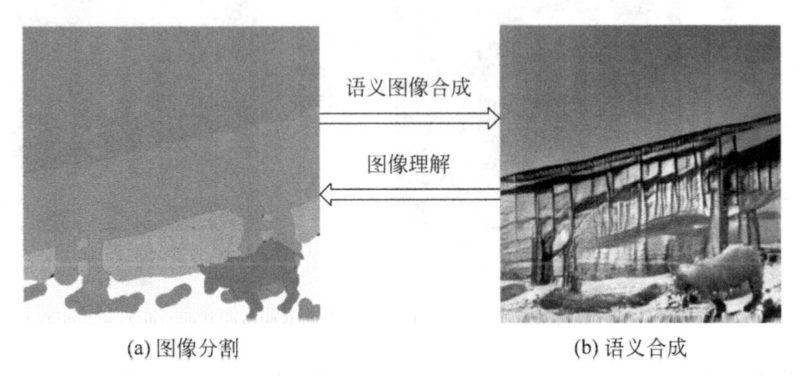

图 4.2 语义图合成原理图

随着科学技术的不断发展，深度卷积神经网络[3]在图像处理领域的性能也更加优秀，因此图像合成技术得到了快速的提升，本节将讲解通过 pix2pixHD 模型来实现像图 4.2 展示的语义图合成的过程。既然提到了 pix2pixHD 模型，那么就需要把这位“魔法师”的身世概况介绍一下了。早在 2014 年 Ian J. Goodfellow 等提出的 GAN 对图像进行合成，利用 GAN 合成的图像具有真实性和多样性，而这个大名鼎鼎的 GAN 就是 pix2pixHD 模型的“祖先”。

但传统的 GAN[4]在实现语义图像合成的过程中往往会出现以下两个不足之处，第一就是传统 GAN 缺失对应的生成关系，在传统 GAN 中随机输入一些噪声(随手画的草图)，就会随机输出一些对应的图像，但可能并不是想要的图像，如图 4.3 所示，这样显然是不合理的。Phillip Isola 等在 2016 年提出了 pix2pix 模型[5]，这个模型的引入解决了这个问题，同时与这个模型相关的 pix2pix 软件(网页 demo：https://affinelayer.com/pixsrv/)也吸引了大量互联网用户在系统上进行自己的“创作”。如图 4.4 所示，在 pix2pix 模型网页进行的“房屋设计创作”，足以证明该模型的广泛适用性和易于采用性。解决了第一个问题后，传统 GAN 的另外一个不足之处便是生成图像的质量较低，而这个问题也在 2017 年 Ting-Chun Wang 等所提出的 pix2pixHD[6]的模型中得到了解决，该模型使用语义分割方法，将

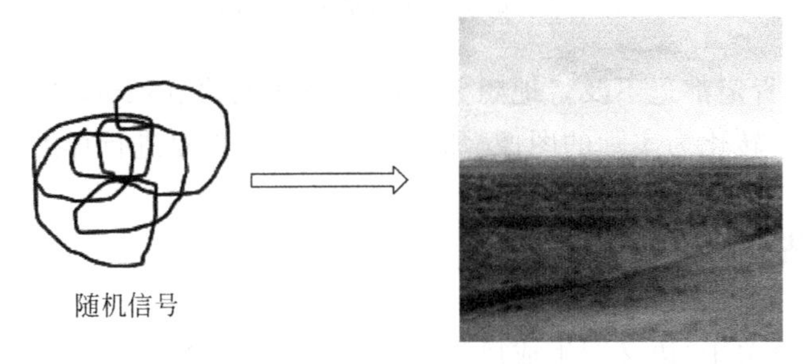

图 4.3 随机输入对应的图像

图像变成一个语义标签域，在标签域中编辑目标，然后再转回图像域，提升了图像质量以及深度图像合成和编辑的分辨率。

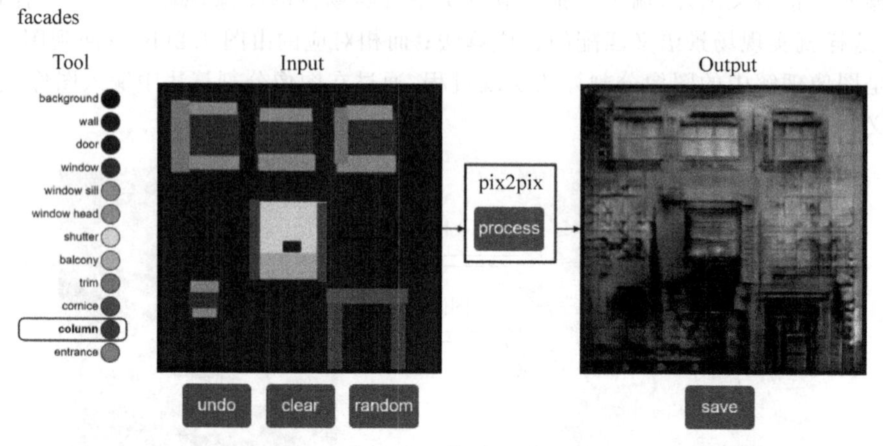

图 4.4　pix2pix 模型网页 demo

语义图像合成技术可以将图像的内容转变为图像，其在计算机图像视觉处理领域中也占据着重要的位置，它的应用也十分广泛。Ting-Chun Wang 等利用该技术实现了运用语义标注（即给定语义信息的不同颜色画笔）给街景图增加树木，更改车的颜色或者改变街道类型（例如将水泥路变成十字路），如图 4.5(a)所示；不仅仅局限于普通的场景，这项技术也可以利用语义标注图合成人脸，在给定语义标注中，用户可以自由选择组合人的五官并调整大小、添加胡子等，如图 4.5(b)所示。

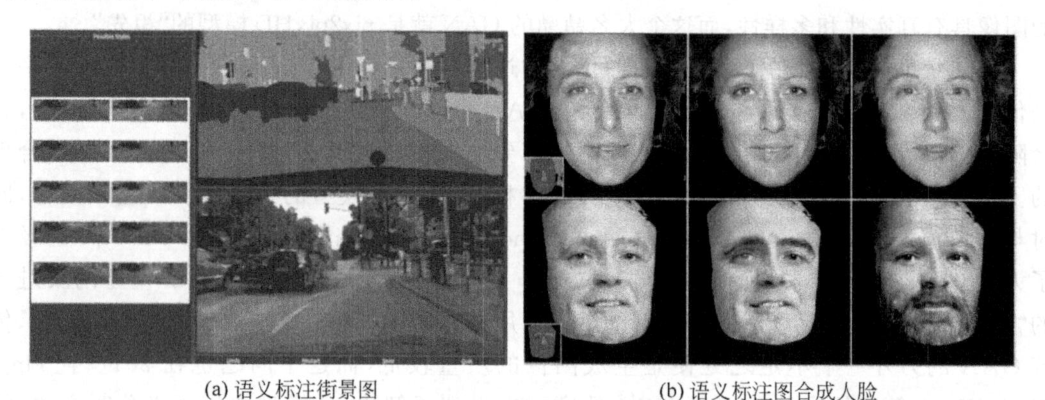

(a) 语义标注街景图　　(b) 语义标注图合成人脸

图 4.5　语义图像合成应用举例[6]

看到这里，大家肯定都迫不及待地想要了解这个强大的 pix2pixHD 模型到底是用了什么魔法能让语义图片转化为实际的图像，那么接下来就为大家进行详细解答。

4.2　算法原理

通过上面的部分关于“语义图生成风景图”的相关背景介绍，已经对其相关基础知识有了一定的认识。本节的“语义图生成风景图”是基于 pix2pixHD 网络模型生成的，通过这个模型用户仅需用动动鼠标“画”几根线条，便可以实现草稿图秒变“风景图”的功能，整个算法流程如图 4.6 所示。

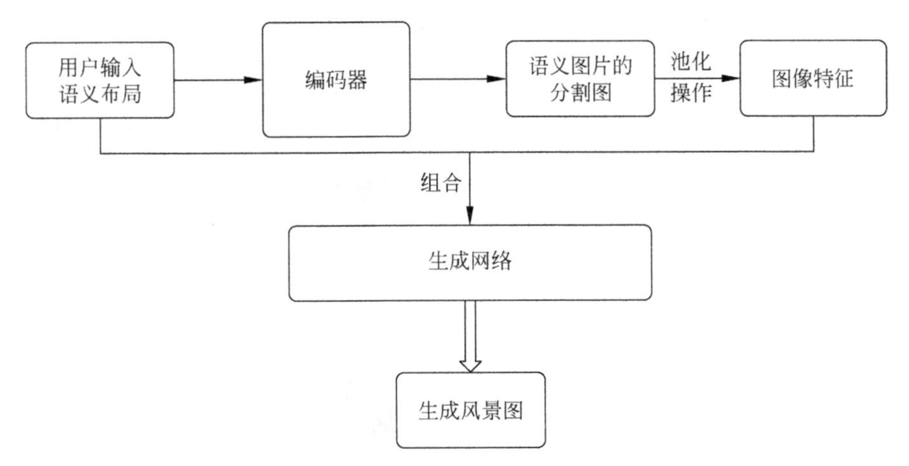

图 4.6 基于 pix2pixHD 网络模型的语义图生成风景图原理图

首先将用户自己“绘制”的语义布局图输入到该算法中，算法会提取用户输入的图像的边缘纹理，并进一步提取语义图像特征；随后将原始语义布局及语义图像特征组合后输入到经过训练后的“生成网络”中，经过在生成网络中的合成，便可以得到对应的风景图了。而该 pix2pixHD 网络模型是由对 GAN 模型的一次又一次改进得到的，接下来，将从 GAN 模型开始，逐步揭开 pix2pixHD 网络神秘的面纱。

4.2.1 GAN 模型原理

首先，作为 pix2pixHD 模型的基础——GAN，它由两个部分构成，一部分为生成网络 G，另外一部分为判别网络 D。在这个过程中生成网络 G 就像是学生先随机画出一张合成的图像；而 D 就是一位老师，会根据真实的图片判断 G 同学画出的图像是否“合格”，然后反馈给 D 同学。如图 4.7 所示，D 同学根据语义图片画出对应的合成图像。经过老师的“判断”和“训练”以后，D 同学再画出的图片肯定会比上次的更好，而 G 老师也会越来越严格，对 D 同学的作品进行再一次判断后反馈给 D 同学……以此往复循环进行训练过程，直到 D 老师无法分辨 G 同学的画是真的还是假的，这个时候，D 同学便算是“出师”，可以自己进行语义图像的合成了。

图 4.7 D 同学与 G 老师示意图

给 GAN 中输入随机信号，这里的随机信号就是一个随机变量。生成网络 G 可以把这个随机变量映射到一个称为“隐空间”的特征空间，这就类似于将信号抽象为艺术作品的过程；同时，生成网络 G 根据“隐空间”的特征合成图片去“骗”判别网络 D。如图 4.8 所示，G 网络接收随机信号 z，通过这个信号生成图片，记做 $G(z)$。而 D 便是尽量把生成网络合成图片与真实图片进行区分，它输入 $G(z)$，输出 $D(G(z))$代表 $G(z)$为真实图片的概率，$D(G(z))$的值在 0～1 的范围内，$D(G(z))$越大就表明这个图片越真实，如果$D(G(z))$为1，就代表输出的一定是真实图片，相反，如果输出为0，则代表为假的图片。这两个网络是一个“相互博弈”的过程，在最佳理想的状态下，网络D无法判断是真还是假，则$D(G(z))=0.5$。

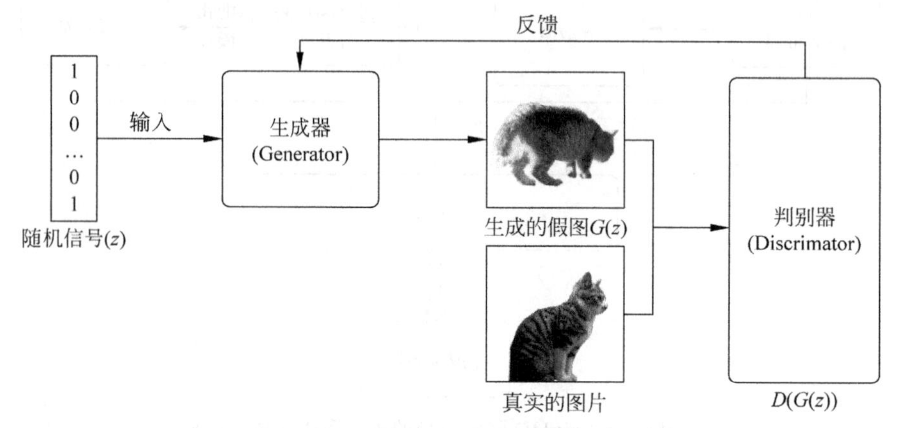

图4.8 语义图像合成原理图

4.2.2 pix2pix网络模型原理

在GAN的基础上，Phillip Isola等提出的pix2pix网络模型[5]较之前的GAN可以给予用户控制输入的能力，这个时候输入的是随机画出的草图，如图4.9的左上角的猫所示。但这个时候人们发现，之前画的猫输入进去结果产生一张真实的猫的图片，而画另外一个姿势的猫的草图时，怎么也生成了同样的猫的图片？原来，当计算机训练的真实图片为猫的时候，计算机便生成了关于猫的一个“模型”，这时输入一张猫的草图，计算机便会合成猫的图片。但这个时候判别器D只能判断G生成器生成的合成图是否为真实的图，而忽略了原本用户输入的草图的其他信息（猫的姿势、长相等），计算机无法判断合成的图片是否与用户所想的相同，这便是输入与输出没有关联了。为了解决这个问题，图4.10将pix2pix网络模型草图和G生成器生成的合成图一起输入到判别器D，让判别器D在草图轮廓的条件下对G生成器合成的图片进行判断。

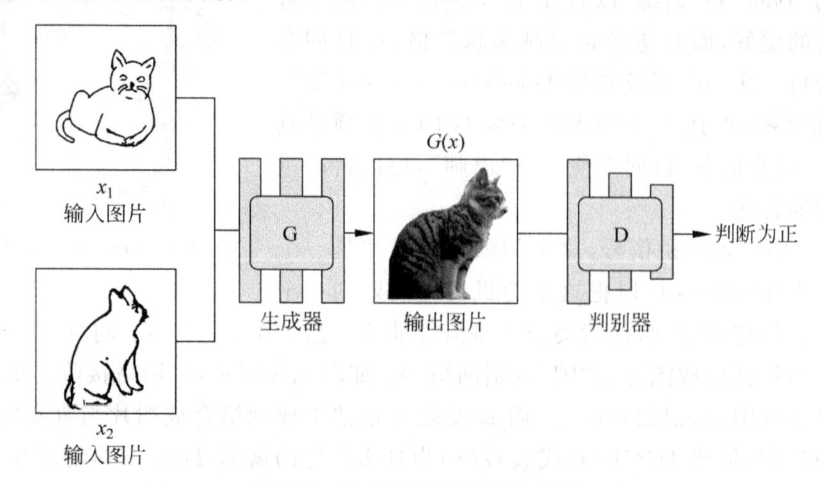

图4.9 输入输出无关联示意图

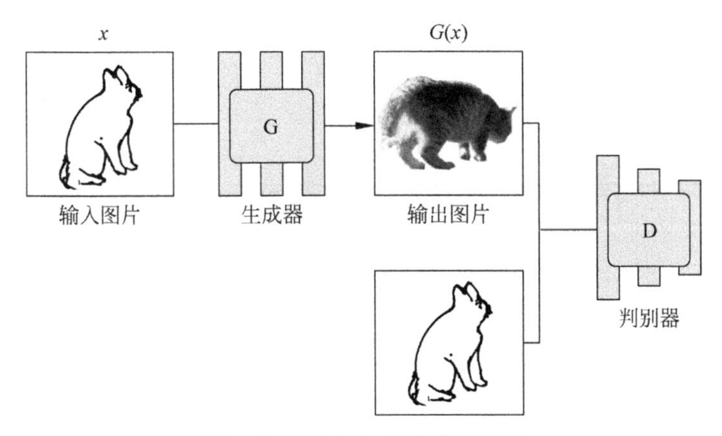

图 4.10 pix2pix 网络模型图示

pix2pix 网络模型中生成器 G 网络借鉴了 Olaf Ronneberger [7]等在 2015 年提出的 U-net 网络结构,U-net 网络是在医学图像处理领域常用的一个图像内容分割网络,可以将图片中血管等进行分割提取。该网络结构类似于编码-解码模型(Encoder-decoder)[15],可以直观地分为左半部分和右半部分,左半部分就是编码过程,不断把图片的特征提取出来,提取为一套"密码",而这个密码只有计算机可以看懂;而右半部分就是计算机将这个"密码"解码的过程。

如图 4.11 所示是一个详细的 U-net 网络结构图,可以看出 U-net 网络由神经卷积网络中的卷积层、池化层、Relu 激活层和反卷积层[8]等构成。卷积层负责对图像特征的提取,最大池化层对经过输入的特征图进行压缩,一方面使特征图变小,简化网络计算复杂度;另一方面进行特征压缩,提取主要特征;而反卷积层可视化以各层得到的特征图作为输入,进行反卷积,得到反卷积结果便是一张完整的图片,这就类似于一个解码的过程,逐渐还原图像细节;在其中穿插的 ReLu 函数就像是一个"启动器",只有网络的上一层的值达到一定量才会启动下一层网络。在网络左边的特征提取部分中,每经过一个池化层对应图片就缩小一个尺度,包括原图尺度一共有 5 个尺度;而在网络右侧反卷积上采样部分中,计算机每完成一次上采样,就与特征图进行融合,此特征图为与左侧特征提取部分对应的具有相同通道数的尺度拼接而成。

pix2pix 生成器网络结构如图 4.12 所示,其中有 8 层卷积层作为"编码"层,进行特征提取,8 层反卷积层作为"解码层"进行图片合成输出。与传统的编码-解码模型不同,该网络在反卷积层中引入了一个叫作"残差连接"的技巧,即每一层反卷积层的输入了上一层的输出和与该层对称的特征卷积图,这样一来每个"解码层"也不断利用"编码层"中提取的信息,从而使得生成器生成的图像保留原输入图像的一些细节性信息。

鉴别网络 D 在以前采用的是普通的卷积分类网络,这个网络通过 Softmax 函数输出的概率实现简单的二分类功能,比如判断输入的图片是猫或者不是猫,而在此就要判断生成网络 G 所合成的图片为真还是假。在 pix2pix 网络中,不是以整个图像当作生成网络的输入,而是利用马尔可夫性的判别器(PatchGAN)[11]将图像以 $N \times N$ 的块来进行划分,并对每个块进行之前的判断操作。具体来讲,PatchGAN 将输入映射为 $N \times N$ 的矩阵,N_{ij} 的值代表每个矩阵为真样本的概率,将所有矩阵的均值作为判别器最终输出(真或假)。如

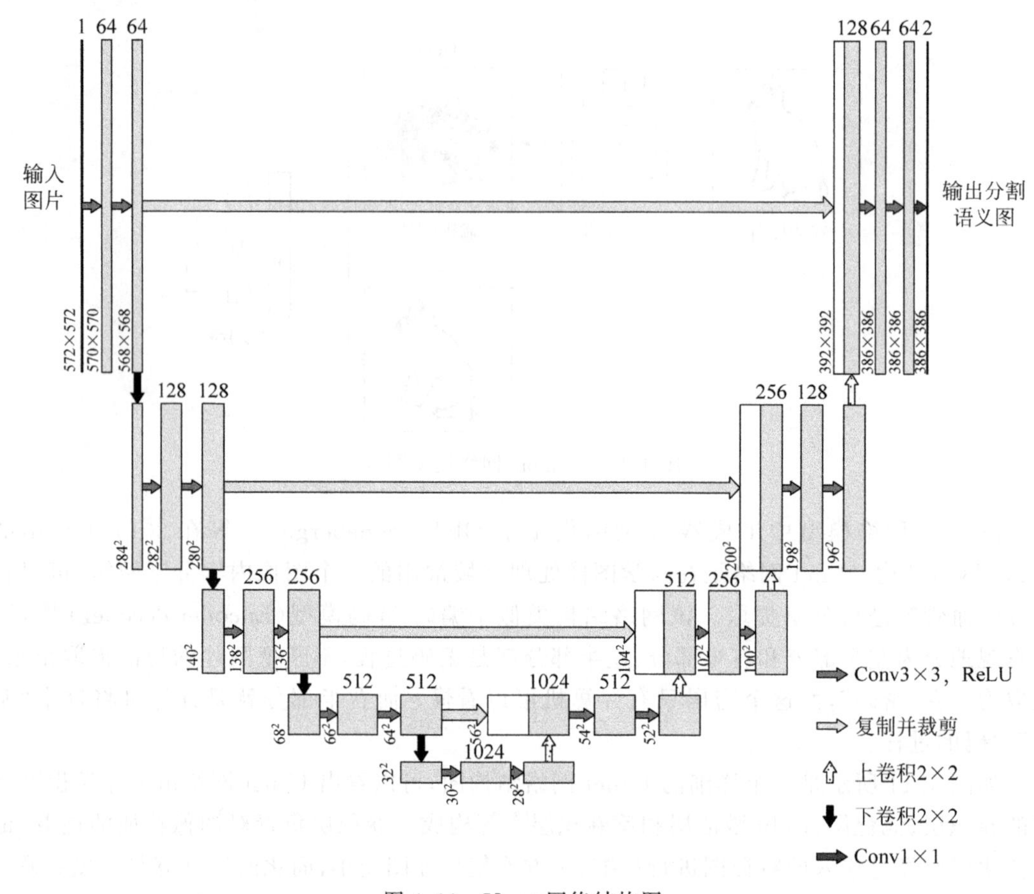

图 4.11 U-net 网络结构图

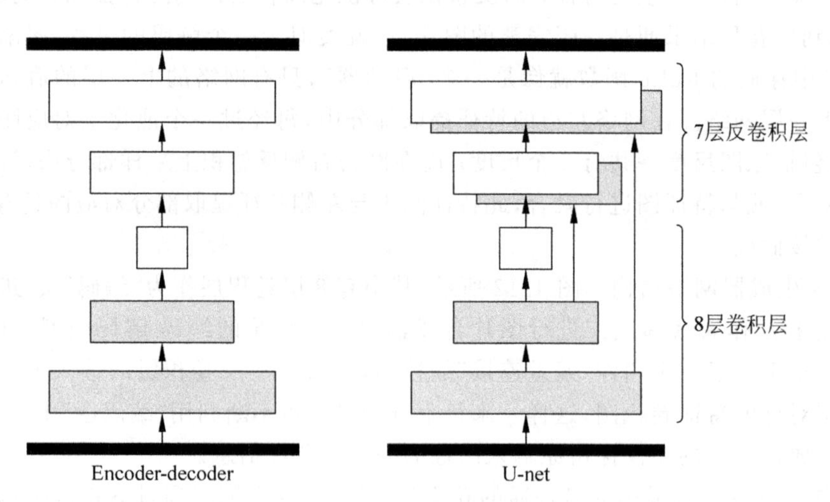

图 4.12 pix2pix 生成器网络结构图

图 4.13 所示，它完全由卷积层构成，经卷积得到的特征矩阵对应着原图的一个感受野，可以更好地保持图片的高分辨率与细节性。经过 PatchGAN 处理的图像的输出矩阵更注重原始图像不同部分，这就像是开班会时老师会考虑到很多同学意见后给出决定相同。当 $N=1$ 的时候，相当于对原图进行逐像素的判断，当 $N=256$(图像大小为 256×256)，便是输入一

整张图片了，这个过程类似于卷积核进行卷积的过程，这样便可以将输入图片进行放大了！

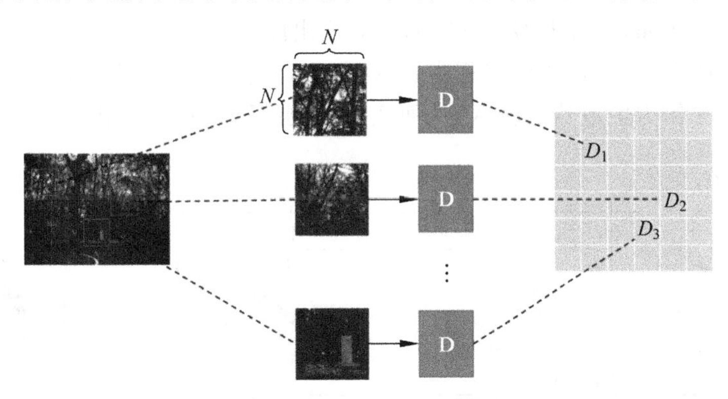

图 4.13 PatchGAN 原理

4.2.3 网络结构介绍

在 pix2pix 网络解决了关联性问题后，之前提的 GAN 模型的缺点还剩下一个，那便是图片的分辨率和图片质量问题，Ting-Chun Wang 等在基于 pix2pix 的 pix2pixHD 模型上解决了这个问题。pix2pixHD 模型采用如图 4.14 所示的“金字塔式”的结构，它总体上先输入低分辨率的图片，再将之前输入的低分辨率的图片作为另一个网络的输入，依次生成分辨率更高的图片，最终可以合成高清的 2048×1024 图片。

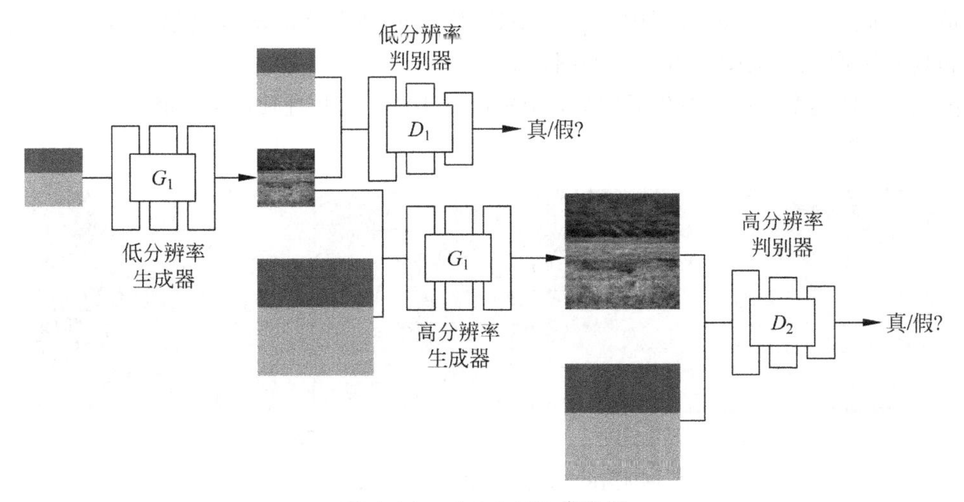

图 4.14 pix2pixHD 模型图

pix2pixHD 的生成器由 pix2pix 模型的 U-Net 结构生成器升级为多级生成器，如图 4.15 所示，它由两部分组成 $G=\{G_1,G_2\}$，G_1 表示全局生成网络(global generator network)，G_2 表示局部增强网络(local enhancer network)，生成器的具体结构和 pix2pix 的生成器没有差别，就是之前介绍的 U-Net 网络结构，只是将 G_2 分为两个部分，把 G_1“镶嵌”在其中。在 G_1 上对较低分辨率的图像进行“训练”过程，当输入一张 1024×512 的图片，最终输出同样 1024×512 分辨率的合成图片；而生成器 G_2 的左半部分卷积层负责提取特征，并把下卷积层的最后一层特征图与 G_1 的输出层的前一层特征的生成图像进行融合，把融合后的信息

送入 G_2 的右半部分进行反卷积输出高分辨率图像，最终生成器 G_2 输出图维度是之前每张图片维度的 2 倍。比如，生成器 $G=\{G_1,G_2\}$ 的输出图像分辨率为 2048×1024。此外，不同于传统的图像合成算法，在训练的过程中，pix2pixHD 将语义分割图和语义图的边缘图在通道维度上组合后才作为生成器的输入，从而实现实例级别图像多样化。

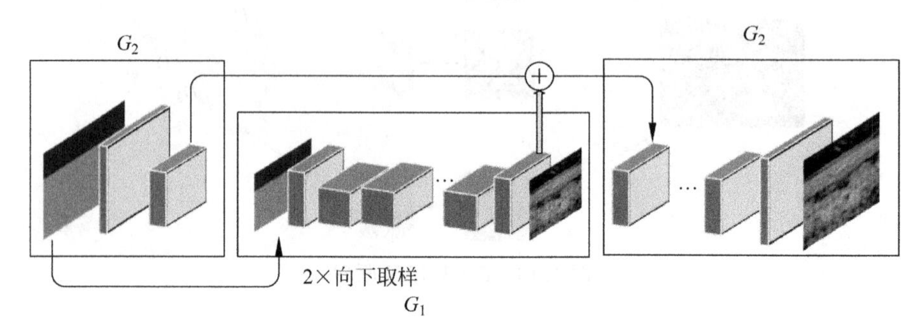

图 4.15 pix2pixHD 生成器模型图

由于生成器生成的图片较大，信息也更为复杂，与之前不同，pix2pixHD 模型的判别器使用多尺度判别器，但每个判别器的结构与之前 pix2pix 模型的判别器结构相同，都使用了马尔科夫性的判别器[10]。首先，使用 3 个不同的尺度(原图、原图的 1/2、原图的 1/4)的图片作为输入，最粗糙的尺度(原图的 1/4)使网络关注更多的图像全局视角信息，可以引导生成器生成全局一致的图片；另一方面，最精细尺度(原图)的判别器鼓励生成器生成更加精细的信息。此外，在训练的过程中，pix2pixHD 模型的判别器的输入是语义分割图、实例边缘图和真实图像或生成图像融合后的图像。

pix2pixHD 模型可以实时生成图像，如图 4.16(b)所示，并且其算法性能优于图 4.16(a)所示的 pix2pix 模型。

(a) pix2pix模型生成图

(b) pix2pixHD模型生成图

图 4.16 pix2pixHD 模型生成图[6]

4.3 实验操作

4.3.1 代码介绍

1. 实验环境

语义图生成风景图实验环境如表 4.1 所示。

2. 实验代码下载地址

扫描二维码下载实验代码。

表 4.1　实验环境

条　　件	环　　境
操作系统	Ubuntu 16.04
开发语言	Python 3.6
深度学习框架	Pytorch 1.0
相关库	opencv torchvision dominate>=2.3.1 dill scikit-image

3. 代码文件目录结构

```
SPADE-------------------------------------------------工程根目录
├── data---------------------------------------------定义用于加载图像和标签映射的类
├── datasets-----------------------------------------用来存放训练所要使用的数据集文件
│   ├── coco_stuff
│   ├── coco_generate_instance_map.py----------------实例映射生成脚本
├── models-------------------------------------------该目录下存放了 pix2pixHD 模型的整体网络结构
├── options------------------------------------------用于对网络测试、训练等过程中相关参数的选项
├── docs
├── trainers-----------------------------------------训练器文件
├── util---------------------------------------------util 包中放一些常用的公共方法
├── results------------------------------------------测试后生成,存放了 pix2pixHD 模型的测试结果
├── checkpoints--------------------------------------训练后生成,存放了模型权重等文件
├── train.py-----------------------------------------训练文件
├── test.py------------------------------------------测试文件
├── draw_demo.py-------------------------------------demo 可视化交互文件
├── requirements.txt---------------------------------环境配置说明文件
└── README.md----------------------------------------代码说明文件
```

4.3.2 数据集介绍

在训练的过程中,本次实验采用的数据集为如图 4.17 所示的 COCO-Stuff[9] 数据集,该数据为语义标注的图像数据集。

图 4.17　COCO-Stuff 数据集图像

(https://github.com/nightrome/cocostuff10k)

COCO-Stuff 使用像素级填充注释扩充了流行的 COCO 数据集的所有 164 000 张图像。这些注释可用于场景理解任务，例如语义分割、对象检测和图像字幕。该数据集包含 91 个 things 类、91 个 stuff 类和 1 个未标记类。未标记类在以下两种情况下使用：标签不属于预定义类中的任何一个，或者注释器无法推断像素的标签。

下载地址：http://www.github.com/nightrome/cocostuff10k。

4.3.3 实验操作及结果

1. 代码准备

```
$ git clone https://github.com/NVlabs/SPADE.git
$ cd SPADE/
$ pip install -r requirements.txt
$ cd models/networks/
$ git clone https://github.com/vacancy/Synchronized-BatchNorm-PyTorch
$ cp -rf Synchronized-BatchNorm-PyTorch/sync_batchnorm.
$ cd ../../
```

2. 数据集准备

在 4.3.4 节所附的链接中下载：train2017.zip，val2017.zip，stuffthingmaps_trainval2017.zip，annotations_trainval2017.zip。随后，进行文件名更改，代码如下所示：

```
$ cd SPADE/datasets/coco_stuff/
$ unzip train2017.zip && unzip val2017.zip && unzip
stuffthingmaps_trainval2017.zip && unzip annotations_trainval2017.zip
$ cd models/networks/
```

随后对之前下载的 4 个压缩文件进行解压操作，如图 4.18 所示。

```
$ rm -rf train_img train_label val_img val_label
$ sudo mv train2017 train_img
$ sudo mv val2017 val_img
```

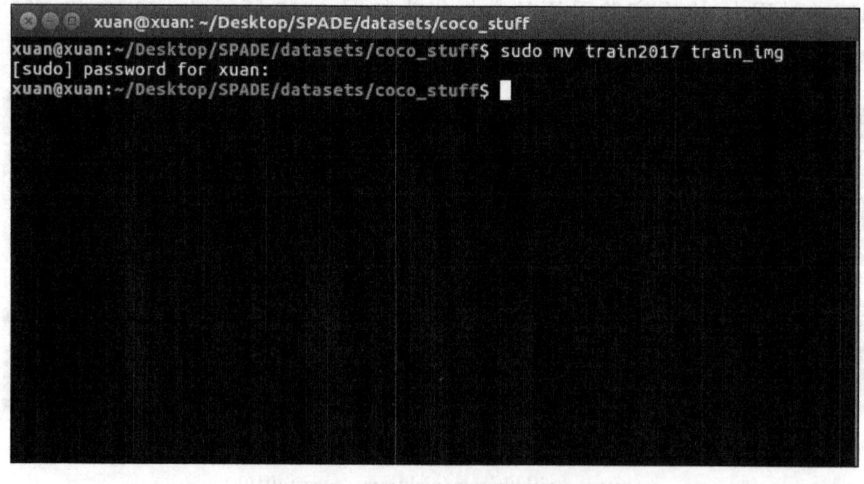

图 4.18 更换文件名终端示意图

为了保持代码的一致性，在训练模型的过程中需要进行数据集“替换”的过程，将代码文件中自带的 train_img、train_label、val_img、val_label 文件删除，并且将下载好的 4 个文件重命名为原本相对应的文件名，更改后如图 4.19 所示。

图 4.19 更改后示意图

3. 数据集制作

```
$ cd ../..
$ cd datasets
$ python coco_generate_instance_map.py\
-- annotation__file [insatnces_tarin2017.jason 路径]\
-- image dir [train_img 路径] - label dir [train_inst 路径]
```

成功替换掉 4 个文件后，还有两个文件需要完成数据集映射并存储在未删除的 train_inst 和 val_inst 文件中。在这里，需要对源代码中的 coco_generate_instance_map.py 文件进行部分参数修改，将映射文件(annotation_file)的 default 改为 insatnces_tarin2017.jason 的路径；将 label_dir 的 default 改为 train_inst 的路径；将 image_dir 的 default 改为 train_img 的路径后，运行此文件，就可以发现计算机已经自动生成 train_inst 对应的文件(即为数据的标签)。

```
$ python coco_generate_instance_map.py \
-- annotation_file [insatnces_val2017.jason 路径]\
-- input_label_dir [val_img 的路径]\
-- input_label_dir [val_inst 的路径]
```

由于要进行测试工作，同样，将 label_dir 的 default 改为 val_inst 的路径；将 image_dir 的 default 改为 val_img 的路径后，运行这个文件。同时这个文件中也有很多参数可以自行修改，例如 label_nc 用于数据集中的标签类别数量；contain_dontcare_label 用于指定其是否具有未知标签；或者 no_instance 表示数据集不具有实例映射等，它们同样也具有默认值。

4. 训练模型

```
$ cd../..
```

在 base_options.py 文件中 dataroot 的 default 更改为 coco_stuff 文件路径名；dataset_mode 中的 default 改为 coco。

```
$ python train.py --name [label2coco]
--dataset_mode [coco] --dataroot[coco_stuff 路径名]
```

这一步通过更改 train. py 文件中的 name、dataset_mode 及 dataroot 参数，使文件与数据集匹配，再进行训练。

5. 测试

```
$ python test.py --name [label2coco]
--dataset_mode [coco] --dataroot[coco_stuff 路径名]
```

通过更改 test. py 文件中的 name、dataset_mode 及 dataroot 参数进行测试，这时会产生 result 文件，可以从中查看相应的输入语义标签及合成的对应图像，如图 4.20 所示。

图 4.20 测试结果文件示意图

6. 软件界面及结果展示

直接运行 draw_demo. py 文件可以进入本代码的交互可视化界面。本界面由用户端草图绘制区、画笔颜色选择器、画笔大小调节器及图片合成区域四部分组成。如图 4.21(a)所示为用户自己输入的界面，用户可在图 4.21(a)框内进行草图的绘制；如图 4.21(b)所示为画笔颜色选择器，共有 14 种颜色备选，不同颜色对应不同语义种类信息，用户可拖动画笔颜色选择器的按钮进行颜色控制，滑动条上的 1～14 表示图 4.21(b)左侧的语义信息，比如当拖动滑动条至 1 时对应颜色表示为人，拖动至 2 时对应颜色标示为自行车；如图 4.21(c)所示为画笔大小调节器，用户可自己拖动调节器的按钮进行画笔粗细大小的调节，可以基本满足用户的绘制要求；如图 4.21(d)所示即为图片合成区域，对应用户绘制的草图。

图 4.21(d)即为编者自己绘制的图，也欢迎各位读者发挥自己的想象亲自体验语义合成图像带来的乐趣。

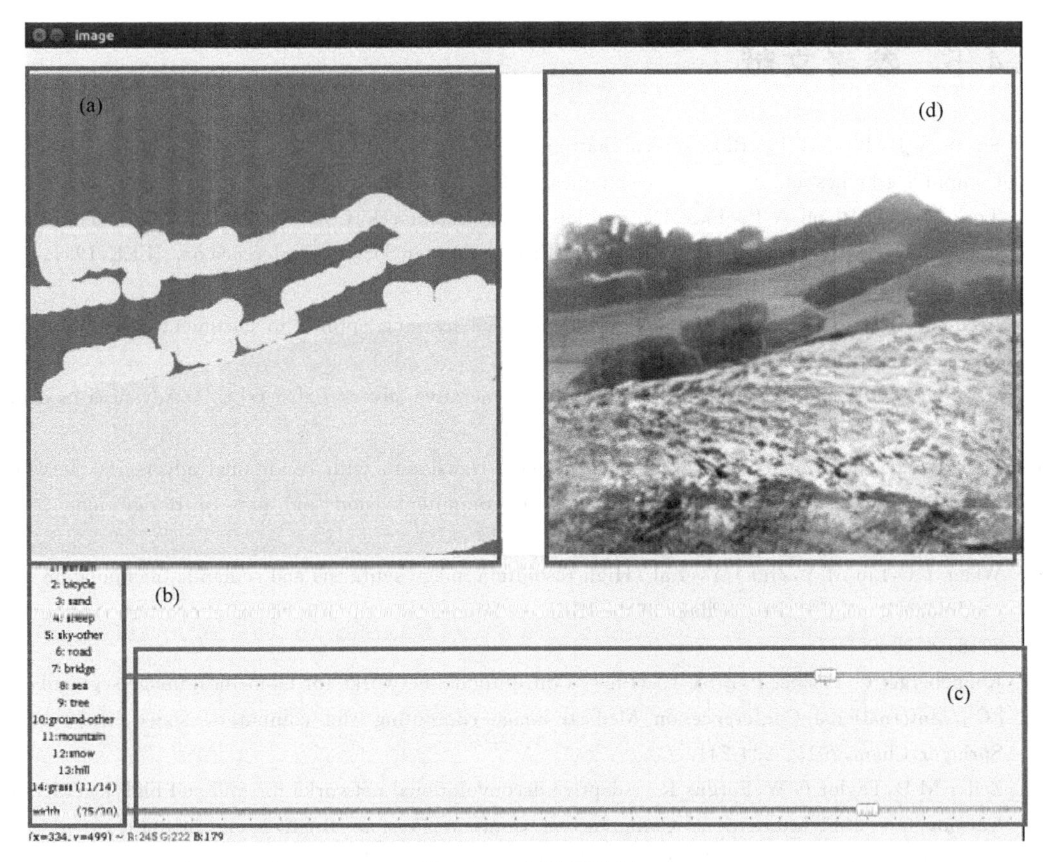

图 4.21 界面展示图

4.4 总结与展望

pix2pixHD 网络在图像合成领域的成功吸引了来自世界各地的学者的广泛研究。在 2019 年 8 月 1 日国际计算机图形和交互技术会议上，David Bau 等来自 MIT CSAIL、IBM Research、MIT-IBM 沃森 AI 实验室和香港中文大学的研究人员联合研发的一款后期图像处理工具便是借鉴了 pix2pixHD 图像合成网络，该网站名称为 GANpaint.[13]（http://ganpaint.io/），在这个软件中，用户上传图像后，可以进行绘制和擦除等操作。

在 2019 年 10 月 27 日 ICCV2019 新收录的论文中，Wei Sun 等借鉴了 pix2pixHD 网络思想提出了一个基于布局和风格的生成对抗网络架构 LostGANs[14]，它可以通过端到端的训练来重构布局和风格生成图像，以弱监督的方式学习细粒度掩模映射，以弥合布局和图像之间的差距，并提出了对象实例特定的布局感知特性规范化在生成器中实现多对象样式的生成。在 COCO-Stuff 和 VG 数据集上获得了最新的性能。定性结果验证了该方法的有效性。Giuhub 链接为：https://github.com/iVMCL/LostGANs。

可以看到基于 pix2pixHD 模型的图像合成方法可以扩展到产生不同的输出，这些扩展能够应用到其他图像合成问题上，为研究图像合成领域提供了新的思路。

4.5 参考文献

[1] Smith A R, Blinn J F. Blue screen matting[C]//Proceedings of the 23rd annual conference on Computer graphics and interactive techniques. 1996: 259-268.

[2] Turk M A, Pentland A P. Face Recognition Using Eigenfaces[C]// Computer Vision and Pattern Recognition, 1991. Proceedings CVPR '91. IEEE Computer Society Conference on. IEEE, 1991: 586-591.

[3] Lecun Y, Bottou L, Bengio Y, et al. Gradient-based learning applied to document recognition[J]. Proceedings of the IEEE, 1998, 86(11): 2278-2324.

[4] Goodfellow I, Pouget-Abadie J, Mirza M, et al. Generative adversarial nets[C]//Advances in neural information processing systems. 2014: 2672-2680.

[5] Isola P, Zhu J Y, Zhou T, et al. Image-to-image translation with conditional adversarial networks [C]//Proceedings of the IEEE conference on computer vision and pattern recognition. 2017: 1125-1134.

[6] Wang T C, Liu M Y, Zhu J Y, et al. High-resolution image synthesis and semantic manipulation with conditional gans[C]//Proceedings of the IEEE conference on computer vision and pattern recognition. 2018: 8798-8807.

[7] Ronneberger O, Fischer P, Brox T. U-net: Convolutional networks for biomedical image segmentation [C]//International Conference on Medical image computing and computer-assisted intervention. Springer, Cham, 2015: 234-241.

[8] Zeiler M D, Taylor G W, Fergus R. Adaptive deconvolutional networks for mid and high level feature learning[C]//2011 International Conference on Computer Vision. IEEE, 2011: 2018-2025.

[9] Caesar H, Uijlings J, Ferrari V. Coco-stuff: Thing and stuff classes in context[C]//Proceedings of the IEEE Conference on Computer Vision and Pattern Recognition. 2018: 1209-1218.

[10] Isola P, Zhu J Y, Zhou T, et al. Image-to-image translation with conditional adversarial networks [C]//Proceedings of the IEEE conference on computer vision and pattern recognition. 2017: 1125-1134.

[11] 陈鸿翔. 基于卷积神经网络的图像语义分割[D]. 杭州：浙江大学，2016.

[12] 陈智. 基于卷积神经网络的语义分割研究[D]. 北京：北京交通大学，2018.

[13] Bau D, Strobelt H, Peebles W, et al. Semantic photo manipulation with a generative image prior[J]. ACM Transactions on Graphics, 2019, 38(4): 1-11.

[14] Sun W, Wu T. Image synthesis from reconfigurable layout and style[C]//Proceedings of the IEEE International Conference on Computer Vision. 2019: 10531-10540.

[15] Cho K, Van Merriënboer B, Gulcehre C, et al. Learning phrase representations using RNN encoder-decoder for statistical machine translation[EB/OL]. (201-06-03) [2020-08-20]. https://arxiv.org/abs/1406.1078.

第5章 文本转图像实验

CHAPTER 5

在浩如烟海的诗词歌赋里，有多少使你身临其境，难以忘怀的名句呢？

它可以是韦应物的“独怜幽草涧边生，上有黄鹂深树鸣”；可以是李益的“一鸟白如雪，飞向白楼前”；也可以是唐李郢的“越鸟青春好颜色，晴轩入户看呫衣”。

但在你细细品味，沉醉诗词中之时，却发现脑海中的那只“鸟”是那么虚无缥缈、难以形容。此时，或许你将感慨，若在那个时代已经有了照相机，那该多好！诗人们就可以将所见所闻记录下来，配上自己的诗词，然而这一切也仅仅是感慨。

在这个相信科技的时代，科技将赐予你“超能力”，帮助你将感慨变为现实。当你陶醉于诗词佳句之中时，你的“超能力”将会帮助你“见”诗人所见，“闻”诗人所闻。如图5.1所示，韦应物的黄鹂、李益的白鸟、唐李郢的越鸟都将一一呈现在你的眼前，你的“超能力”将实现你想要的“身临其境”。

(a) 生成的黄鹂

(b) 生成的白鸟

(c) 生成的越鸟

图5.1 诗句生成鸟类图片

5.1 背景介绍

科技所赐予你的“超能力”是什么呢？其实就是接下来所要介绍的文本转图像实验。那么，什么是文本转图像？这种技术又有什么用呢？

文本转图像就是当你输入一句话后，根据句意生成与其相符的图片。这种技术可以将诗词歌赋转化为“真实”的图像表达，以诗生画，这也是文本转图像的第一个应用场景。这项技术在肖像描述中也可以大展身手，当警察输入嫌疑人可能的外貌时，这项技术可以根据输入的外貌描述，帮助警察侧写出嫌疑人可能的长相以便追捕犯人。不仅如此，这项技术也可以应用到搜索引擎中，输入文本时，可以自动产生一系列符合描述的图片，用户可以自由选择自己需要的图像。

在 2016 年以前，基本上所有的图像生成都是利用变分自编码器[1]（Variational Auto-Encoder，VAE）和 DRAW[2]（Deep Recurrent Attentive Writer）方法来完成的，VAE 基于贝叶斯公式以及相对熵的推导，利用最大似然估计生成图像，而 DRAW 通过在循环神经网络中加入注意力机制，每次生成一个关注的图像区域，接着将生成的局部图像进行叠加，得到生成的结果。而 AlignDRAW[3] 则可以在 DRAW 方法基础上加入文本对齐，使得图像生成更加精准。

2016 年 GAN-INT-CLS[4] 出现以后，文本转图像的任务基本上都是使用 GAN 的方法完成的。GAN-INT-CLS 是以对抗生成网络为主干模型，利用文本特征作为输入，在生成器中将文本特征与随机噪声拼接后输入生成器中，生成与文本匹配的图像，在判别器中对生成的假图像匹配了正确的文本以及真实图像但匹配了错误文本这两种错误进行分类，来辨别图像是否是生成器生成的。之后出现了 Generative Adversarial What-Where Network[5]（GAWWN），它在原来的 GAN 的基础上添加了包围框和关键点的限定，达到生成更加精确的图像的效果。

StackGAN[6] 使用了两个 GAN 来分步生成图像。它认为仅仅通过在网络中添加上采样的方法无法进一步提高生成图像的分辨率，所以 StackGAN 利用两个阶段的 GAN 来提高生成图像的精度，它首先利用图像的背景、颜色及轮廓等基本信息在第一阶段的 GAN 生成一幅低分辨率的图像，接着将生成的低分辨率的图像作为第二阶段的 GAN 网络输入，同时再次使用文本特征并对文本特征加入一些实用的随机噪声，使得生成的图像更加精确清楚。后来的 StackGAN＋＋[7] 在原来的 StackGAN 的基础上改进，将 GAN 扩充成一个树状的结构，利用多个生成器和判别器同时进行训练，来获取多精度的生成图像。将低精度图像作为更高一级的生成器的输入方式，来达到生成更高精度图像的目的。该方法的好处是不仅可以完成限定性的生成任务，同时也扩展到了非限定性生成任务。

后续工作是在 StackGAN＋＋基础上提出来的 AttnGAN[8]，也就是本实验所用的实验原理。AttnGAN 在 StackGAN＋＋的基础上引入了注意力机制，不仅利用句子特征作为全局的约束，同时还利用得到的词特征，通过注意力机制来优化生成局部的图像，从而得到更为精确清晰的图像。此外，论文中还提出了一种 DAMSM（Deep Attentional Multimodal Similarity Model）机制。它不仅仅考虑了原始的 GAN 损失，还在生成高精度图像后提取该图片的局部特征跟词嵌入进行对照获得 DAMSM 损失，使得模型训练更加关注文本细节的生成情况，从而达到提升生成效果的目的。

5.2 算法原理

本实验是基于 2018 年 CVPR 上的一篇名为 *AttnGAN: Fine-Grained Text To Image Generation with Attentional Generative Adversarial Networks* 的论文，文中提出了 Generation with Attentional Generative Adversarial Networks（AttnGAN）模型，该模型是利用注意力机制以及 GAN，生成在细节上更符合文本描述的图像。

AttnGAN 模型生成图像的流程图的概括如图 5.2 所示。首先，需要将输入的句子利用文本编码器编码成为计算机能够识别处理的向量形式，得到词的向量形式和整个句子的向量形式；其次，将句子向量输入神经网络 1 得到低分辨图像；然后，将全局图像和词向量输入注意力机制，得到每个词与低分辨图像的局部区域的相关性，相关性大则对应关系的权重值就大，否则就小；之后将权重和低分辨图像输入神经网络 2，利用权重对图像的局部进行分辨率改善；最后，经过 GAN 的生成器生成高分辨率的图像。

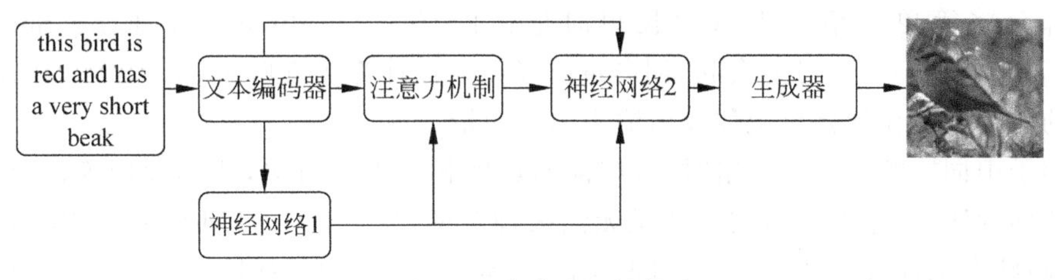

图 5.2　实验流程概括

5.2.1　词向量

词向量也可以叫作词嵌入[9]（word embedding），它的本质是用来表示自然语言中的词或字的一个多维向量。那它是怎么产生的呢？其实很简单，大家对字典应该很熟悉吧，在字典上，每一个字都按照字的拼音以及笔画的多少得到一个独一无二的位置。其实词向量也是相同的道理，词向量也有属于自己的“字典”。在“字典”中，只有有限数量的字词，那么人们就想到用一组固定长度二进制码来表示“字典”中的词向量。假设在“字典”中有 n 个词，那么这组固定长度二进制码的长度为 n，也就是说每个词对应的词向量的二进制码中只有一个数为 1，其余的数都为零。这种编码的方式叫作独热编码（one hot encoding）。

但是这种方法没有考虑词与词之间的关系以及词向量维度过高的问题，word2vec[9] 词向量解决了这个问题。word2vec 词向量的产生过程如图 5.3 所示。首先需要输入和这个词相关的 k 个词的独热编码 $\boldsymbol{w}_{1\times n}^{1}\cdots\boldsymbol{w}_{1\times n}^{k}$，经过权值映射 $\boldsymbol{w}_{1\times n}^{i}\boldsymbol{W}_{n\times m}^{i}$，求和均值处理 $\sum_{i=1}^{k}\boldsymbol{wW}$ 就可以得到该词的 word2vec 词向量 $\boldsymbol{c}_{1\times m}$。将 word2vec 词向量输入隐藏层 2（参数大小和数量与隐藏层 1 都不同）和 Softmax 层可以得到每个词的概率分布 $w_{1\times n}'$，而这个分布概率最大值处和独热编码向量的“1”处位置应该是一致的，也正是如此，利用概率分布和独热编码得到损失函数，两个隐藏层的权重矩阵可以通过反向传播的方式训练得到。利用这样的方式，由于输入是与所求的向量相关的词，并且利用权重矩阵进行了低维映射，所以得到的

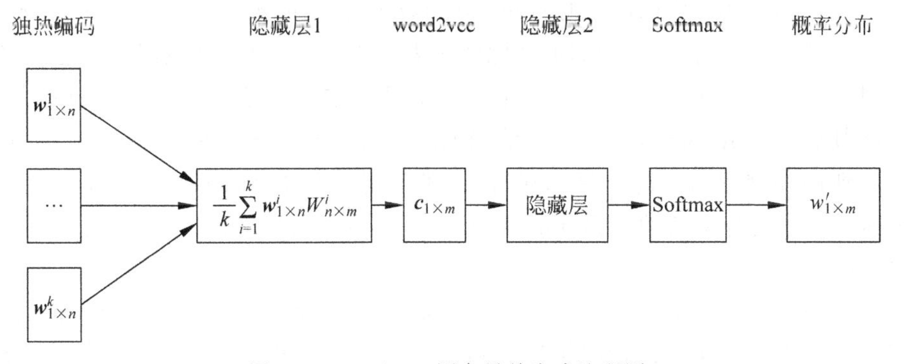

图 5.3　word2vec 词向量的生成流程图

word2vec 词向量的维度可以人为选定为较低的维度，并且包含了词与词之间的关系。这种词与词的关系可以由求两个向量的余弦距离得到，词的意思越相近，词向量的余弦距离就越小。

5.2.2 双向长短时记忆网络

这部分将简单介绍一下双向长短时记忆网络[10]（bi-directional Long Short Time Memory，bi-LSTM）。你可能会问，词向量已经可以被计算机理解了，bi-LSTM 要用来做什么？它的作用就是让计算机记住以前输入的词向量。

在句子中词按顺序输入网络时，有些词的意思和上下文有关，比如代词等，如果没有记住之前的词的话，只考虑当前词的话是无法被理解的，所以在 LSTM 中有细胞状态和隐藏状态（隐藏状态也代表特征）可以通过遗忘门、记忆门、输出门选择性记住以前输入的有用信息，遗忘无用信息并输出，其流程如图 5.4 所示。

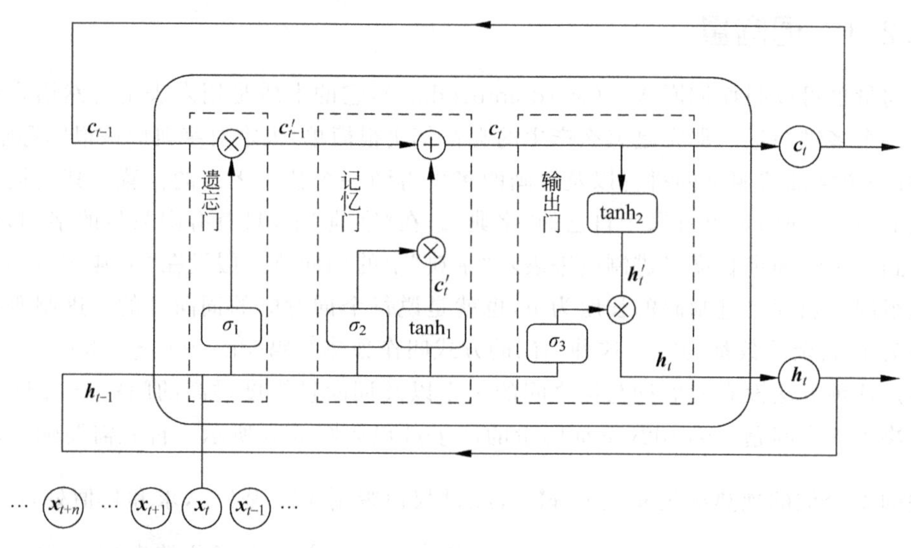

图 5.4 LSTM 流程图

遗忘门、记忆门、输出门就是一系列的激活函数。在遗忘门中，将词向量 $\boldsymbol{x}_t$ 和隐藏状态 $\boldsymbol{h}_{t-1}$（上一次的隐藏状态输出）输入遗忘门的 sigmoid 函数 σ_1 得到值在 0～1 的矩阵并与细胞状态 $\boldsymbol{c}_{t-1}$（上一次的细胞状态）相乘，使细胞状态 $\boldsymbol{c}_{t-1}$ 忘记部分无用的信息得到细胞状态 $\boldsymbol{c}'_{t-1}$；接着，在记忆门中，从记忆门的 sigmoid 函数 σ_2 得到的矩阵与经过 tanh 函数 $\tanh_1$ 得到细胞状态的候选值 $\boldsymbol{c}'_t$ 相乘得到旧的细胞状态需要更新的信息，将该部分信息与经过遗忘门的细胞状态相加得到最终更新的细胞状态 $\boldsymbol{c}_t$；最后，在输出门中，在得到最后的细胞状态 $\boldsymbol{c}_t$ 之后，将其输入 tanh 函数 $\tanh_2$ 得到输出的隐藏状态的候选值 $\boldsymbol{h}'_t$，并与记忆门的 sigmoid 函数 σ_3 得到的矩阵相乘，选择最后输出的部分得到输出的隐藏状态 $\boldsymbol{h}_t$。总之，通过 sigmoid 函数 σ 来选择更新的内容，tanh 函数来创建更新的候选值，来达到更新细胞状态和输出的隐藏状态。

在上述过程中，只讲述了 LSTM 的过程，也就是 bi-LSTM 中的一个方向的过程，而在 bi-LSTM 中，需要把每个词的词向量按照句子的正向顺序和反向顺序分别输入 LSTM，得到每个词的两个隐藏状态并将其拼接就得到了该词的隐藏状态，也就得到词的特征；将这两个 LSTM 最后输出的隐藏状态结果进行拼接就得到了整个特征。

5.2.3 注意力机制

什么是注意力机制呢？当你在观察一件事物的时候，你的眼睛将会特别关注物体上比较特别的地方，而不自觉地忽略物体其他的地方，这就是注意力机制的由来。这种机制使得你的眼睛可以快速捕捉到关键信息。

那应该如何将这种机制用于计算机呢？在经过神经网络后得到的一系列隐藏状态中，有些隐藏状态是特别重要的，那么它需要特别重视，所以就可以给它比较大的权重，若是不重要的隐藏状态，那么就给它比较小的权重。所以将这些权重写成矩阵形式后（即注意力权重矩阵），再与隐藏状态相乘时，重要隐藏状态对整个和的结果影响更大，不重要的隐藏状态对结果几乎不影响。在神经网络中加入注意力机制的好处是使得该网络可以更好地处理有用和无用的信息以记住更多之前输入的信息。

那这种注意力权重矩阵是如何得到的呢？比如：你知道表示图像子区特征的向量 $\boldsymbol{h}_j$，也就是通过神经网络得到的隐藏状态（图像的特征），也知道了词 i 的词向量 $\boldsymbol{e}_i$，那么直接计算它们的内积 $s_{j,i}=\boldsymbol{h}_j^{\mathrm{T}}\boldsymbol{e}_i$ 并进行归一化 $\beta_{j,i}=\dfrac{\exp(s_{j,i})}{\sum_{k=0}^{K-1}\exp(s_{j,k})}$（$K$ 表示句子中词的数量），这种权重值 $\beta_{j,i}$ 所形成的权重矩阵 $\boldsymbol{\beta}$ 就衡量了每个词与每个图像子区域的相似度，越匹配则它们内积的值就越大。当将子区域图像确定时，假设是子区域 j，那么将与 j 相关的权重值 $\beta_{j,i}$ 与相应的词向量 $\boldsymbol{e}'_i$ 相乘并求和得到的向量 $\boldsymbol{c}_j=\sum_{i=0}^{T-1}\beta_{j,i}\boldsymbol{e}'_i$ 就表示图像 j 所对应的词上下文向量，它表示了每个词对图像 j 的关系密切程度。

5.2.4 网络结构介绍

在 AttnGAN 模型工作原理中，第一步是通过文本编码器中的 bi-LSTM 网络将输入的自然语言句子进行特征提取，得到输入整个句子的全局句子特征向量 $\bar{\boldsymbol{e}}$ 以及每个单词的词特征向量，通过神经网络 F_0（inception_V3 网络）将句子特征转换到图像句子的联合空间，得到隐藏状态 $\boldsymbol{h}_0$，之后图像生成器 G_0 利用隐藏状态 $\boldsymbol{h}_0$ 生成一幅 64×64 低分辨率的图片；第二步将隐藏状态 $\boldsymbol{h}_0$ 和词向量矩阵 $\boldsymbol{e}$（把每个词向量作为矩阵的每一列而形成的矩阵）相乘得到注意力权重矩阵 $\boldsymbol{\beta}$，再与词向量矩阵 $\boldsymbol{e}$ 相乘得到词上下文向量 $\boldsymbol{c}_0,\cdots,\boldsymbol{c}_{N-1}$（$N$ 表示图像子区域的数量），该向量表示了所对应子区域与哪些词有关；接着将词上下文向量 $\boldsymbol{c}_0,\cdots,\boldsymbol{c}_{N-1}$ 和隐藏状态 $\boldsymbol{h}_0$ 一起输入神经网络 F_1（inception_V3 网络），得到隐藏状态 $\boldsymbol{h}_1$；并将隐藏状态 $\boldsymbol{h}_1$ 输入生成器生成 128×128 更高精度的图像；第三步和第二步的过程类似，利用隐藏状态 $\boldsymbol{h}_1$ 和词向量得到新的词上下文向量 $\boldsymbol{c}'_0,\cdots,\boldsymbol{c}'_{N-1}$，将其和隐藏状态 $\boldsymbol{h}_1$ 输入神经网络 F_2（inception_V3 网络）得到隐藏状态 $\boldsymbol{h}_2$，接着将隐藏状态 $\boldsymbol{h}_2$ 输入生成器生成 256×256 高分辨率的图像。这个部分就是整个实验 AttnGAN 由文本生成图像的过程。

在图 5.5 中，用灰色框框出部分是该框架用来训练图中的三个生成器的部分，也就是用来训练生成器的损失函数部分。图 5.5 底部的虚线框是原始的 GAN 利用判别器得到生成器的损失函数部分，在前面的实验中已经有了大致的介绍，兹不赘述。图 5.5 顶部虚线框是论文提出的另一个损失函数 DAMSM 损失，由于该部分涉及到较多的数学知识，本实验将简要说明该部分损失。该部分是利用文本编码器以及图像编码器得到的词向量以及图像的局部特征作为输入，利用注意力机制，得到图像与词的后验概率以及图像与句子的后验概率，求出这两个分支的交叉熵损失，并将这两条分支的损失与原始 CAN 损失相加，来作最后的损失，通过反向传播来更新生成器的参数，完成生成器的训练过程。

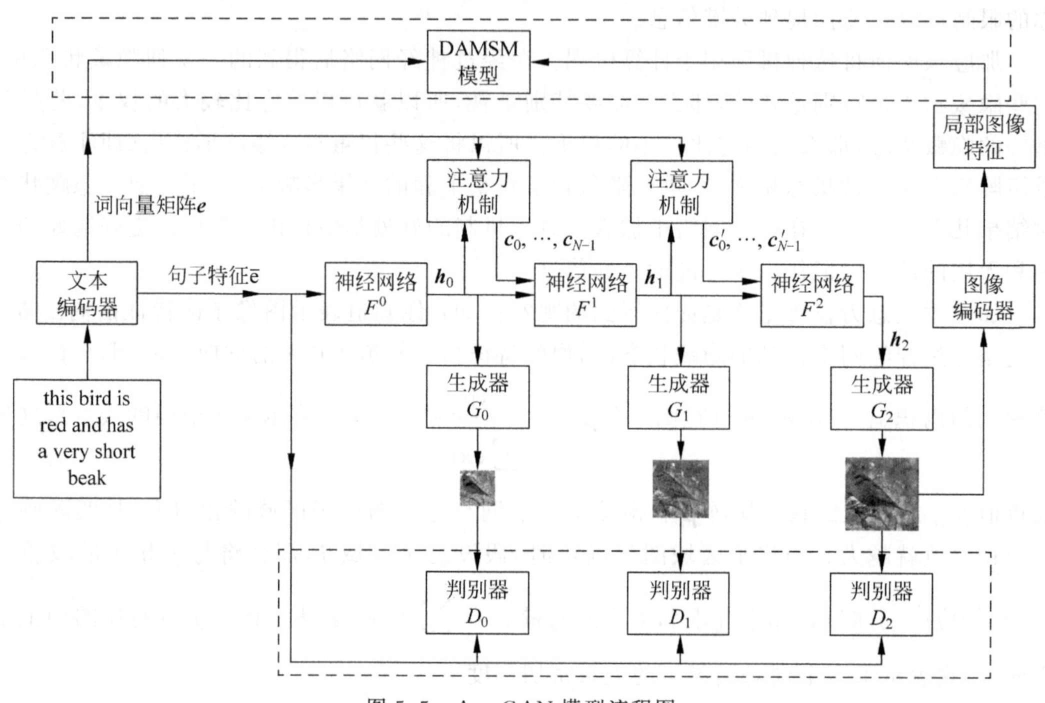

图 5.5　AttnGAN 模型流程图

5.3 实验操作

5.3.1 代码介绍

1. 实验环境

文本转图像实验环境如表 5.1 所示。

表 5.1　实验环境

条　　件	环　　境
操作系统	Ubuntu 16.04
开发语言	Python 2.7
深度学习框架	Pytorch 1.1
相关库	python-dateutil 2.8.0 easydict 1.9 pandas 0.24.2 torchfile 0.1.0 scikit-image 0.14.2

2. 实验代码下载地址

扫描二维码下载实验代码。

3. 代码文件目录结构

代码文件目录结构如下：

```
AttnGAN - master··························································工程根目录
├── code
│   ├── cfg·························································训练以及验证模型的配置文件
│   ├── datasets.py·················································处理数据集中的数据
│   ├── GlobalAttention.py··········································全局注意力
│   ├── main.py·····················································文本生成图像实验的主程序
│   ├── miscc
│   │   ├── config.py···············································配置参数文件
│   │   ├── __init__.py·············································初始化文件
│   │   ├── losses.py···············································损失函数
│   │   └── utils.py················································生成图像的一些主要函数
│   ├── model.py····················································构建神经网络
│   ├── pretrain_DAMSM.py···········································用于训练 DAMSM 模型
│   └── trainer.py··················································文本生成图像
├── DAMSMencoders···················································存放 DAMSM 训练好的模型文件
├── data····························································存放 CUB 数据集以及预处理的元数据文件
├── models··························································存放 AttnGAN 训练好的模型
```

5.3.2 数据集介绍

在本实验中，使用的数据集为 The Caltech-UCSD Birds-200-2011 Dataset（CUB 数据集），数据集展示如图 5.6 所示。该数据集包含了 200 种鸟类的物种，共 11 788 张图像。每张照片都标注有包围框（bounding box）、部件位置（part location）以及属性标签（attribute labels）。

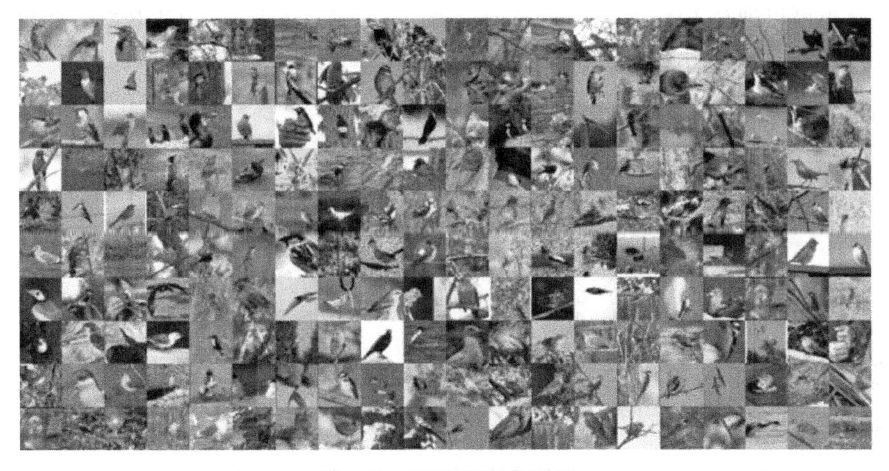

图 5.6　CUB 数据集展示

该数据集一共有 200 种鸟类，种类被编号并保存在 classes.txt 文档中；这 11 788 张图像的名字也被编号并且保存在 images.txt 文档中。每张图片编号和图片所属鸟类物种编号相对应并且被保存 image_class_labels.txt 文档中。在 bounding_boxes.txt 文档中标注了每张图像中鸟所在的位置，并利用左上角像素坐标以及像素的长宽将鸟框定。

在每张图像中都有 15 个部位用像素位置以及可见性来标注，这 15 个鸟类的部位分别为喙、腹部、喉咙、鸟冠、背部、前额、颈背、眼睛、胸部、整体、头、腿。这些鸟类的部位被编号并且保存在 parts/parts.txt 中。在 parts/part_click_locs.txt 文件中标注了每一张图的每个部位所在的位置以及是否能被看见。

在每个部位上都有不同个数的特征属性，而每个特征属性都有多种不同的表现型。所以在 CUB 数据集中这 15 个部位包含 28 个特征属性，如表 5.2 所示。这 28 个属性总共具有 312 个二值表现型属性。这 312 个二值属性被编号保存在 attribute.txt 文档中。在 attributes/image_attribute_labels.txt 文档中标注这每张图像的每个二值属性是否存在以及存在的可能性程度。

表 5.2 CUB 数据集属性

部位	属　性	部位	属　性	部位	属　性
喙	形状 颜色 长度	背部	颜色 图案	胸部	颜色 图案
腹部	颜色 图案	前额	颜色	整体	大小 外形
喉咙	颜色	颈背	颜色	头	头部图案
鸟冠	颜色	眼睛	颜色	腿	腿部图案
尾巴	上部尾巴颜色 下部尾巴颜色 尾巴图案	翅膀	颜色 图案 形状	身体	下身图案 上身颜色 基础颜色

该数据集的下载可以在项目的网站上，单击图 5.7 所示的 birds 跳转至数据集的页面进行下载。也可以通过 http://www.vision.caltech.edu/visipedia/CUB-200-2011.html 网址进入数据集的网站进行下载。下载的压缩包为 tgz 文件，大小为 1.1GB。

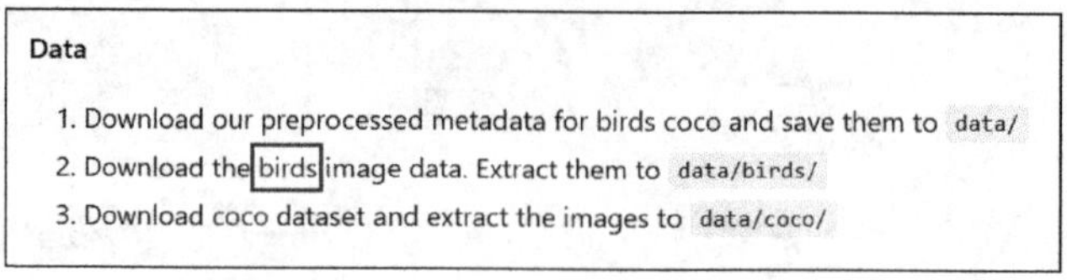

Data

1. Download our preprocessed metadata for birds coco and save them to `data/`
2. Download the birds image data. Extract them to `data/birds/`
3. Download coco dataset and extract the images to `data/coco/`

图 5.7　数据集下载地址

5.3.3 实验操作及结果

1. 训练网络模型

(1) 下载项目预处理的元数据文件 birds.zip 解压得到 birds 文件(下载地址为 https://drive.google.com/open?id=1O_LtUP9sch09QH3s_EBAgLEctBQ5JBSJ)，放入 /AttnGAN-master/data 目录中，在/AttnGAN-master/data/birds 目录下存在一个 text.zip 文件，解压到当前目录即可。

(2) 下载 CUB_200_2011 数据集 CUB_200_2011.tgz 解压得到 CUB_200_2011 文件,将其放入/AttnGAN-master/data/birds 目录中。

(3) 在终端中切换路径到 code 目录下,并开始训练 DAMSM 网络模型:

```
$ cd /AttnGAN - master/code/
$ python pretrain_DAMSM.py -- cfg cfg/DAMSM/bird.yml -- gpu 0
```

(4) 训练完毕后,得到的模型将保存在一个自动生成的名为 output 的文件夹中,保存在/AttnGAN-master/output/birds_DAMSM_ **** /中,其中 **** 代指训练开始的时间。例如:/AttnGANmaster/output/birds_DAMSM_2019_11_5_16_12_25/。

(5) 将/AttnGAN-master/output/birds_DAMSM_ **** /Model/中 image_encoder *.pth 文件以及对应的 text_encoder *.pth 文件(* 表示一个数字,例如 image_encoder200.pth 和 text_encoder200.pth)放入/AttnGAN-master/DAMSMencoders/bird/目录下。

(6) 训练 AttnGAN 网络模型:

```
$ python main.py -- cfg cfg/bird_attn2.yml -- gpu 0
```

(7) 训练完毕后,得到的模型也保存在步骤(4)(5)生成的文件夹 output 中,模型文件在路径/AttnGAN-master/output/birds_attn2_ **** /中。

(8) 将/AttnGAN-master/output/ birds_attn2_ **** /Model/中 netG_epoch_ *.pth (* 表示一个数字,例如 netG_epoch_600.pth)放入/AttnGAN-master/models/目录下并将该文件改名为 bird_AttnGAN2.pth。

到此,训练过程完毕。

2. 使用预训练模型

若是跳过训练阶段,直接利用预训练模型,则执行以下命令:

(1) 下载项目预处理的元数据文件 birds.zip 解压得到 birds 文件(下载地址为 https://drive.google.com/open?id=1O_LtUP9sch09QH3s_EBAgLEctBQ5JBSJ),放入/AttnGAN-master/data 目录中,在/AttnGAN-master/data/birds 目录下存在一个 text.zip 文件,解压到当前目录即可。

(2) 下载 CUB_200_2011 数据集 CUB_200_2011.tgz 解压得到 CUB_200_2011 文件,将其放入/AttnGAN-master/data/birds 目录中。

(3) 下载 DAMSM 预训练模型文件 bird.zip 并解压得到 bird 文件(下载地址为 https://drive.google.com/open?id=1GNUKjVeyWYBJ8hEU-yrfYQpDOkxEyP3V),并将其保存在/AttnGAN-master/DAMSMencoders 目录下。

(4) 下载 AttnGAN 预训练模型 bird_AttnGAN2.pth 文件(下载地址为 https://drive.google.com/file/d/1lqNG75suOuR_8gjoEPYNp8VyT_ufPPig/view?usp=drive_open),将其放入/AttnGAN-master/model/目录下。

到此,预训练的模型已经存放到指定的位置。

3. 测试网络模型

(1) 测试实验的文本输入保存在/AttnGAN-master/data/example_captions.txt 文件中,也可以自己编辑文本并保存其中。但是输入的文本需要符合数据集所说的属性描述,可以参考/AttnGAN-master/data/attributes.txt文件，输入自己想要描述的特征以及特征描述句子，否则生成的图像效果会特别差。在原始的example_captions.txt中也有作者给出的一些句子样例，读者可以仿照这些样例写入自己想要表达的鸟类特征。

(2) 测试网络模型:

```
$ python main.py --cfg cfg/eval_bird.yml --gpu 0
```

(3) 在测试完网络模型后，得到的输出结果保存在/AttnGAN-master/models/bird_AttnGAN2/example_captions/文件夹下。

4. 实验结果展示

在本次实验中，输入的文本为this bird is red and has a very short beak，得到图5.8(a)所示的实验结果。输入文本为this bird has a green crown black primaries and a white belly，得到图5.8(b)的实验结果。

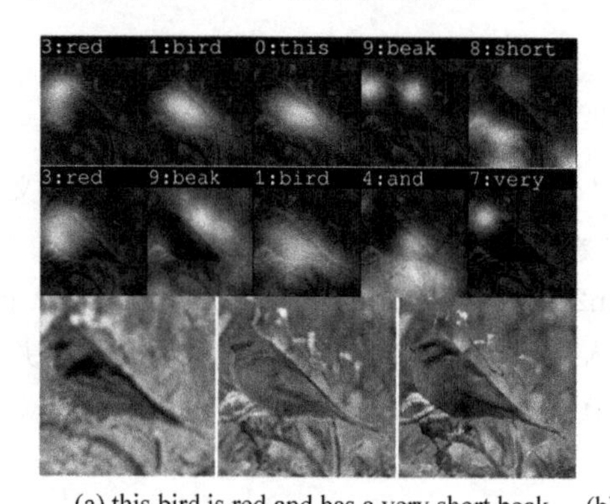

(a) this bird is red and has a very short beak

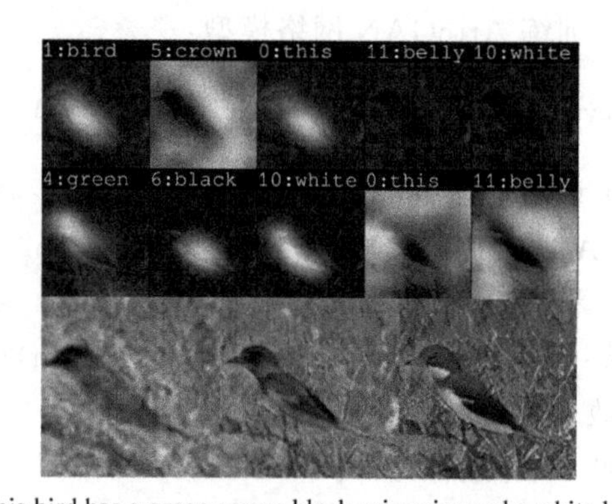

(b) this bird has a green crown black primaries and a white belly

图5.8 实验结果图

图5.8中的单词表示的是生成器G_1、G_2中最关注的5个单词排序。图5.8底部的三幅图表示的是这3个生成器分别生成的分辨率不同的对应句子表述的图像。它们从左向右依次是生成器生成的64×64像素的低分辨率图片、生成器在提高分辨率后生成的128×128的图像、生成器再次提高分辨率后生成的256×256的高分辨率的图像。

5.4 总结与展望

现在主流的文本生成图像的方法基本上都是基于GAN的，而纵观至今的文本生成图像的工作，它主要改进方法有三类：改进GAN结构；改进文本信息的使用方式；改进用于训练生成器的损失函数模块。从原始的GAN-INT-CLS到StackGAN再到StackGAN++，它们通过改进GAN的数量，通过堆叠GAN的方式生成更加精确的图像；AlignDRAW加入文本图像对齐的操作，Semantic Layout将文本和图像提取特征映射到同一个空间，AttnGAN加入注意力机制，这些方法得到局部图像和词的相似度关系，使得网络生成精度更高效果更好的图像；原始的GAN-INT-CLS的损失利用原始的GAN损失，之后StackGAN开始在损失函数中加入KL正则项，TAC-GAN中加入了分类损失，AttnGAN中加入了DAMSM损失。这些方法都通过加入不同损失的方式训练生成器来得到更加完美的生成器，从而得到更加理想的图像。

在 AttnGAN 中，利用三层 GAN 加强网络对图像的生成能力；在传统的 GAN 中融入了注意力机制，使得生成器可以更加细粒度地利用输入文本的信息，生成更好效果的图像，同时还加入了一种新的损失——DAMSM 损失，在训练阶段生成器可以兼顾句子尺度的全局图像匹配以及词尺度的图像细节的描述。

而在 AttnGAN 之后，在 2019 年的 CVPR 上，微软研究院发表了新的文本生成图像的论文 *Object-driven Text-to-Image Synthesis via Adversarial Training*[11]。在该论文中，作者提出了目标驱动的注意生成对抗网络(Obj-GANs)，它利用以目标为中心的文本进行复杂场景的图像合成。在两步生成过程的基础上，作者提出了一种新的对象驱动的注意图像生成器，利用文本描述中最相关的词和预先生成的语义布局合成明显的目标。此外，作者还提出了一种基于快速 R-CNN 的目标识别器，以提供丰富的目标识别信号，判断合成的目标是否与文本描述和预生成的布局相匹配。在大规模 COCO 基准上，Obj-GAN 在各种指标上明显优于 AttnGAN 等文本生成图像的最新水平。论文通过对传统的网络注意机制和新的目标驱动注意机制的分析和注意层次的可视化，对传统的网络注意机制和新的对象驱动注意进行了深入的比较，揭示了论文中模型是如何生成高质量的复杂场景的。

5.5 参考文献

[1] Kingma D P，Max Welling M. Auto-Encoding Variational Bayes [EB/OL]. (2013-11-13)[2020-08-20]. https://arxiv.org/abs/1312.6114.

[2] Gregor K，Danihelka I，Graves A，et al. DRAW: A Recurrent Neural Network For Image Generation [J]. Computer ence，2015: 1462-1471.

[3] Mansimov E，Parisotto E，Ba J L，et al. Generating Images from Captions with Attention[C]// International Conference on Learning Representations，2016.

[4] Reed S，Akata Z，Yan X，et al. Generative adversarial text to image synthesis[C]// International Conference on Machine Learning，2016.

[5] Reed S，Akata Z，Mohan S，et al. Learning What and Where to Draw[C]//Conference and Workshop on Neural Information Processing Systems，2016.

[6] Zhang H，Xu T，Li H. StackGAN: Text to Photo-Realistic Image Synthesis with Stacked Generative Adversarial Networks[C]// International Conference on Computer Vision，2017.

[7] Zhang H，Xu T，Li H，et al. StackGAN＋＋: Realistic Image Synthesis with Stacked Generative Adversarial Networks [J]. IEEE Transactions on Pattern Analysis and Machine Intelligence，2018.

[8] Xu T，Zhang P，Huang Q，et al. AttnGAN: Fine-Grained Text to Image Generation with Attentional Generative Adversarial Networks[C]//Computer Vision and Pattern Recognition，2018.

[9] Mikolov T，Chen K，Corrado G，et al. Efficient Estimation of Word Representations in Vector Space [EB/OL]. (2013-11-13)[2020-08-20]. http://cn.arxiv.org/pdf/1301.3781v3.pdf.

[10] Yao Y，Huang Z. Bi-directional LSTM Recurrent Neural Network for Chinese Word Segmentation. (2016-02-16)[2020-08-20]. https://arxiv.org/abs/1602.04874.

[11] Li W，Zhang P，Zhang L，et al. Object-driven Text-to-Image Synthesis via Adversarial Training Object-driven Text-to-Image Synthesis via Adversarial Training[C]// Internaltional Conference on Computer Vision and Pattern Recogintion，2019.

第6章 2D 实时多人姿态估计

CHAPTER 6

2019 年国内贺岁档出现了一匹“疯狂的黑马”。《疯狂的外星人》在短短 16 天内收获票房 20 亿元！甚至有人预测，它会成为国产科幻电影中的爆品！这样的精品幕后有哪些故事？如何把如此光怪陆离的“外星人”搬上大荧幕呢？这其中的影视特效又是如何制作的呢？图 6.1 就是电影中疯狂的外星人的整合过程。

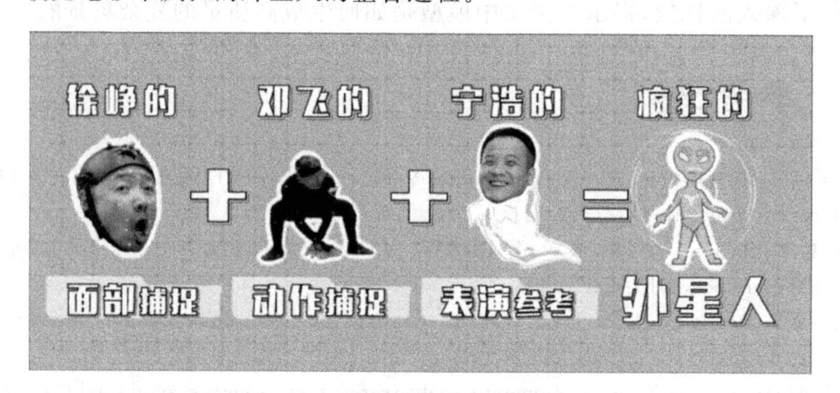

图 6.1 《疯狂的外星人》整合过程

所谓的“外星人”其实借助了一种电影制造技术：CGI(Computer Graphic Image)。通过检测人体姿态，将图形、风格、特效增强、设备和艺术造型等加载在邓飞身上，通过追踪人体姿态的变化，渲染的图形可以在人动的时候“自然”地与人“融合”。图 6.2 显示了《指环王》中经典的动作捕捉角色咕噜，它也是通过这种方式创作的。

图 6.2 《指环王》中经典的动作捕捉角色咕噜

6.1 背景介绍

人体姿态估计(pose estimation),其实就是将图片中已识别的人体关键点正确地连起来,从而估计人体姿态。人体关键点通常对应人体上具有一定自由度的关节,比如目、耳、首、肩、肘、腕、腰、膝等18个人体关键点(即部位关节点),如图6.3所示。而人体骨架是以图形形式对一个人的方位所进行的描述,本质上,骨架是一组坐标点,可以连接起来以描述该人的位姿。骨架中的每一个坐标点称为一个"部分(part)"(或关节、关键点)。两个部分之间的有效连接称为一个"对(pair)"(或肢体)。注意,不是所有的部分之间的两两连接都能组成有效肢体,比如节点2(左肩)和节点6(右肘)就不能连接。

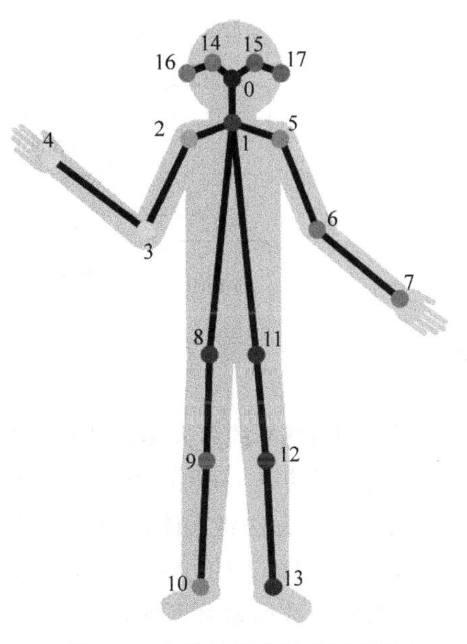

图6.3 人体骨架关键点连接图

处理人体姿态估计这个问题的传统方法可以粗略地分为两类:一个是直接通过一个全局特征,把姿态估计问题当成分类或者回归问题直接求解[1-2],但是精度一般,并且比较适用于背景干净的场景;另一个则是基于一个图解模型,比如常用片图模型。一般包含unary term,是指对单个部分进行特征的表示,单个部分的位置往往可以使用基于部分的可变模型(Deformable Part-based model,DPM)来获得。同时需要考虑成对关系来优化关键点之间的关联。基于片图结构,后续有非常多的改进,要么在于如何提取更好的特征表示[3-4],要么在于建模更好的空间位置关系[5-6]。

2012年AlexNet出现,深度学习开始快速发展,此时姿态估计问题第一次引入卷积神经网络CNN[7],此时的总体性能已差不多超过了传统方法。2014年,另一个突破性的改进是引入了MPII数据集,因为MPII数据是互联网采集,同时是针对动作来做筛选的,所以无论从难易程度还是多样性角度来讲,都比原来的数据集有较好的提升。直到2016年,随着深度学习的爆发,姿态估计的问题也迎来了黄金时间[8],接下来将以图6.4为例一一介绍2D姿态估计的发展。

1. 基于CNN的单人姿态估计方法

2016年提出了一种具有很强鲁棒性的方法——卷积姿态机(Convolutional Pose Machines,CPM)[9],它的贡献在于使用顺序化的卷积架构来表达空间信息和纹理信息:在每一个尺度下,计算各个部件的响应图,对于每个部件,累加所有尺度的响应图,得到总响应图,在每个部件的总响应图上,找出相应最大的点,即为该部件位置。同年7月,堆叠沙漏网络(Stacked Hourglass Networks,SHN)[10]出现,它首先进行卷积处理,并进行下采样操作,获得一些分辨率较低的特征,从而降低计算复杂度。为了使图像特征的分辨率上升,紧接着进行上采样。上采样操作使图像的分辨率增高,同时更有能力预测物体的准确位置。相较于其他网络,该网络结构能够使同一个神经元感知更多的上下文信息,比CPM方法有显著优势。

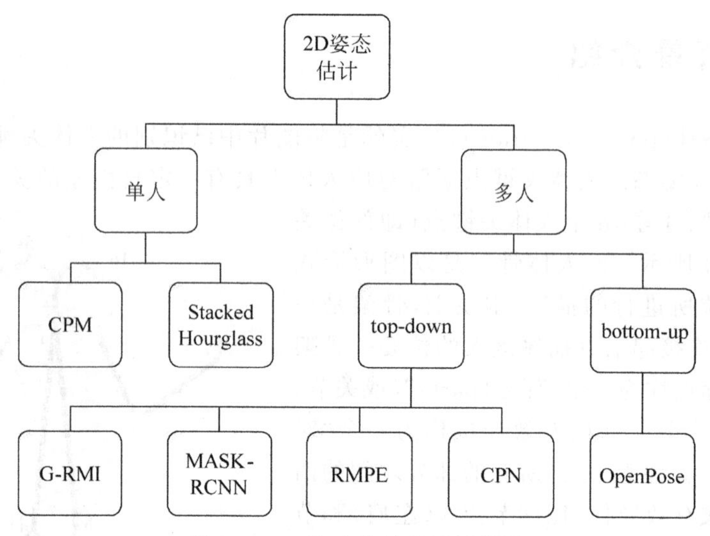

图 6.4 2D 姿态估计发展树状图

2. 基于 CNN 的多人姿态估计方法

多人估计方法一般分为两大类，即自上而下(top-down)和自下而上(bottom-up)。

top-down 方法将人体检测和关键点检测分离，在图像上首先进行人体检测，找到所有的人体框，再用单人的方法对每个人体框图再使用关键点检测，这类方法的运算时间会随着图像中人的个数而显著增加，但姿态估计准确度较高。首先介绍的一个经典算法是 2017 年何凯明提出的掩码区域卷积神经网络(Mask-RCNN)[12]，它是用于目标检测分割的框架，即对一张图片，既输出图片中已有的目标，还能为每一个实例生成一个高质量的分割掩码。Mask-RCNN 是在 faster-RCNN 的基础上，在每一个注意区域都增加一个预测检测分割的掩码，这和分类以及边界框回归是并行的一条分支。第二个算法是区域多人姿态估计(Regional Multi-Person Pose Estimation，RMPE)[13]，它是 2017 年上海交通大学卢策吾团队提出的一个可以提升单人检测任务(SPPE)性能的框架。在 SPPE 结构上添加对称空间变换网络(SSTN)，能够在不精准的区域框中提取到高质量的人体区域。并行的 SPPE 分支可以优化自身网络。使用参数化姿态非最大抑制(NMS)来解决冗余检测问题，在该结构中，使用了自创的姿态距离度量方案比较姿态之间的相似度。用数据驱动的方法优化姿态距离参数。最后使用姿态引导区域框生成器(PGPG)来强化训练数据，通过学习输出结果中不同姿态的描述信息，来模仿人体区域框的生成过程，进一步产生一个更大的训练集。第三个算法是旷视 2017 年提出来的 CPN(级联金字塔网络)[14]模型，是 COCO2017 Keypoints Challenge 的冠军，目前也是 COCO 榜单最好的算法。该算法先生成人体边界框，利用 MASK-RCNN 的检测结构检测人体(FPN＋ROIAlign)，之后通过 CPN 实现关键点检测。CPN 包括 GlobalNet 和 RefineNet 两部分，GlobalNet 是特征金字塔网络，可以定位简单的关键点(如眼睛和手)，虽然无法识别被遮挡的关键点，但是可以提供上下文信息，用于推断被遮挡的关键点。RefineNet 通过整合 GlobalNet 所有级别的特征来处理比较难识别的关键点。

bottom-up 方法先检测图像中人体部件，然后将图像中多人人体的部件分别组合成人体,因此这类方法在测试推断的时候往往更快速,准确度稍低。典型算法是 CMU 感知计算实验室的曹哲在 CVPR2017 提出的基于卷积神经网络和监督学习并以 Caffe 为框架开发的开源库——OpenPose[11],它可以实现人的面部表情、躯干和四肢甚至手指的跟踪,不仅适用于单人也适用于多人,同时具有较好的鲁棒性,本实验就是基于 OpenPose 的框架来进行的。

3. 人体姿态估计的应用

人体姿态估计的相关技术在游戏、安防、人机交互、行为分析等方面都有应用前景。

(1) 动作识别。追踪某一段时间内某个人姿态的变化(就是识别动作、手势和步态)。包括:检测一个人是否摔倒,健身、体育和舞蹈等的自动教学,拍照(自拍或者照相馆)姿势指南,抖音尬舞机等,理解全身的肢体语言(如机场跑道信号、交警信号等),增强安保和监控。

(2) 训练机器人。除了手动为机器人编程、让它们跟随特定的路径,也可以让机器人跟随一个做特定动作的人体骨架。人类教练可以仅通过演示特定的动作,来教机器人学习这一动作。接着,机器人就可以计算如何移动自己的活动关节,来进行相同的动作。

(3) 控制台中的运动追踪。姿态估计的一个有趣应用是在交互游戏中追踪人体对象的运动。比较流行的 Kinect 使用 3D 姿态估计(采用 IR 传感器数据)来追踪人类玩家的运动,从而利用它来渲染虚拟人物的动作。

6.2 算法原理

本实验介绍了一个基于 OpenPose 网络算法改进的轻量级 OpenPose 网络,它是 2018 年一篇文章 *Real-time 2D Multi-Person Pose Estimation on CPU: Lightweight OpenPose* 提出来的,该文章在论文 *Realtime Multi-Person 2D Pose Estimation using Part Affinity Fields* 的基础上设计了一个可以实时在 CPU 上跑的多人关键点检测网络——Lightweight OpenPose[8]。那么 OpenPose 到底是什么呢?

首先输入一张图片,经过一个骨干网络(卷积网络)提取图像的特征信息 F,再经过 2 个阶段(如图 6.5 所示),每个阶段有两个分路:一路使用卷积神经网络 CNN,预测并输出关节的置信图(Part Confidence Maps,PCMs),即热图 S,本支路用 CNN_S 表示;另一路使用

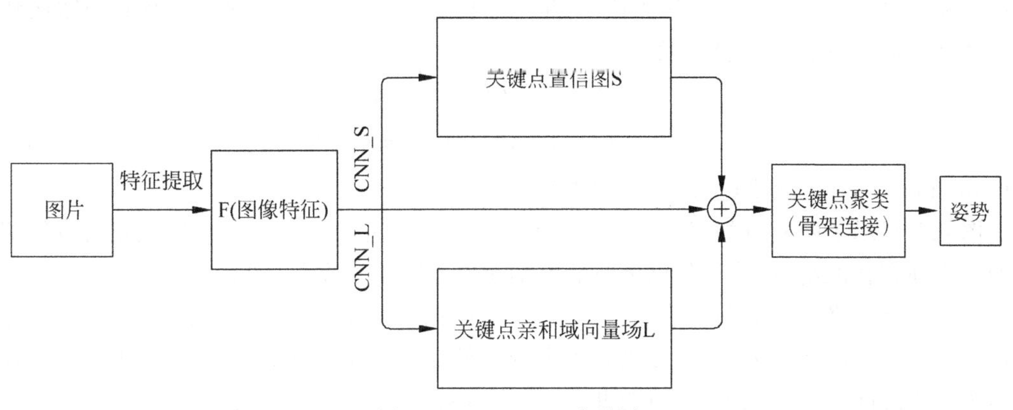

图 6.5 OpenPose 流程图

CNN 获得并输出每个关键点的部分亲和域(Part Affinity Fields,PAF),即向量场 L,此支路用 CNN_L 表示。PAF 是能够针对多人做到实时检测的可以记录肢体位置和方向的 2D 向量,有了热图和向量图就可以知道图片中所有关键点和肢体,然后两路进行联合学习和预测,最后通过关键点聚类(关节连接)生成姿势。

6.2.1 同时检测和关联网络

两分支多阶段 CNN 的体系结构如图 6.6 所示。该网络分为两个分支,第一个分支中每个阶段都预测置信度映射图 S^t;第二个分支中的每个阶段都预测亲和度 L^t。在每个阶段之后,来自两个分支的预测以及图像特征将被串联到下一个阶段。此结构同时预测检测置信度图和编码部分(关节)间关联的相似性(亲和力)字段。每个分支都是遵循 Wei 等[15]的迭代预测体系结构。它完善了连续阶段的预测,$t\in\{1,2,\cdots,T\}$,每个阶段都有中间监督。

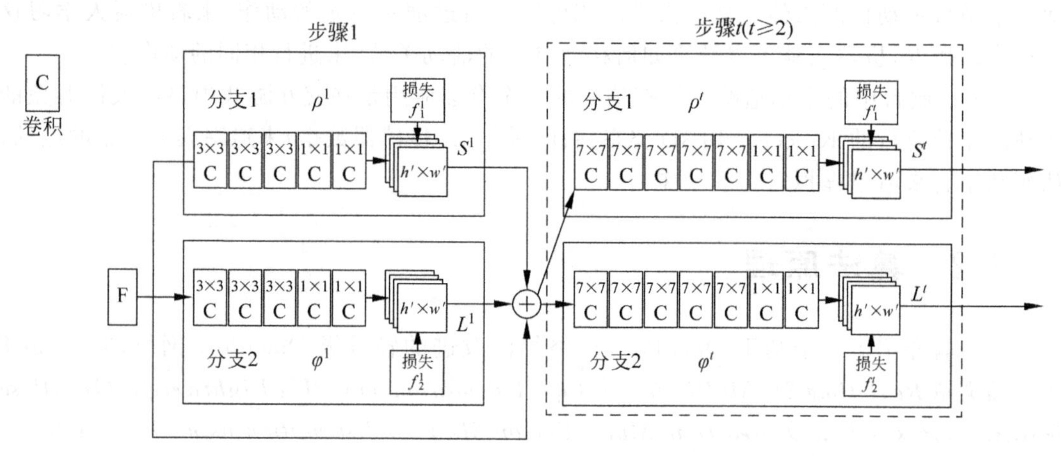

图 6.6 两分支多阶段 CNN 的体系结构图

首先通过卷积网络分析图像来提取特征信息(由 VGG-19[16]的前 10 层初始化并进行微调),生成一组输入到每个分支的第一阶段的特征图 F。在第一阶段,网络会生成一组检测置信度图 $S^1=\rho^1(F)$和一组部分亲和力字段 $L^1=\phi^1(F)$,其中 ρ^1 和 ϕ^1 是在阶段 1 进行推理的卷积神经网络。在每个后续阶段中,将前一阶段中两个分支的预测以及原始图像特征 F 合并在一起,并用于生成精确的预测。

$$S^t=\rho^t(F,S^{t-1},L^{t-1}),\quad \forall t\geqslant 2 \tag{6-1}$$

$$L^t=\phi^t(F,S^{t-1},L^{t-1}),\quad \forall t\geqslant 2 \tag{6-2}$$

其中,ρ^t 和 ϕ^t 是在 t 阶段进行推理的 CNN。

图 6.7 显示了跨阶段的置信度图和亲和度字段的细化。尽管在早期阶段左右身体部位和四肢之间存在混淆,但估计值已通过后期的全局推断逐步完善,如高亮显示的区域所示。

为了引导网络迭代地预测第一分支中的身体关节置信度和第二分支中的 PAF,在每个阶段的末尾应用两个损失函数,分别在每个分支处应用一个损失函数。在估计预测与真实值图和字段之间使用 L2 损失。在这里,对损失函数进行空间加权,来解决某些数据集不能完全标记所有人的问题。具体而言,在阶段 t 的两个分支处的损失函数为:

图 6.7　跨阶段右前臂的右手腕(第一行)的置信度图和 PAF(第二行)

$$f_S^t = \sum_{j=1}^{J} \sum_{P} W(p) \cdot \| S_j^t(p) - S_j^*(p) \|_2^2 \tag{6-3}$$

$$f_L^t = \sum_{c=1}^{C} \sum_{P} W(p) \cdot \| L_c^t(p) - L_c^*(p) \|_2^2 \tag{6-4}$$

其中,S_j^* 是关节的置信度图的真实值,L_c^* 是关节的亲和度矢量场的真实值,W 是当图像位置 p 缺少注释时 $W(p)=0$ 的二进制掩码。该掩码用于避免在训练过程中对真阳性预测产生不利影响。每个阶段的中间监督通过定期补充梯度来解决梯度消失的问题[15]。总损失是

$$f = \sum_{t=1}^{T} (f_S^t + f_L^t) \tag{6-5}$$

6.2.2　关节检测的置信图算法

为了在训练过程中评估等式中的 f_S,从标注的 2D 关键点生成真实的置信图 S^*。每个置信度图都是对身体特定关节发生在每个像素位置的二维表示,置信图可以理解为图像该点属于对应关键点的概率。理想情况下,如果图像中出现一个人,则只要可见部分可见,则每个置信度图中应存在一个峰值;如果出现多个人,则 k 个人的每个可见部分 j 都应有一个峰值,即如果图像中有 j 个对应关键点可见,则应该有 j 个峰值。

首先为 k 个人生成个人置信度图 $S_{j,k}^*$。令 $x_{j,k} \in R^2$ 为图像中人 k 的身体关节 j 的真实值。$S_{j,k}^*$ 中位置 $p \in R^2$ 的值定义为:

$$S_{j,k}^*(p) = \exp\left(-\frac{\| p - x_{j,k} \|_2^2}{\sigma^2}\right) \tag{6-6}$$

其中,σ 控制峰的扩展。该网络预测的置信度图的真实值是通过最大算子将各个置信度图聚合在一起:

$$S_j^*(p) = \max_k S_{j,k}^*(p) \tag{6-7}$$

如图 6.8 所示,选择置信度图的最大值而不是平均值作为最大值,以便使峰附近的精确度保持不同。在测试时,预测置信度图(如图 6.7 的第一行所示),并通过执行非最大抑制来获得候选的身体关节。

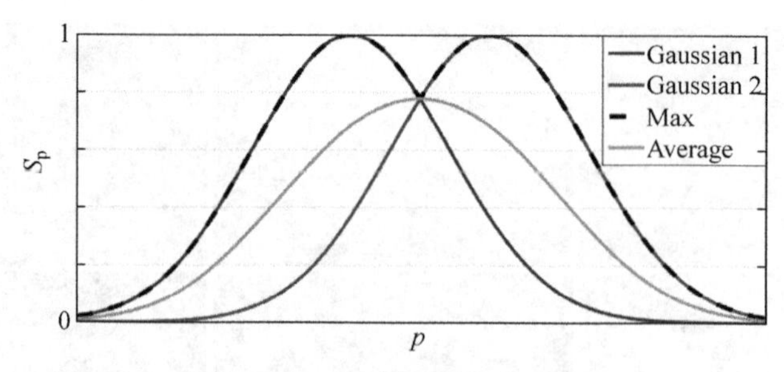

图 6.8 网络预测的置信度图

6.2.3 关节关联的部分亲和力字段算法

给定一组检测到的身体关节，如图 6.9(a)所示，如何组装它们以形成未知人数的全身姿势？需要对每对身体关节的关联进行置信度预测，即它们属于同一个人。衡量关联的一种可能方法是检测肢体上每对关节之间的附加中点，并检查候选关节之间的发生率，如图 6.9(b)所示。但是，当人们挤在一起时(若他们倾向于这样做)，这些中点很可能支持错误的关联。这种假联想是由于表示方面的两个局限性引起的：它仅编码每个肢体的位置，而不编码方向；将肢体的支撑区域减少到单个点。

为了解决这些限制，作者提出了一种新颖的特征表示，称为关节亲和力字段，该字段保留了整个肢体支撑区域的位置和方向信息，如图 6.9(c)所示。关节亲和力是每个肢体的 2 维向量场：对于属于特定肢体的区域中的每个像素，一个 2 维向量编码从肢体一个部位指向另一部位的方向。每种类型的肢体都有一个对应的亲和力场，将其两个相关的身体部位连接在一起。

(a) 检测的身体关节

(b) 错误的关联

(c) 消除错误关联

图 6.9 关节关联策略

考虑如图 6.10 所示的单个肢体。令 $X_{j_1,k}$ 和 $X_{j_2,k}$ 为图像中人 k 从肢体 c 到身体关节 j_1 和 j_2 的真实值。如果点 P 位于肢体上，则 $\boldsymbol{L}_{c,k}^*(P)$ 的值是从 j_1 到 j_2 指向的单位向量；对于其他所有点，向量为零值。

为了在训练过程中评估式(6-5)中的 f_L，定义了关节亲和力场 $L_{c,k}^*$ 的真实值，在图像点 P 上为：

$$\boldsymbol{L}_{c,k}^*(P)=\begin{cases}\boldsymbol{v} & \text{点 } P \text{ 在肢体 } c,k \text{ 上}\\ 0 & \text{其他}\end{cases} \tag{6-8}$$

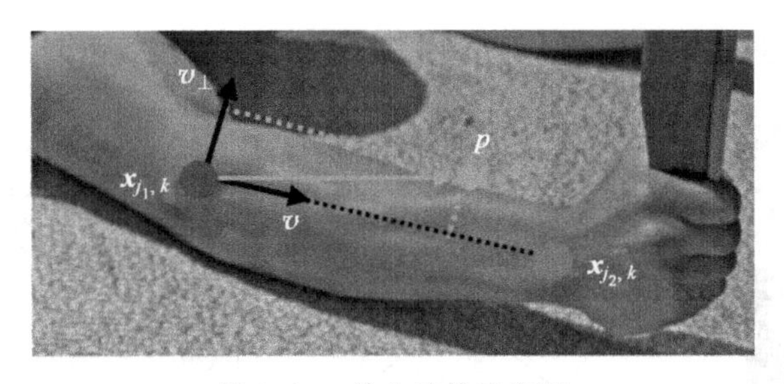

图 6.10 单个肢体示意图

其中，$v=(X_{j_2,k}-X_{j_1,k})/\|X_{j_2,k}-X_{j_1,k}\|_2$ 是肢体方向的单位向量。肢体上的点集定义为线段的距离阈值内的点，即那些点 P 满足：

$$0\leqslant v\cdot(P-X_{j_1,k})\leqslant l_{c,k} \quad 和 \quad |v_\perp\cdot(P-X_{j_1,k})|\leqslant\sigma_l$$

其中，肢体宽度 σ_l 是一个以像素为单位的距离，肢体长度为 $l_{c,k}=\|X_{j_2,k}-X_{j_1,k}\|_2$，且 $v_\perp$ 是垂直于 v 的向量。

真实关节的亲和力字段将图像中所有人的亲和力字段取平均值：

$$\boldsymbol{L}_c^*(P)=\frac{1}{n_c(P)}\sum_k\boldsymbol{L}_{c,k}^*(P) \tag{6-9}$$

其中，$n_c(P)$是所有 k 个人中 P 点处非零向量的数量(即不同人的肢体重叠的像素的平均值)。

前面说过，PAFs 的关键作用是用于判断两个部位是否相连，则有：

$$E=\int_0^1\boldsymbol{L}_c(P(u))\cdot\frac{d_{j2}-d_{j1}}{\|d_{j2}-d_{j1}\|_2}\mathrm{d}u \tag{6-10}$$

d_{j_1} 和 d_{j_2} 分别是两个部位的位置(假设是膝盖与踝关节坐标)，如何判断这两点连起来就是一个躯干？解决方案就是计算从 d_{j_1} 到 d_{j_2} 连线上的线性积分。其中，$p(u)$就是从 d_{j_1} 到 d_{j_2} 连线上的任意一点。可见，如果 $d_{j_1}d_{j_2}$ 的方向与 $\boldsymbol{L}_c^*(p)$的方向一致，E 的值就会很大，说明该位置是一个躯干的可能性就非常大。其中，c 为图像中某人一段手臂(或者其他肢体)，$\boldsymbol{L}_c^*(p)$表示这幅图中 c 在任意位置 p 的向量场。

6.2.4 使用 PAFs 的多人解析算法

对检测置信度图执行非最大抑制，以获得关节候选位置的离散集合。对于每个部分，由于图像中有多个人或误报，可能有多个候选对象，如图 6.11(b)所示。这些候选关节定义了大量可能的肢体。使用式(6-10)中定义的 PAFs 上的线积分计算为每个候选肢体评分。找到最佳解析的问题对应于一个已知为 NP-Hard 的 K 维匹配问题，如图 6.11(c)所示。由于 PAFs 网络的接收域很大，成对关联分数隐式编码全局上下文此，因此采用贪婪的松弛算法，持续产生高质量的匹配项。

形式上，首先为多人获得一组身体关节检测候选对象 D_J，其中 $D_J=\{d_j^m: for \quad j\in\{1\cdots J\}, m\in\{1\cdots N_j\}\}$，其中，$N_j$ 为关节 j 的候选数目，且 $d_j^m\in R^2$ 为人体关节 j 的第 m 个检测候选者的位置。这些关节检测候选对象仍然需要与来自同一个人的其他关节相关联。换句话说，需要找到实际上是四肢相连的关节检测对。定义一个变量 $z_{j_1j_2}^{mn}\in\{0,1\}$表示是否连接了两个检测候选对象 $d_{j_1}^m$ 和 $d_{j_2}^n$，目标是找到所有可能连接集合的最优分配，$Z=\{z_{j_1j_2}^{mn}:$

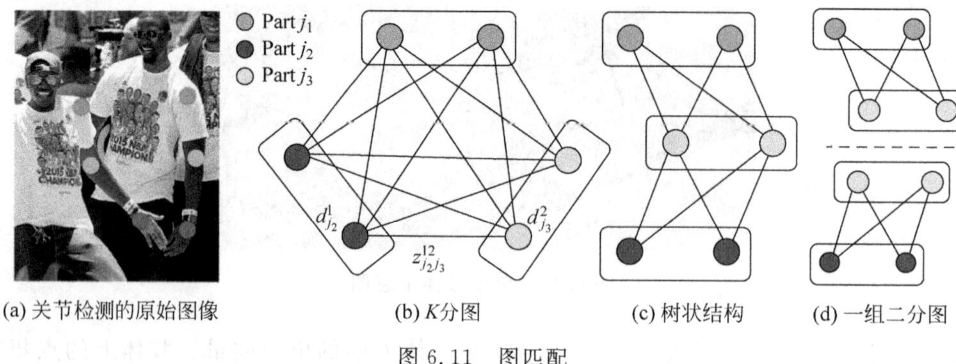

(a) 关节检测的原始图像　(b) K分图　(c) 树状结构　(d) 一组二分图

图 6.11　图匹配

$for \quad j_1, j_2 \in \{1 \cdots J\}, m \in \{1 \cdots N_{j_1}\}, n \in \{1 \cdots N_{j_2}\}\}$。

如果考虑第 c 个肢体的一对 j_1 和 j_2 关节(例如,颈部和右髋),找到最佳关联会减少到最大权重二分图匹配问题。这种情况在图 6.9(b)中示出。在该图匹配问题中,图的节点是身体关节检测候选 D_{J_1} 和 D_{J_2},并且边缘是成对的检测候选对象之间的所有可能的连接。此外,每个边均由式(6-10)(部分亲和力集合)加权。二分图中的匹配是在没有两条边共享一个节点的情况下选择的边的子集。目标是为所选边缘找到最大权重的匹配项,

$$\max_{Z_c} E_c = \max_{Z_c} \sum_{m \in D_{j_1}} \sum_{n \in D_{j_2}} E_{mn} \cdot z_{j_1 j_2}^{mn} \tag{6-11}$$

$$\text{s.t.} \quad \forall m \in D_{j_1}, \sum_{n \in D_{j_2}} z_{j_1 j_2}^{mn} \leqslant 1 \tag{6-12}$$

$$\forall n \in D_{j_2}, \sum_{m \in D_{j_1}} z_{j_1 j_2}^{mn} \leqslant 1 \tag{6-13}$$

其中,E_c 是来自肢体类型 c 的匹配项的总权重,Z_c 是肢体类型 c 的 Z 的子集,E_{mn} 是式(6-10)中定义的关节 $d_{j_1}^m$ 和 $d_{j_2}^n$ 之间的关节亲和力。式(6-12)和式(6-13)强制没有两个边缘共享一个节点,即没有两个相同类型的肢体(例如左前臂)共享一部分。可以使用匈牙利算法[17]获得最佳匹配。

6.2.5 网络结构介绍

图 6.12 说明了方法的整个流程,此网络将整个图像作为两分支 CNN 的输入,以共同预测用于身体关节检测的置信度图,如图 6.12(b)所示;关节关联的关节亲和力字段如图 6.12(c)所示;解析步骤执行一组二分匹配以关联候选的身体关节,如图 6.12(d)所示;最终如图 6.12(e)所示将它们组装成图像中所有人的全身姿势,即解析结果。

系统以大小为 $W \times H$ 的彩色图像作为输入,图像中每个人的结构关键点的二维位置作为输出。首先,前馈网络同时预测一组人体部位位置的二维置信度映射图 S 和一组用于编码各部位之间关联程度的二维亲和度向量场 $\boldsymbol{L}$。集合 $S=(S_1, S_2, \cdots, S_J)$ 有 J 个置信映射图,每部分一个,其中 $S_j \in R^{w \times h}, j \in \{1 \cdots J\}$。集合 $\boldsymbol{L}=(\boldsymbol{L}_1, \boldsymbol{L}_2, \cdots, \boldsymbol{L}_C)$ 有 C 个向量场,其中 $\boldsymbol{L}_c \in R^{w \times h \times 2}, c \in \{1 \cdots C\}$,$\boldsymbol{L}_c$ 中的每个图像位置编码一个二维向量,如图 6.13 所示。图 6.13(a)为多人姿态估计,属于同一个人的身体关节被连接。图 6.13(b)中,与连接右肘和右手腕的肢体相对应的关节亲和力字段(PAFs)。图 6.13(c)是放大了预测的 PAFs。在

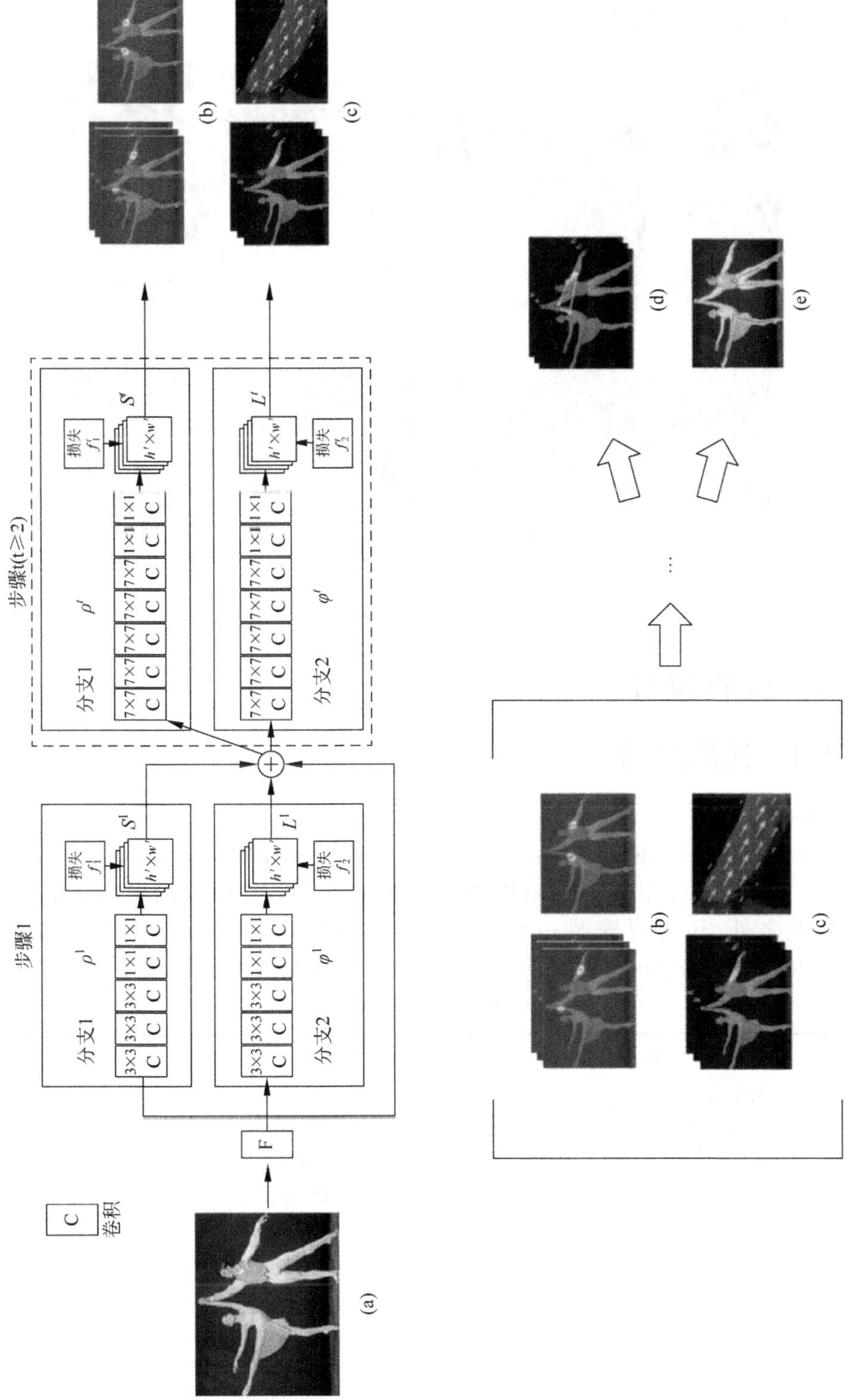

图 6.12 整体网络结构图

场中的每一个像素上，一个二维向量编码了四肢的位置和方向。最后，通过贪婪推断来解析置信度图和亲和度字段，以输出图像中所有人的 2D 关键点。

(a) 多姿态估计

(b) PAFs　　(c) 放大后的PAFs

图 6.13　局部网络示意图

6.3　实验操作

6.3.1　代码介绍

1. 实验环境

本实验使用的系统环境是 Ubuntu 16.04，实验前需要安装 Anaconda 以及 Pycharm 操作软件。本实验所使用的 Python 编译器版本为 Python 3.6，神经网络框架为 Pytorch 0.4.1。除此之外，还需要安装一些库（比如：torch、torchvision、cython、pycocotools、opencv-python、numpy、matplotlib 等），姿态估计的实验环境如表 6.1 所示。

表 6.1　实验环境

条　件	环　境
操作系统	Ubuntu 16.04
开发工具	Pycharm
Pytorch Version	Pytorch>=0.4.1
开发语言	Python 3.6
主体库	Torchvision>=0.2.1
	Cython
	Pycocotools==2.0.0
	opencv-python>=3.4.0.14
	NumPy>=1.14.0
	Matplotlib
硬件	CPU

补充说明：由于解压后的代码文件夹中带有一个名为 requirements. txt 的文件，可直接在命令行中输入命令

```
$ install requirements pip install -r requirements.txt
```

即可安装 torch、torchvision、pycocotools、opencv-python、numpy 这些主体库。

2. 实验代码下载地址

扫描二维码下载实验代码。

代码下载完毕后，解压得到名为 lightweight-human-pose-estimation. pytorch-master 的实验项目文件夹，README. md 文件是项目的自述文件，是项目网站给的实验操作指南，一般比较简略。有关如何下载相关文件、训练模型以及实验的过程将在 6. 3. 3 节详细介绍。

3. 代码文件目录结构

代码文件目录结构如下：

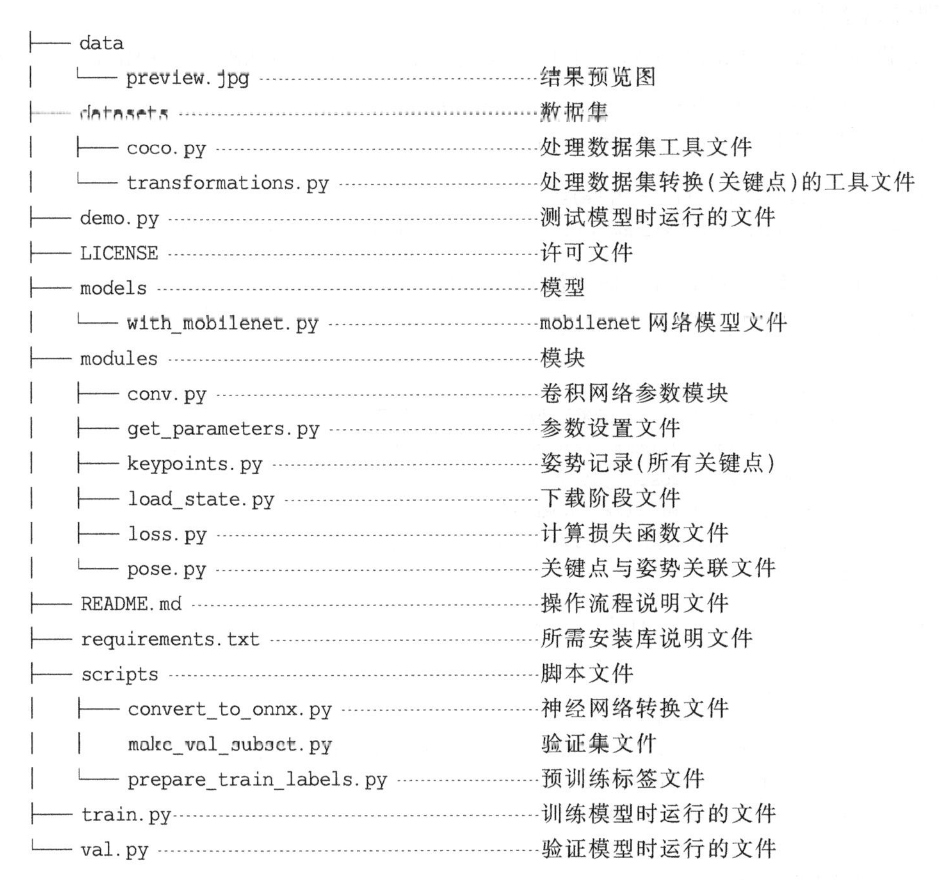

```
├── data
│   └── preview.jpg ······························结果预览图
├── datasets ······································数据集
│   ├── coco.py ·································处理数据集工具文件
│   └── transformations.py ·····················处理数据集转换(关键点)的工具文件
├── demo.py ········································测试模型时运行的文件
├── LICENSE ········································许可文件
├── models ·········································模型
│   └── with_mobilenet.py ······················mobilenet 网络模型文件
├── modules ········································模块
│   ├── conv.py ·································卷积网络参数模块
│   ├── get_parameters.py ······················参数设置文件
│   ├── keypoints.py ···························姿势记录(所有关键点)
│   ├── load_state.py ··························下载阶段文件
│   ├── loss.py ·································计算损失函数文件
│   └── pose.py ·································关键点与姿势关联文件
├── README.md ······································操作流程说明文件
├── requirements.txt ·······························所需安装库说明文件
├── scripts ········································脚本文件
│   ├── convert_to_onnx.py ·····················神经网络转换文件
│   │   make_val_subset.py                      验证集文件
│   └── prepare_train_labels.py ················预训练标签文件
├── train.py ·······································训练模型时运行的文件
└── val.py ·········································验证模型时运行的文件
```

6.3.2 数据集介绍

1. 数据集的描述

MS COCO 的全称是 Microsoft Common Objects in Context，起源于微软于 2014 年出资标注的 Microsoft COCO 数据集。

该数据集主要解决 3 个问题：目标检测、目标之间的上下文关系、目标在 2 维的精确定

位。COCO 数据集有 91 类，虽然比 ImageNet 类别少，但是每一类的图像多，这有利于获得更多的类中位于某种特定场景的能力，对比 PASCAL VOC，它有更多的类和图像。COCO 数据集是一个大型的、丰富的物体检测、分割和字幕数据集。这个数据集以场景感知为目标，主要从复杂的日常场景中截取，图像中的目标通过精确的分割进行位置的标定。图像包括 91 类目标、328 000 个影像和 2 500 000 个 label(标签)。

COCO 数据集的大小及特点是：大小为 25GB(压缩)，对象分割，在上下文中可识别，超像素分割，330KB 图像(>200KB 有标记)，150 万个对象实例，80 个对象类，91 个类，每张图片 5 个字幕，有关键点的 250 000 人。

2. 数据集下载地址

数据集下载地址为：http://cocodataset.org/#download。

6.3.3 实验操作及结果

1. 训练网络模型

(1) 下载预训练好的 MobileNet v1 权重文件 mobilenet_sgd_68.848.pth.tar（下载地址为 https://github.com/marvis/pytorch-mobilenet）。

(2) 在内部格式中转换训练注释，运行

```
$ python scripts/prepare_train_labels.py \
        --labels <COCO_HOME>/annotations/person_keypoints_train2017.json
```

将产生一个带有转换后的内部格式注释的文件：prepared_train_annotation.pkl。

(3) 从 MobileNet 权重进行训练，运行

```
$ python train.py \
        --train-images-folder <COCO_HOME>/train2017/ \
        --prepared-train-labels prepared_train_annotation.pkl \
        --val-labels val_subset.json \
        --val-images-folder <COCO_HOME>/val2017/ \
        --checkpoint-path <path_to>/mobilenet_sgd_68.848.pth.tar \
        --from-mobilenet
```

(4) 从上一步的检查点开始训练，运行

```
$ python train.py \
        --train-images-folder <COCO_HOME>/train2017/ \
        --prepared-train-labels prepared_train_annotation.pkl \
        --val-labels val_subset.json \
        --val-images-folder <COCO_HOME>/val2017/ \
        --checkpoint-path <path_to>/checkpoint_iter_420000.pth \
        --weights-only
```

(5) 最后要从网络上一步和 3 个优化阶段的检查点进行训练，运行

```
$ python train.py
        --train-images-folder <COCO_HOME>/train2017/
        --prepared-train-labels prepared_train_annotation.pkl
        --val-labels val_subset.json
        --val-images-folder <COCO_HOME>/val2017/
```

```
    --checkpoint-path <path_to>/checkpoint_iter_280000.pth
    --weights-only
    --num-refinement-stages 3
```

经过 370 000 次迭代，将检查点作为最终的检查点。至此，训练完毕。

2. 测试网络模型

若是想使用预训练好的模型，则调用摄像头并执行以下操作。

(1) 首先下载该项目关于 COCO 数据集的预训练模型，下载地址为：https://download.01.org/opencv/openvino_training_extensions/models/human_pose_estimation/checkpoint_iter_370000.pth。

(2) 在 terminal 中请执行以下操作：

```
$ python demo.py
    --checkpoint-path <path_to>/checkpoint_iter_370000.pth
    --video 0
```

3. 实验结果展示

实验结果图如图 6.14 所示。

图 6.14 结果展示图

6.4 总结与展望

本实验基于 OpenPose 算法设计了一个可以在 CPU 上运行的多人关键点检测网络——Lightweight OpenPose。将骨干网络 VGG-19 换成了 MobileNet，原 OpenPose 的 refinement stage 有 5 个阶段，由于从 refinement stage1 之后，正确率没有提升多少，而且运算量加大了，所以只采用 initial stage+refinement stage 两个阶段网络。

2019 年 2 月 25 日 CVPR2019 新收录论文中，Ke Sun 等提出了名叫 HRNet 的神经网络，它拥有与众不同的并联结构，可以随时保持高分辨率表征，不仅仅依靠低分辨率表征恢复高分辨率表征。基于此，其姿势识别的效果明显提升，在 COCO 数据集的关键点检测、姿态估计、多人姿态估计等三项任务里，HRNet 都表现优异。其 Github 链接为：https://

github. com/leoxiaobin/deep-high-resolution-net. pytorch。

由于深度学习带来了学术界以及工业界的飞速发展，极大地提升了当前算法的结果。未来，也可以通过生成数据集提高行人检测问题、利用多任务学习（multi-task learning）提高运行速度等得到更好的结果。

6.5 参考文献

[1] Rogez G, Rihan J, Ramalingam S, et al. Randomized trees for human pose detection[C]// Proceedings of the IEEE Conference on Computer Vision and Pattern Recognition, 2008: 1-8.

[2] Urtasun etc. Local probabilistic regression for activity-independent human pose inference[C]// Proceedings of the IEEE Conference on Computer Vision and Pattern Recognition, 2008.

[3] Pishchulin L, Andriluka M, Gehler P, et al. Strong appearance and expressive spatial models for human pose estimation[C]//IEEE International Conference on Computer Vision, 2013: 3487-3494.

[4] Andriluka M, Roth S, Schiele B. Pictorial structures revisited: People detection and articulated pose estimation[C]//Proceedings of the IEEE conference on Computer Vision and Pattern Recognition, 2009: 1014-1021.

[5] Ionescu C, Li F, Sminchisescu C. Latent structured models for human pose estimation[C]// IEEE International Conference on Computer Vision, 2011: 2220-2227.

[6] Pishchulin L, Andriluka M, Gehler P, et al. Poselet conditioned pictorial structures[C]//Proceedings of the IEEE Conference on Computer Vision and Pattern Recognition, 2013: 588-595.

[7] Jain A, Tompson J, Andriluka M, et al. Learning human pose estimation features with convolutional networks[J/OL]. (2013-12-27)[2020-07-01]. http://arxiv. org/abs/1312. 7302.

[8] Osokin D. Real-time 2d multi-person pose estimation on CPU: Lightweight OpenPose[J/OL]. (2018-11-29)[2020-07-01]. http://arxiv. org/abs/1811. 12004.

[9] Wei S E, Ramakrishna V, Kanade T, et al. Convolutional pose machines[C]//Proceedings of the IEEE conference on Computer Vision and Pattern Recognition, 2016: 4724-4732.

[10] Newell A, Yang K, Deng J. Stacked hourglass networks for human pose estimation[C]//European Conference on Computer Vision. Springer, Cham, 2016: 483-499.

[11] Cao Z, Simon T, Wei S E, et al. Realtime multi-person 2d pose estimation using part affinity fields [C]//Proceedings of the IEEE Conference on Computer Vision and Pattern Recognition, 2017: 7291-7299.

[12] Kaiming H, Georgia G, Piotr D, et al. Mask R-CNN[J]. IEEE Transactions on Pattern Analysis & Machine Intelligence, 2017, PP: 1-1.

[13] Fang H S, Xie S, Tai Y W, et al. Rmpe: Regional multi-person pose estimation[C]//Proceedings of the IEEE International Conference on Computer Vision. 2017: 2334-2343.

[14] Chen Y, Wang Z, Peng Y, et al. Cascaded pyramid network for multi-person pose estimation[C]// Proceedings of the IEEE Conference on Computer Vision and Pattern Recognition, 2018: 7103-7112.

[15] Wei S E, Ramakrishna V, Kanade T, et al. Convolutional pose machines[C]//Proceedings of the IEEE conference on Computer Vision and Pattern Recognition, 2016: 4724-4732.

[16] Simonyan K, Zisserman A. Very deep convolutional networks for large-scale image recognition[J/OL]. (2013-12-27)[2014-09-04]. https://arxiv. org/abs/1409. 1556.

[17] Morgenstern O. Note on the Formulation of the Theory of Logistics[J]. NavalResearch Logistics Quarterly, 1955, 2(3): 129-136.

第7章 图像分割

CHAPTER 7

在一节生动有趣的生物实验课上，老师给大家桌子前都摆放了一个电子显微镜，同学们饶有兴趣地研究着这台仪器。这时老师说道："今天的任务是观察口腔上皮细胞，要观察到细胞中的细胞核和细胞质，并打印出来，放学回家后把它们分别涂成不同的颜色。"同学们争先恐后地做起了实验。小泡同学晚上回到家后，正准备给细胞核和细胞质一个个上色，这时她发现弄丢了彩笔，又不敢给爸爸妈妈讲，正在她束手无策的时候，她突然看到了一本《人工智能创新应用简明教程》，发现这里面讲到可以借助人工智能，通过图像分割（Image Segmentation）算法，让计算机将不同的目标从图像中分割出来，并涂上颜色。这对于热爱计算机的小泡同学来说简直就是唾手可得的事情，她在不用动笔的情况下，就出色地完成了老师布置的任务。

小泡同学用的图像分割技术是指：在一幅图像中根据物体的特征，对图像中的每个像素点都进行标注，从而划分成不同区域的过程，用于提取出所感兴趣的目标，如图7.1所示就是典型的图像分割任务。

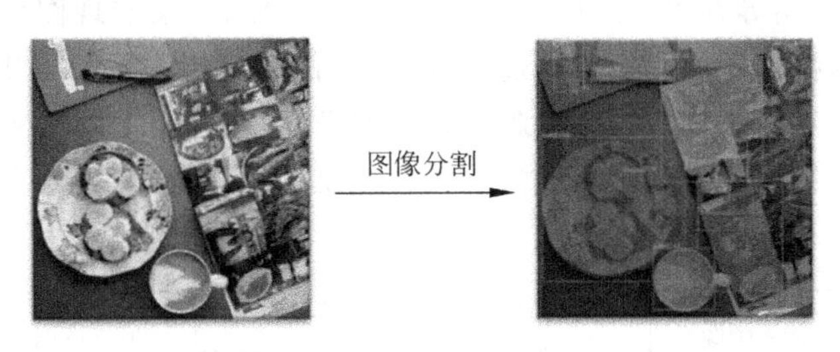

图7.1 图像分割任务

7.1 背景介绍

图像分割是计算机视觉领域的基础性问题之一，通常用于目标识别、场景解析、图像3D重构等研究任务的预处理。从20世纪中叶开始，这个领域一直是图像处理方面的研究热点之一，在城市交通管理、医学影像分析、气象预测、无人平台、自动驾驶、地质勘探、指纹识别等领域都有着重要应用。

以前传统的图像分割方法利用灰度值、颜色、物体的纹理等特征，提取出具有相似特征的区域从而对图像进行分割。方法主要包括阈值分割法、边界检测法、聚类分割法、区域生长法等。简单来讲：阈值分割法通过不同灰度值，将像素分成若干类，从而实现目标与背景的分离；边界检测法通过检测边缘提取出目标的边缘从而实现分割；聚类分割法将相似度较高的像素点聚合在一起，将像素分为不同的类别；区域生长法将小的区域与相似的邻域像素合并，使小的区域不断“生长”成更大区域，实现分割算法。

随着深度学习技术的快速发展，通过神经网络进行分割的技术也逐渐成熟。起初基于深度学习的图像分割算法主要是以监督学习(Supervised Learning)为主，监督学习需要足够多标记好的样本对网络进行训练，然后对图像进行分割。而对于每一个像素进行标记是一件让人十分头疼的事。如果仅需把物体用矩形框画出来，这样会方便很多。弱监督学习(Weakly-Supervised Learning)便是依据此原理减小开销，用这些标记不明显且相对比较“弱”的样本对网络进行训练，从而对图像进行分割。半监督学习(Semi-Supervised Learning)则是结合上面两种学习方法，将大量弱标记样本和少量的强标记样本作为训练样本对网络进行训练从而实现图像分割。

传统分割方法利用了颜色、纹理等图像中的简单信息，而深度学习技术利用的图像中物体的信息通常是不容易观察到的，通常将这些作为图像中的高级语义特征，这种根据高级语义实现的图像分割称为语义分割(Semantic Segmentation)，语义分割可以将每一个像素点进行分类，属于同一种类的像素点都分为同一类。实例分割(Instance Segmentation)又将图像分割提升到了一个新的高度，语义分割不会区分同一类别的不同个体，而实例分割能够将同一种类但是不同个体的目标也都分别标定出来，本实验所使用的 Mask R-CNN 就属于实例分割的典型代表。

7.2 算法原理

本实验采用何恺明等在 2018 年提出的 Mask R-CNN[1] 来实现图像分割，将残差网络(ResNet-50)[2] 作为特征提取网络。通过这种算法，任意输入一张日常生活图片，就可以得到一张标记好的图，这些标记包括感兴趣的物体的坐标，并且用矩形框标将这些物体在图片中定出来，同时将物体所覆盖的整个区域用颜色标定出来，达到分割的目的，整个算法的流程图如图 7.2 所示。

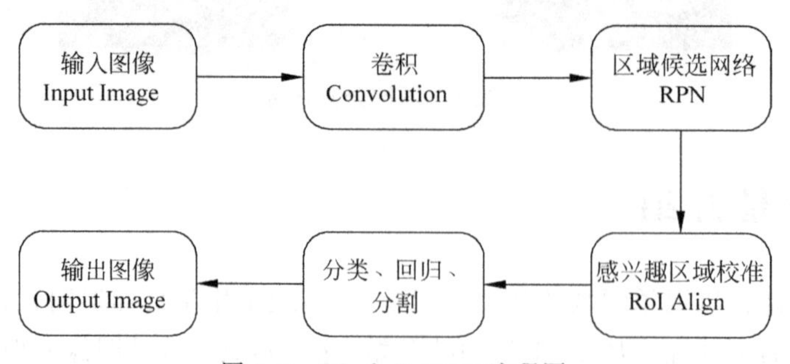

图 7.2　Mask R-CNN 流程图

Mask R-CNN 首先将输入的图像经过卷积神经网络，来提取输入图像中所有目标物体的特征，将得到的包含特征的图像视为输入图像的特征图；特征图中既包含了目标的一些重要的特征，但是同时也有很多没有用的背景，这些背景如果不做处理会对整个算法的性能带来很大影响，再加上由于一个输入图像中有可能包含多个目标，因此，相应的特征图中也会有很多不同目标的特征混杂在一起，很难分辨，为后续的工作带来很大挑战，因此要想办法把每个物体划分出来。区域候选网就解决了这个问题，通过它可以只提取出不同的目标，并且抛弃背景成分，然后把提取出来的部分重新整理成统一大小的图像。之后将这些大小相同、包含大量有用信息的图像作为神经网络的输入，并用标记好的分割图像去训练这个网络，最终可以在输出图像中框定出目标的位置、类别、分割出目标区域。

7.2.1 残差网络

残差网络在2015年由何凯明、张翔宇、任少卿、孙剑共同提出。卷积网络所输出的每一层都包含一种特征，因此自然而然地想到通过增加神经网络层数，来增加所能提取到的特征。也就是说尽可能地将网络结构设计地很深(如VGG-16、GoogleNet等)，以便于提取到图像中更加丰富、更加高层次的特征信息。但是当继续一味地增加深度卷积网络的层数后，研究人员发现，网络的收敛速度明显下降，产生大量冗余，同时也带来了严重的梯度消失问题，导致浅层网络的参数得不到更新，网络的性能进一步下降。残差网络便是为了解决这个问题而生的，它在保证网络深度足够深的同时，也不失网络优越的性能。

深度残差网络通过特殊的残差构建模块来学习输入输出之间的残差，如图7.3所示，而不像传统的深度卷积神经网络那样学习输入输出之间的映射。

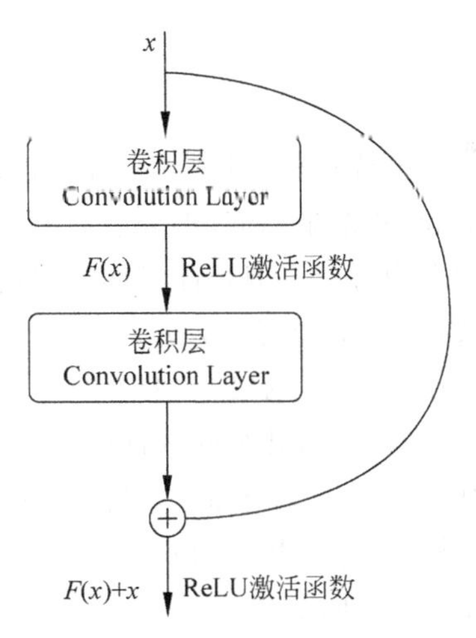

图7.3 深度残差网络中的残差构建模块

图7.3中输入$\boldsymbol{x}$经过一层参数层后再通过激活函数输出$F(\boldsymbol{x})$，$F(\boldsymbol{x})$代表一个中间值，再将$F(\boldsymbol{x})$通过一层参数层后直接与原始输入$\boldsymbol{x}$相加，通过激活函数。此时网络需要学习输入输出之间的残差$F(\boldsymbol{x})$，这也是残差网络名字的由来。通过此模块可以解决两个问题：首先，当网络在某一层已经达到最优时，在后面的网络层进行简单的映射即可，也就是说使得$F(\boldsymbol{x})+\boldsymbol{x}=\boldsymbol{x}$，即$F(\boldsymbol{x})=0$。由于参数层在初始化时很容易让$F(\boldsymbol{x})$接近于0，因此经过几次学习后，网络会很快收敛。然而，如果让参数层学习输入输出之间的特定映射关系，网络需要从初始化训练很长时间才能够收敛。其次，对于梯度消失问题，残差构建模块也给出了很好的解决方法，保证在链式求导后，不会发生梯度消失或梯度爆炸现象。因此，残差网络已经替代了传统的深度卷积神经网络成为首选的特征提取网络。

7.2.2 区域候选网络

在将输入图像中的各种特征提取出来后，下一步就要先初步框定出可能要寻找的对象的位置。区域候选网络是本实验用到的第二个神经网络，如图7.4所示，目的就是为了在残差网络提取到特征图后，可以从图像中抠出可能包含要寻找的对象。

需要注意的是，特征图不会像图中一样和眼睛所看到的世界一样，它是包含很多特征信息的图像，这里图7.4中使用的图像是为了帮助读者更好地理解RPN网络的作用。

将每个滑动窗口的中心视为一个锚点(Anchor)[3]，以这个锚点为基础，寻找9个大小

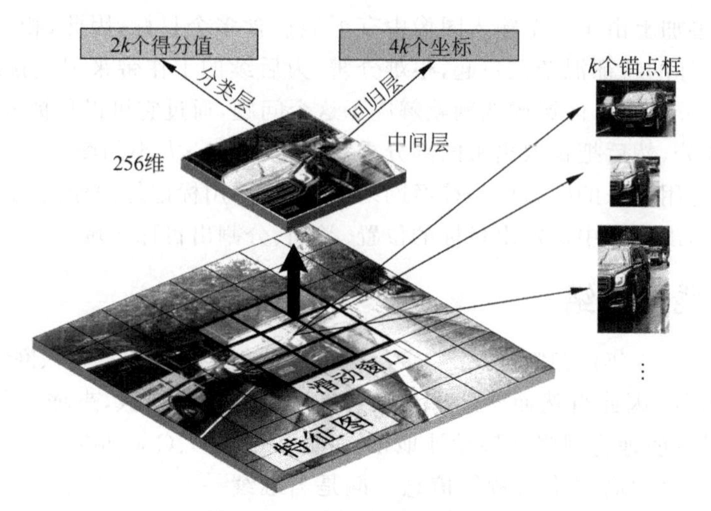

图 7.4 区域候选网络($k=9$)

不同的锚点框,对这 9 个锚点框进行前景与背景的分类与坐标的定位,分别得到 18 个得分值和 36 个坐标值,得分值只有 0 和 1 两种情况,1 代表此锚点框包含物体,0 表示此锚点框内全为背景。但是面对如此多的候选框,存在大量的重复带来的冗余问题,还需要进一步筛选,去除冗余的成分,对候选框进行精简,因此通过非极大抑制(Non Maximum Suppression,NMS),来决定最终的候选框的位置。非极大抑制选择出得分最高的候选框的位置,并遍历其余候选框的坐标,如果重叠的部分(Intersection over Union,IoU)大于 0.7,则认为属于冗余部分,将该框删除。遍历结束后,再在剩下的框中寻找出一个得分最高的目标框,再遍历其余的候选框,重复上述操作,最终得到的候选框称为感兴趣区域(Region of Interest,RoI)。

7.2.3 感兴趣区域校准

由于框定出来的物体大小不一,因此最终得到的感兴趣区域大小也不尽相同,然而对于后续的分类、回归与分割任务来说,它们使用的卷积神经网络要求输入图片尺寸相同,因此需要通过感兴趣区域校准操作来保证输入神经网络的图像大小一致。感兴趣区域校准操作改进自感兴趣区域池化(RoI Pooling)[4]操作,首先经过池化操作,将感兴趣区域调整成同一大小;第二步是将区域划分成单元格;最后通过双线性内插的方法计算出单元格内的值,并进行最大池化。通过保留小数点的操作,感兴趣区域校准操作提高了回归定位的准确性,为后面的任务提供了优质的输入图像。

那这里 ROI Align 和 ROI Pooling 的主要区别在哪里呢?简单地说,就是浮点数格式与整数格式的区别。第一步,ROI Align 将 ROI 按比例调整成同一大小后,保留成浮点格式,而不是像 ROI Pooling 那样舍弃小数点后取整;第二步,划分单元格后,如果出现无法整除的情况也要保留小数点。

7.2.4 分类、回归与分割

经过千辛万苦的准备,终于可以将处理好的图像送给最后的网络结构用于实现最终的分割任务,如图 7.5 所示。

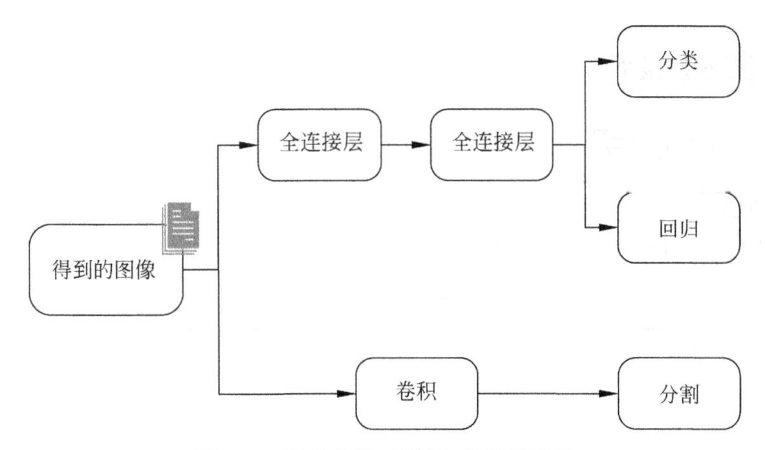

图 7.5 用于分类、回归与分割的结构

将输入的感兴趣区域图像分为两支处理:第一分支通过两层全连接网络,进行分类和目标位置回归的操作;第二支通过两层卷积层进行分割,分割分支产生的是一张特征图,假设分类产生 K 个类别,那么在分割的特征图中,每一个像素点都包含 K 个二进制值,用于表示该像素点是否属于这一类。最终在输入图像上画出目标框,并标定类别,再将每个像素点涂成相应实例的颜色,就呈现出了最终的效果图。

这里需要说明一点的是:Mask R-CNN 最终产生 3 个分支,因此在计算损失函数时,要将这三部分的损失值求和:

$$\text{Loss} = \text{Loss}_{\text{cls}} + \text{Loss}_{\text{box}} + \text{Loss}_{\text{mask}} \tag{7-1}$$

这样在训练网络进行反向传播时,才能达到最优的效果。

7.2.5 网络结构介绍

经过对上面每一部分的学习,我们应该知道算法每一步都干了什么,对于图像进行了怎么样的处理,如图 7.6 所示。

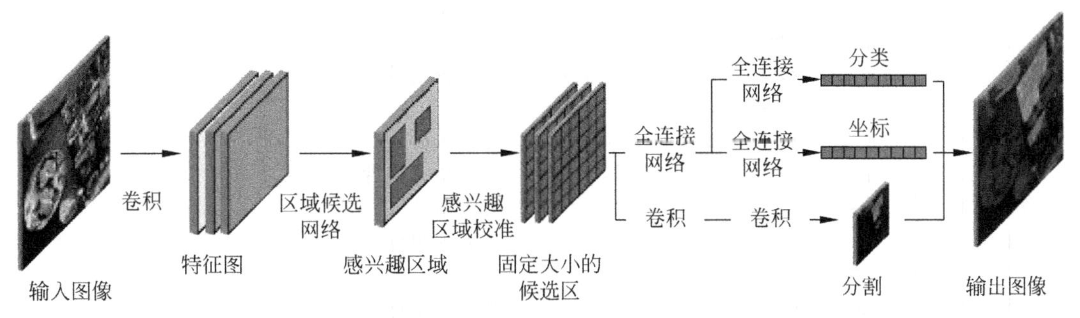

图 7.6 网络流程图

输入图像经过残差网络,原始图像中的语义信息得到了提取,得到了特征图,区域候选网络不分类别地将目标从特征图中抠出来,得到很多大小不同的 RoI,再经过 RoI Align 操作把它们调整成统一大小,这样就保证了输入到后续的神经网络中的图像大小一致,最终完成分割任务。

7.3 实验操作

7.3.1 代码介绍

1. 实验环境

聊天机器人实验环境如表 7.1 所示。

表 7.1 实验环境

条件	环境
操作系统	Ubuntu 16.04
开发语言	Python 3.6
深度学习框架	Pytorch 1.0
相关库	NCCL2 mmcv

2. 实验代码下载地址

扫描二维码下载实验代码。

3. 代码文件目录结构

代码文件目录结构如下：

```
├── mmdetection-master ........................根文件夹
│   ├── checkpoints ...........................用于存放训练好的模型
│   ├── configs ...............................用于存放配置文件,比如各种网络的结构
│   ├── demo ..................................实验发布者测试出的样例
│   ├── docker ................................实验的 docker 文件
│   ├── docs ..................................包含实验的相关文档,如配置文件
│   ├── mmdet .................................mmdetection 包含的各种组件
│   │   ├── apis
│   │   ├── core ..............................核心组件
│   │   │   ├── anchor ........................锚点组件
│   │   │   ├── bbox ..........................坐标框组件
│   │   │   │   ├── assigners
│   │   │   ├── evaluation ....................评估组件
│   │   │   ├── fp16 ..........................数据格式组件
│   │   │   ├── mask ..........................分割组件
│   │   │   ├── post_processing ...............后处理组件
│   │   │   └── utils
│   │   ├── datasets ..........................数据集组件
│   │   ├── models ............................模型组件
│   │   │   ├── anchor_heads ..................锚点起始组件
│   │   │   ├── backbones .....................骨干网络组件
│   │   │   ├── bbox_heads ....................坐标框起始组件
│   │   │   ├── detectors .....................目标检测器组件
│   │   │   ├── losses ........................损失函数组件
```

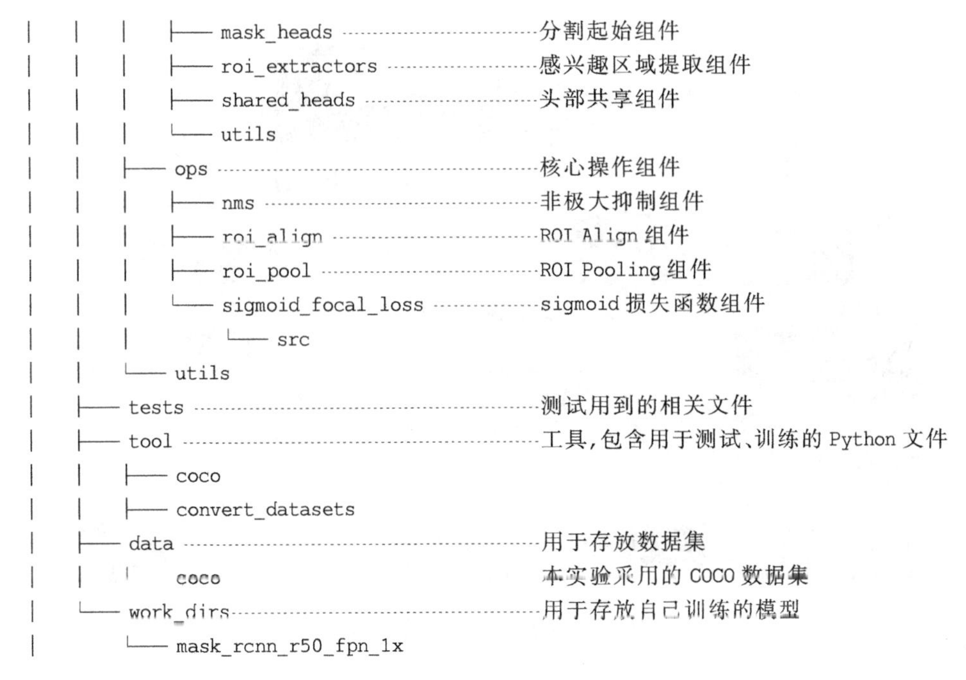

```
│   │   │   ├── mask_heads ·····························分割起始组件
│   │   │   ├── roi_extractors ·························感兴趣区域提取组件
│   │   │   ├── shared_heads ···························头部共享组件
│   │   │   └── utils
│   │   ├── ops ········································核心操作组件
│   │   │   ├── nms ····································非极大抑制组件
│   │   │   ├── roi_align ······························ROI Align 组件
│   │   │   ├── roi_pool ·······························ROI Pooling 组件
│   │   │   └── sigmoid_focal_loss ·····················sigmoid 损失函数组件
│   │   │       └── src
│   │   └── utils
│   ├── tests ··········································测试用到的相关文件
│   ├── tool ···········································工具,包含用于测试、训练的 Python 文件
│   │   ├── coco
│   │   ├── convert_datasets
│   ├── data ···········································用于存放数据集
│   │       coco                                        本实验采用的 COCO 数据集
│   └── work_dirs·······································用于存放自己训练的模型
│       └── mask_rcnn_r50_fpn_1x
```

这里有两点需要说明：①data 文件夹和 work_dirs 文件夹不是原始实验下载下来就包含的文件夹，data 文件夹需要自己创建，然后将数据集放入文件夹中，work_dirs 是训练时生成的文件夹，用于存放自己训练的模型；②本实验虽然只使用 tools 文件夹中的训练和测试文件，但是在使用它们时会调用到上面的所有组件，所以注意要保证文档的完整性。

7.3.2 数据集介绍

我们自己用笔在纸上完成分割任务时，似乎觉得很轻而易举。但是这是在成长过程中不断的学习带来的结果，我们的双眼不停地接收外界信息，逐渐认知这个世界，这些信息就是“数据集”。而身边的人教我们认知这些事物，告诉我们这些是什么，这就是就是“标记样本”，就是这样，大脑才能够被不停“训练”来完成各种各样的复杂任务。

在本实验中，为了让这个神经网络拥有大脑一样的聪明才智，使用 COCO[5] 数据集进行学习。COCO 数据集的基本介绍见第 6.3.2 节。

相较于 ImageNet 等同样优秀的数据集，COCO 数据集训练出来的神经网络能够带来更好的性能。当图像中的目标明确、有很少的干扰时，假设网络所表现出的性能都很好，然而在部分遮挡、背景杂乱等这些生活中常见的情况下，用 COCO 数据集训练网络会带来更好的结果[5]，图 7.7 就是 COCO 数据集的部分图像展示。

本实验采用的数据集结构如下所示：

```
├── coco
│   ├── annotations
│   ├── annotations_trainval2017
│   │   └── annotations
│   ├── test2017
│   ├── train2017
│   └── val2017
```

图 7.7　数据集部分图像展示

其中，test2017 文件夹、train2017 文件夹以及 val2017 文件夹分别包含测试、训练以及评估所用的数据集，数据集的标记数据在 annotations 文件夹中，标记数据包含位置、种类以及用于分割的掩膜。

7.3.3　实验操作及结果

本实验主要使用的是 tools 文件夹下的 train. py 和 test. py，其中 train. py 用于训练，test. py 则用于测试。首先可以运行其他学者已经训练好的网络来直观感受一下此实验的效果以及能够完成什么样的任务。通过网站 https://open-mmlab. oss-cn-beijing. aliyuncs. com 或者在 docs 文件夹中的 MODEL_ZOO. md 说明文档中找到网址来下载训练好的模型。比如想要使用已经训练好的网络 mask_rcnn_x101_32x4d_fpn_1x_20181218-44e635cc. pth（主干网络为 ResNet-101），只要将它下载下来并放在 checkpoints 文件夹下，然后在实验根目录下打开终端，输入以下内容：

```
$ python tools/test.py configs/mask_rcnn_x101_32x4d_fpn_1x.py
checkpoints/mask_rcnn_x101_32x4d_fpn_1x_20181218 - 44e635cc.pth -- show
```

即可生成一张分割后的结果图，如图 7.8 所示（对于 test. py 会在本节测试过程详细介绍）。图 7.8 中对每一个物体都进行了位置的框定，并标明了所属的类别，在类别右边是物体属于这一类别的可能性，最明显的就是每种物体上都有花花绿绿的颜色，这就是对每个目标进行分割的结果。

1. 训练操作

要想训练你自己的数据，需要将 COCO 数据集放在 data 文件夹下，这里采用软连接的方式避免大量的数据复制操作，在实验根目录下打开终端，执行：

```
$ ln -s ${OCO 数据集根目录的绝对路径}  data/
```

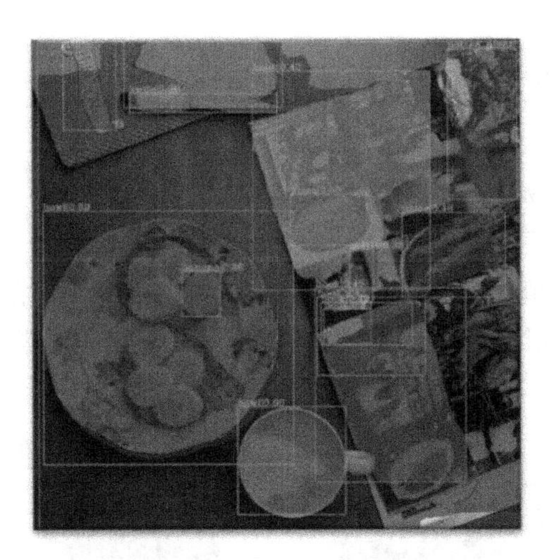

图 7.8 对已训练好的网络进行测试

这时就可以看到 COCO 数据集出现在 data 文件夹下。

现在就可以开始着手训练这个网络，继续在刚才的终端，输入：

```
$ python tools/train.py  configs/mask_rcnn_r50_fpn_1x.py
```

train.py 后面跟了一个必填的参数：网络结构的 Python 文件路径，以指定要训练的网络结构，本次实验就使用主干网络为 ResNet-50 的 Mask-RCNN 网络结构。运行上面代码之后就开始了训练过程，一共将数据集训练 12 次，也就是 12 个 epoch。训练完成后的结果被存放在 work_dirs 文件夹下的相对应文件夹 mask_rcnn_r50_fpn_1x 内，结构如下：

```
└── mask_rcnn_r50_fpn_1x
    ├── epoch_1.pth
    ├── epoch_2.pth
    ├── epoch_3.pth
    ├── epoch_4.pth
    ├── epoch_5.pth
    ├── epoch_6.pth
    ├── epoch_7.pth
    ├── epoch_8.pth
    ├── epoch_9.pth
    ├── epoch_10.pth
    ├── epoch_11.pth
    ├── epoch_12.pth
    └── latest.pth -> epoch_12.pth
```

打开这个文件夹后会发现有 12 个 epoch，也就是说，每一个 epoch 完成后就会在相应文件夹下产生一个当前训练好的网络。如果想把训练好的模型存在其他地方怎么办呢？只需要在上面的命令后面再加上一个参数 work_dir ${指定的目录}即可。比如想要放在根目录下自己创建的 trained_model 文件夹下，在命令后加上参数 work_dir trained_model 即可。

2. 测试过程

下面要对自己训练的模型进行测试,看看它的功力到底有多深。在实验根目录下打开终端,执行:

```
$ python tools/test.py configs/mask_rcnn_r50_fpn_1x.py
  work_dirs/mask_rcnn_r50_fpn_1x/epoch_12.pth  -- show
```

test.py 包含两个必填的参数,第一个是指定所使用的网络结构,这里应该保证和训练过程中使用的网络结构相同;第二个参数指定了训练好的模型路径,使用最终第 12 个 epoch 得到的模型来测试,原始图像和执行后得到的结果如图 7.9 所示。

(a) 原始图像

(b) 结果图

图 7.9 原始图像和执行后得到的结果

7.4 总结与展望

本章首先对图像分割的整个发展历程进行了简介,从传统方法到深度学习方法,让读者能够对整个发展历程有一个大致的了解。原先的普通数学方法虽已经不再像它们当年那样辉煌,但是仍然很有必要去了解它们。当然如果感兴趣,能够自己学习传统的方法,那么不仅会对目标分割有更深入的认知,而且极有可能会在以后的研究中得到重要的启发。本章选择当下最流行的深度学习的算法 Mask R-CNN 作为此次实验的讲解内容,深入浅出地介绍了 Mask R-CNN 的网络结构以及主干网络、RPN 网络、ROI Align 等各模块的原理。最后在实验部分,通过自己动手训练这个网络,来进一步加深对于整个算法的理解,更重要的是知道了如何将深度学习作为当代的“工具”,以解决目前所面临的问题。

目前的语义分割算法还有 U-Net、Deeplabv3+等,与本章节的 Mask R-CNN 不同,可以将它们简单理解为对于输入图像先编码后解码的过程。对于小型移动设备来说,Mask R-CNN 网络结构过深,通常伴随而来的是计算量的增大和能耗的提升,这些对于小型移动设备来说都是机器不友好的。通常在移动端可以考虑 U-Net、MobileNet 这样的轻量级网络,在计算量与精度方面作出一定的取舍。同时,未来很长一段时间内,怎么样才能够让计算机自主、快速并且准确地对图像中的目标进行分割,降低对数据集的依赖,减少对于人工成本的消耗依旧是一个需要深入研究的问题。

7.5 参考文献

[1] He K,Gkioxari G,Dollár P,et al. Mask r-cnn[C]//Proceedings of the IEEE international conference on computer vision. 2017: 2961-2969.

[2] He K,Zhang X,Ren S,et al. Deep residual learning for image recognition[C]//Proceedings of the IEEE conference on computer vision and pattern recognition. 2016: 770-778.

[3] He K, Zhang X, Ren S, et al. Spatial pyramid pooling in deep convolutional networks for visual recognition[J]. IEEE transactions on pattern analysis and machine intelligence, 2015, 37(9): 1904-1916.

[4] Ren S,He K,Girshick R,et al. Faster r-cnn: Towards real-time object detection with region proposal networks[C]//Advances in neural information processing systems. 2015: 91-99.

[5] Lin T Y,Maire M,Belongie S,et al. Microsoft COCO: Common objects in context[C]//European Conference on Computer Vision. Springer,Cham,2014: 740-755.

第 8 章 图像超分辨率

CHAPTER 8

一张图片往往包含许多的事物,如果想要看清楚图片中一些细节的地方,图片的分辨率太低会导致放大后细节不清晰。除此之外,有时拍照得到的照片的分辨率较低,就像图 8.1 一样,整张图片看起来非常模糊。在与朋友聊天时,有时保存了有趣的图片和表情包,想要用的时候却会发现它其实很模糊。遇到这些情况时,大家都会束手无策,那么,能有什么解决的办法吗?

其实,利用深度学习技术可以重新调整图片的分辨率。通过神奇的图像超分辨率重建算法,就可以在把图 8.1 这张模糊的图片变成图 8.2 这张清晰可辨的图片,增加图片的大小。掌握了这个算法,就再也不用担心图片分辨率低看不清的问题,从此进入一个高清的世界。接下来,我们就一起来揭开图像超分辨率重建算法神秘的面纱吧。

图 8.1 低分辨率图片

图 8.2 高分辨率图片

8.1 背景介绍

许多像素点组成了一幅图像,每一个像素点就是一种颜色的色块。每一个色块都有一个明确的位置和被分配的色彩数值,而这些小方块的颜色和位置决定了该图像所呈现出来的样子。图像分辨率是指单位面积内的像素数量,即像素密度。像素数量一样的情况下,图片尺寸小,单位面积内像素点多,分辨率更大,图片看起来更清晰。这也就是为什么同一张图片,尺寸越大,画面越模糊。因此,分辨率是衡量图像中蕴含细节信息丰富程度的参数。

图像超分辨率就是通过硬件或软件的方法提高原有图像的分辨率,通过一系列低分辨率的图像来得到一幅高分辨率的图像这个过程就是超分辨率重建[1]。低分辨率的图像包含的细节信息较少，但可以得到一系列低分辨率的图像，这些图像包含的部分细节信息各有不同，能够互相补充。这一系列低分辨率的图像，经过一定处理，可以得到一幅分辨率较高、包含信息较多的图像。超分辨率重建的核心思想就是用时间带宽（获取同一场景的多帧图像序列）换取空间分辨率，实现时间分辨率向空间分辨率的转换[2]。

简单来说，超分辨率重建就是将图像从图8.3中左边的样子变成右边的样子，即利用算法提供更多的像素点，让图像的细节信息更加丰富。如果从视觉的角度来看，那就是图像的尺寸变大了，即用更多的像素点来呈现同一个事物。

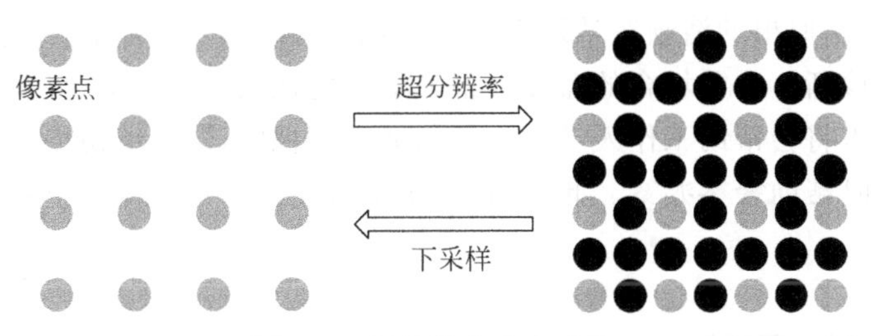

图8.3 超分辨率重建过程

现实生活中，都希望得到的图像分辨率较高、画面较清晰。由于实际的硬件条件限制以及其他因素，得到图像的分辨率并不能达到要求。因此，可以利用基于软件的方法，使用图像超分辨率重建技术，提高图像的分辨率。超分辨率重建的实现效果如图8.4所示，图中的海鱼放大后看不清楚，非常模糊，经过超分辨率重建后，就能非常清晰地看清图中的海鱼。

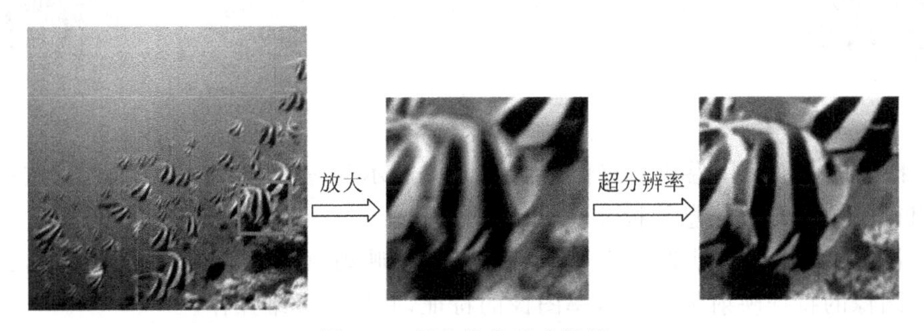

图8.4 超分辨率重建效果

图像超分辨率重建技术的实现方法很多，从重建算法角度来看，可以分为基于插值的超分辨率、基于重构的超分辨率和基于学习的超分辨率。随着近年来深度学习技术的快速发展，研究人员积极地探索基于深度学习的图像超分辨率模型。基于深度学习的方法利用大量的训练数据，从中学习低分辨率图像和高分辨率图像之间某种对应关系，然后根据学习到的映射关系来预测低分辨率图像所对应的高分辨率图像，从而实现图像的超分辨率重建过程。

2014年，Chao Dong等首次将深度学习应用到图像超分辨重建领域，他们的模型SRCNN为一个三层的卷积神经网络[3]，用来学习低分辨率图像与高分辨率图像之间映射关系。自此，在图像超分辨率重建领域掀起了深度学习的浪潮。与SRCNN不同，Wenzhe Shi等提出的ESPCN模型[4]引入一个亚像素卷积层，来间接实现图像的放大过程。这种做法极大降低了 SRCNN 的计算量,提高了重建效率。随后,Christian Ledig 等将生成对抗网络[5]引入了图像超分辨率重建领域,不再使用均方误差作为损失函数,解决了复原出的图像出现高频信息丢失的问题。由于 SRCNN 模型训练收敛太慢,最终效果准确率太低。Jiwon Kim 等改进了 SRCNN,提出的 VDSR 模型[6]加深了网络结构,采用残差学习的方法,显著提升了图像重建的效果。

图像超分辨率重建技术在现实生活中具有极其广泛的用途。通过超分辨率重建技术,可以起到增强图像和视频画质、改善图像和视频的质量,提升用户的视觉体验的作用。在医学成像领域,通过复原出的清晰医学影像,实现对病变细胞的精准探测,有助于医生对患者病情做出更好的诊断。公共场合的监控设备采集到的视频存在模糊、分辨率低等问题,利用超分辨率重建技术将会帮助工作人员得到更加清晰的视频,既能够协助平常的安全管理,又能够在发生案情时帮助警察办案。此外,超分辨率重建技术也应用于卫星图像分析、图像压缩等领域。

8.2 算法原理

本实验目标是将一张低分辨率图像重建成高分辨率图像,重建的过程就是学习到一种映射,这个过程分为 3 个步骤,如图 8.5 所示。

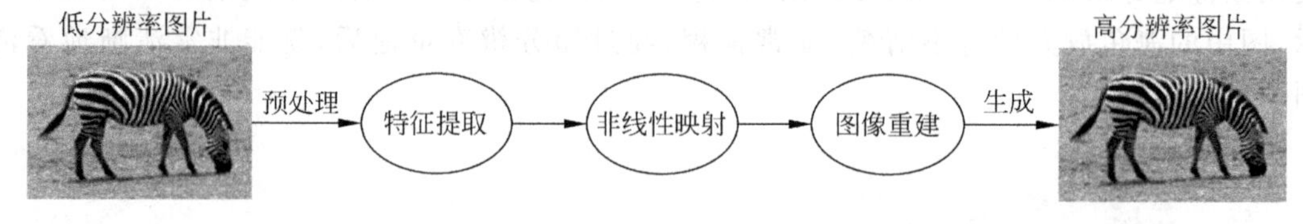

图 8.5 算法流程图

(1) 特征提取。使用卷积层将低分辨率图像表示为一些高维度的特征图,这些特征图包括一组衡量图像细节信息的特征。

(2) 非线性映射。非线性的将每个高维特征图映射到另一个低维特征图上,也就是将低分辨率图像的特征映射为高分辨率图像的特征,并进行降维操作。

(3) 图像重建。这个操作把特征图重新组合构建出最终的高分辨率图像,使得恢复出的高分辨率图像与真实的高分辨率图像在评价指标上尽可能相似。

根据深度学习模型通常的训练方式,采用卷积神经网络来实现图像超分辨率重建大致的步骤如下所述。

(1) 特征提取:对输入的低分辨率图像进行预处理,将处理后的图像送入神经网络,拟合图像中的非线性特征,提取代表图像细节的信息。

(2) 设计网络结构及损失函数:组合多个卷积层,搭建网络模型,并根据先验知识设计损失函数。

(3) 训练模型:确定优化器及学习参数,使用反向传播算法更新网络参数,通过最小化损失函数提高模型的学习能力。

(4) 验证模型:根据训练后的模型在验证集上的表现,对现有网络模型做出评估,并据此对模型做出相应的调整。

8.2.1　预处理

低分辨率图像由高分辨率图像下采样得到，使得高分辨率图像大小是低分辨率图像大小的 2 倍、3 倍或 4 倍，即下采样因子为 2、3 或 4。彩色图像有 RGB 三个通道，而这三个通道没法展现出图像分辨率变大后更清晰的效果。所以，本实验将 RGB 图像转换为 YCbCr 图像，选取其中的 Y 通道完成超分辨率重建，Cb、Cr 通道通过双三次插值来恢复细节信息，最后将重建的 YCbCr 图像转换为 RGB 图像并保存。Y 通道表示明亮度，由于人眼对颜色不敏感，而对光亮通道更加敏感，因此在超分辨率任务中，通常将 RGB 通道转换为 YCbCr 通道。

8.2.2　特征提取

为了描述图像的信息，都会把图像的一组特征从图像中提取出来，这时需要用到卷积层。图像中不同数据窗口的数据和卷积核作内积的操作叫做卷积。其计算过程又称为滤波，本质是提取图像不同频段的特征。

在图像恢复中一种比较流行的方法就是密集地提取图块，然后将它们表示为一组预训练的基础。这等价于用一组卷积核对图像进行卷积，每个卷积核就是一个基础。对于一个卷积核将其与给定的图像做卷积就可以提取一种图像的特征，不同的卷积核可以提取不同的图像特征。本实验的第一个卷积层的结构如图 8.6 所示。

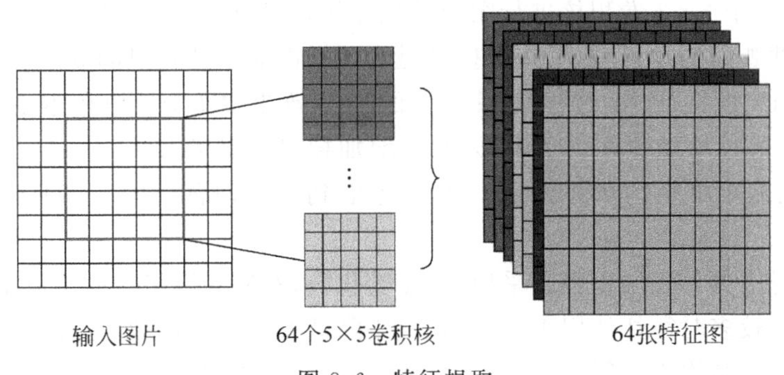

图 8.6　特征提取

模型输入的低分辨率图片只有 Y 通道，经过 64 个卷积核进行图像卷积之后，生成了 64 张特征图，每一张特征图包含了图片的特征信息，并且特征图的大小和输入的低分辨率图片的大小一样。为了有效提取图像特征，第一个卷积层的卷积核移动步长设置为 1。图像边缘的信息在不填充的时候要丢失，故本实验采用全 0 填充，5×5 卷积核对应的填充大小为 2。此外，第一个卷积层之后的激活函数采用 ReLU 函数，即修正线性单元。

这些初始化的卷积核会在反向传播的过程中，在迭代时被一次又一次更新，自适应地调整卷积核的值，从而得到最终的特征。

8.2.3　非线性映射

如果直接用特征提取之后的 64 张特征图来重建高分辨率图片，不会达到很好的效果，主要有以下两个原因：

(1) 卷积层数少，模型的非线性拟合能力低，即重建的图片与真实的高分辨率图片在评价指标上的准确率会很快就收敛到一个很低的值。

(2) 高分辨率图片相对于低分辨率图片来说，只是在细节信息上有差别。所以，重建时不需要那么多特征来构建高分辨率图片，太多的特征图反而使得重建的效果不理想。

因此，本实验使用非线性映射来进行降维，把 64 张特征图转换为 32 张特征图，具体操作流程如图 8.7 所示。

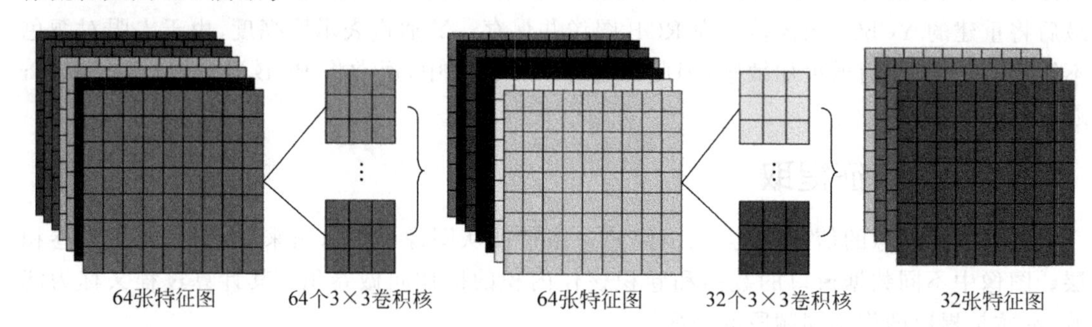

图 8.7　非线性映射

使用 64 个 3×3 卷积核对特征提取之后的 64 张特征图进行卷积运算，得到了 64 张特征图。其中，每个卷积核分别对 64 张特征图进行运算，得到的结果求和，再加上偏置，就生成了一张特征图。一般来说，卷积神经网络都会采用卷积核共享的原则。同理，生成的 64 张特征图经过 32 个 3×3 卷积核进行图像卷积操作，又生成了 32 张特征图。

整个非线性映射的过程中，第一个操作是为了提高非线性映射的效果。如果再把 32 张特征图映射为 16 张特征图，这样训练出来的模型效果更好，但是在本实验中不能这样做。那是因为，通过增加更多的卷积层可以增加模型非线性的能力，但是它增加了模型的复杂度，因此需要更多的训练时间。充分考虑到训练时间，本实验就不会使用太多的卷积层。

非线性映射中的卷积层也可以采用 1×1 卷积核，对应的网络结构可以不用更改。在卷积神经网络层数较多时往往使用 1×1 卷积核来降低特征图通道数，这样可以减少模型参数量。本实验的网络结构不是很复杂，就直接使用 3×3 卷积核。

8.2.4 图像重建

在相机成像的过程中，获得的图像数据是将图像进行了离散化的处理，由于感光元件本身的能力限制，到成像面上每个像素只代表附近的颜色。例如两个感光元件上的像素之间有 4.5μm 的间距，宏观上它们是连在一起的，微观上它们之间还有无数微小的东西存在，这些存在于两个实际物理像素之间的像素，就被称为“亚像素”。亚像素实际上应该是存在的，只是缺少更小的传感器将其检测出来，因此只能在软件上将其近似计算出来。亚像素可以图 8.8 表示，每 4 个方块围成的矩形区域为实际元件上的像素点，圆点为亚像素点。

根据相邻两像素之间插值情况的不同，可以调整亚像素的精度。例如精度为四分之一，就是将每个像素从横向和纵向上当做 4 个像素点，也就是图 8.8 中的方块之间有 3 个圆点。这样通过亚像素插值的方法可以实现从小矩形到大矩形的映射，增加图像的像素点，从而提高图像分辨率。

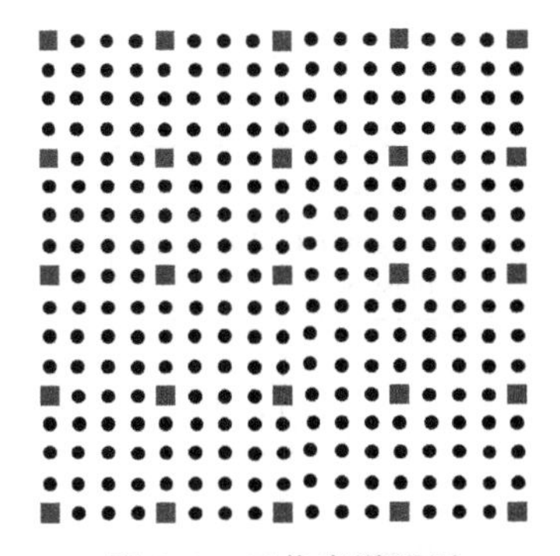

图 8.8　亚像素说明图

基于上述操作，本实验中使用像素排列的方式获得高分辨率图像。像素排列就是通过亚像素插值的方式，实现从低分辨率图像到高分辨率图像的重构，具体过程如图 8.9 所示。通过将多通道特征图上的单个像素组合成一个特征图上的矩形单位即可，每个特征图上的像素就相当于新的特征图上的亚像素了。图像重建包含两个过程，一个普通的卷积层和后面的像素排列的步骤。如果选择放大因子为 r，即重建得到的高分辨率图像的宽度和高度都是低分辨率图像的 r 倍，则整个卷积神经网络最后一个卷积层输出 r^2 张特征图。那是因为，按照像素排列的规则，取出每张特征图上的一个像素点组合成一个 $r\times r$ 大小的亚像素矩形单位，这样总的像素个数就与要得到的高分辨率图像一致。注意，这 r^2 张特征图的大小与最终得到的高分辨率图像大小一样。

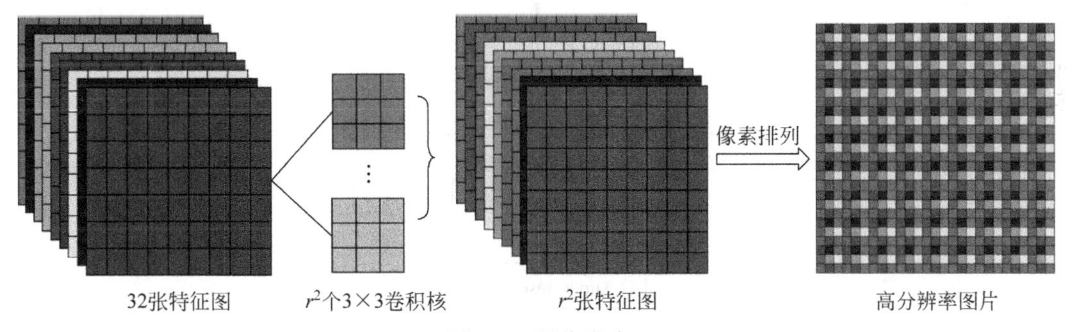

图 8.9　图像重建

这是一种采样的反思想，如果把一张高分辨率图像按照像素分成很多个 $r\times r$ 的小矩形，每个小矩形采样一个像素点，排列之后就会得到 r^2 张低分辨率的图像。于是，通过卷积神经网络来获得 r^2 张符合分布的低分辨率图像，那么就可以组成一张高分辨率图像。

8.2.5　网络结构介绍

本实验实现图像超分辨率重建的算法分为图像预处理、特征提取、非线性映射和图像重建这四个步骤，搭建的卷积神经网络整体结构如图 8.10 所示。其中 Conv2d 表示卷积层，weight 和 bias 分别表示卷积核的权重和偏置。本实验采用 ReLU 激活函数，通过 PixelShuffle 函数实现像素排列。输入数据是低分辨率的图像，输出的是高分辨率的图像，即图像会被放大几倍。训练过程中，损失函数选择交叉熵损失函数，梯度下降采用 Adam 优化器。

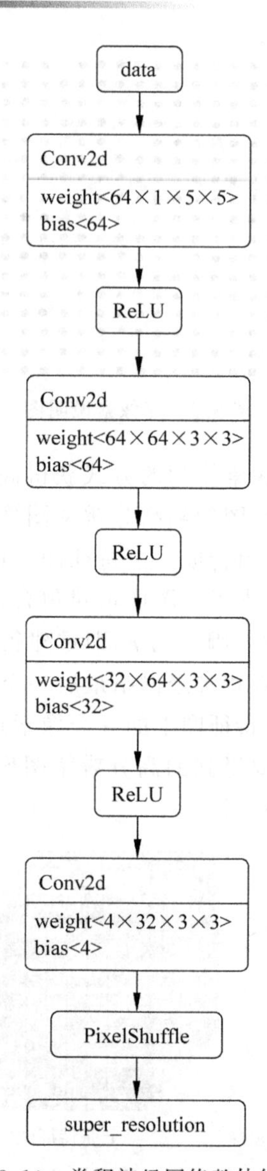

图 8.10 卷积神经网络整体结构

8.3 实验操作

8.3.1 代码介绍

1. 实验环境

图像超分辨率实验环境如表 8.1 所示。

表 8.1 实验环境

条　件	环　境
操作系统	Ubuntu 16.04
开发语言	Python 3.6

续表

条 件	环 境
深度学习框架	Pytorch 1.2
相关库	Torchvision 0.4.2 NumPy 1.17.3 Pillow 6.2.1

2. 实验代码下载地址

扫描二维码下载实验代码。

3. 代码文件目录结构

代码文件目录结构如下：

```
super-resolution
├── data.py
├── dataset
├── dataset.py
├── main.py
├── model.py
├── super_resolve.py
└── README.md
```

上述是直接下载之后得到的文件目录，工程名字为 super-resolution。其中，dataset 文件夹用于存放数据集，README.md 是工程说明文件。几个.py 文件为接下来要用于操作的 Python 代码文件：

(1) data.py 文件用于图像预处理，把数据集中的图像剪裁成相同的尺寸。

(2) dataset.py 文件中定义了一个数据加载的类，并把 RGB 图像转换为 YCbCr 图像，这样数据中所有图片就能传入卷积神经网络进行训练。

(3) main.py 文件为该代码的主要操作部分，也是本实验直接运行的文件。文件里面包含具体的训练、测试、可视化、模型储存等部分，需要传入参数。

(4) model.py 文件中定义了卷积神经网络的结构，以及相关参数的初始化。

(5) super_resolve.py 文件加载训练好的模型文件，把一张低分辨率图像转换为高分辨率图像。

8.3.2 数据集介绍

本实验使用公开的 BSDS300 数据集[7]，该数据集可以用于图像分割，也可以用于图像超分辨率重建。BSDS300 数据集下载地址为：https://www2.eecs.berkeley.edu/Research/Projects/CS/vision/bsds/。

压缩包解压之后，文件中的 images 文件夹是图像数据集，iids_test 和 iids_train 两个文档内容为测试集和训练集的图像编号。BSDS300 数据集一共有 200 张训练图像和 100 张测试图像，部分样本图像如图 8.11 所示。

图 8.11 数据集部分图像展示

8.3.3 实验操作及结果

先下载代码文件并解压，再下载数据集，解压之后放到 dataset 文件夹。运行 main.py 文件就能训练模型，需要传入的相关参数如表 8.2 所示。

表 8.2 实验参数

参数	参数说明
upscale_factor	上采样因子，即图像放大倍数
batchSize	批大小，即每次传入模型的样本数量
nEpochs	训练次数
lr	学习率
input_image	输入图片路径
model	训练保存的模型
out_filename	输出图片路径

本实验参数的设置如下：

upscale_factor = 4, batchSize = 8, nEpochs = 30, lr = 0.001

所有参数可以根据个人需要选择性修改，在 Ubuntu 的终端里面直接运行下面命令行开始训练模型：

```
$ python main.py --upscale_factor 4 --batchSize 8 --nEpochs 30 --lr 0.001
```

峰值信噪比（PSNR）是一种经常用作图像恢复等领域中信号重建质量的测量方法，本实验采用峰值信噪比来评估图像超分辨率重建的效果，即在 100 张测试图像上计算出峰值信噪比的均值。训练模型时需要可视化训练误差和峰值信噪比，第 30 次训练的结果如图 8.12 所示。

```
===> Epoch[30](1/25): Loss: 0.0044
===> Epoch[30](2/25): Loss: 0.0068
===> Epoch[30](3/25): Loss: 0.0054
===> Epoch[30](4/25): Loss: 0.0052
===> Epoch[30](5/25): Loss: 0.0053
===> Epoch[30](6/25): Loss: 0.0041
===> Epoch[30](7/25): Loss: 0.0054
===> Epoch[30](8/25): Loss: 0.0053
===> Epoch[30](9/25): Loss: 0.0044
===> Epoch[30](10/25): Loss: 0.0041
===> Epoch[30](11/25): Loss: 0.0046
===> Epoch[30](12/25): Loss: 0.0049
===> Epoch[30](13/25): Loss: 0.0039
===> Epoch[30](14/25): Loss: 0.0028
===> Epoch[30](15/25): Loss: 0.0042
===> Epoch[30](16/25): Loss: 0.0037
===> Epoch[30](17/25): Loss: 0.0035
===> Epoch[30](18/25): Loss: 0.0038
===> Epoch[30](19/25): Loss: 0.0043
===> Epoch[30](20/25): Loss: 0.0062
===> Epoch[30](21/25): Loss: 0.0033
===> Epoch[30](22/25): Loss: 0.0038
===> Epoch[30](23/25): Loss: 0.0049
===> Epoch[30](24/25): Loss: 0.0031
===> Epoch[30](25/25): Loss: 0.0028
===> Epoch 30 Complete: Avg. Loss: 0.0044
===> Avg. PSNR: 23.1770 dB
Checkpoint saved to model_epoch_30.pth
```

图 8.12 模型训练的结果

本实验训练图像一共 200 张，批大小设置为 8，所以每次训练时计算 25 次损失函数的值。图 8.12 显示了第 30 次训练时每一个批次的训练损失值，以及模型在测试图像上的峰值信噪比，训练完成后保存模型为 model_epoch_30. pth 文件。

训练结束后，运行 super_resolve. py 文件实现图像超分辨率重建。输入的低分辨率图片选择 sample. png，保存的模型选择 model_epoch_30. pth 文件，输出的高分辨率图片保存为 out. png。所以，在 Ubuntu 的终端里面直接运行以下命令行：

```
$ python super_resolve.py --input_image sample.png --model model_epoch_30.pth
--output_filename out.png
```

图像超分辨率重建的效果如图 8.13 所示。如果直接对比原图和生成的高分辨率图像，只能看出高分辨率图像大小是原图大小的 4 倍，不能直观感受到图像分辨率增大了。所以，分别从原图和高分辨率图像中相同位置截取一个图块，就能发现高分辨率图像比原图清晰得多。

(a) 原图

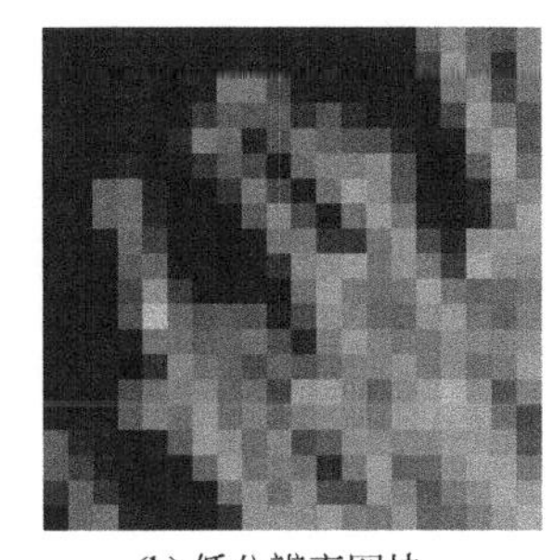

(b) 低分辨率图块

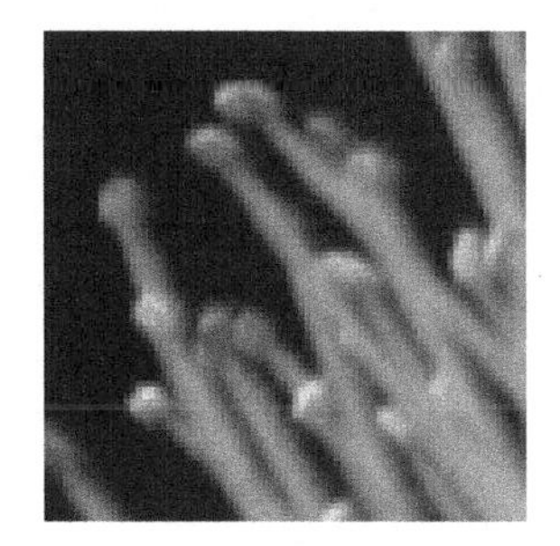

(c) 高分辨率图块

图 8.13 图像超分辨率重建效果

8.4 总结与展望

本实验使用卷积神经网络来实现图像超分辨率重建，重建出来的高分辨率图像质量非常好。但是，受限于GPU计算能力，更多的训练次数能带来更好的图像重建效果。由于搭建的网络结构比较简单，训练的模型在评价指标上不如当前比较先进的图像超分辨率重建算法。所以，读者可以考虑使用更复杂的卷积神经网络来获得更好的效果(例如残差网络等)，或者换一种网络结构(例如生成对抗网络等)。除了图像之外，不清晰的视频，也可以使用超分辨率重建算法来获得高分辨率的视频，对于视频超分辨率的相关算法，感兴趣的读者可以自己去探索。

8.5 参考文献

[1] Capel D, Zisserman A. Computer vision applied to super resolution[J]. IEEE Signal Proxessing Magazine, 2003, 20(3): 75-86.

[2] Katartzis A, Petrou M. Current trends in super-resolution image reconstruction. Image Fusion: Algorithms and Applications[M]. New York: Academic Press, 2008.

[3] C. Dong, C. C. Loy, K. He, and X. Tang. Learning a deep Convolutional network for image super-resolution[C]//European Conference on Computer Vision (ECCV). Springer, 2014.

[4] Shi W, Caballero J, Huszár F, et al. Real-time single image and video super-resolution using an efficient sub-pixel convolutional neural network[C]// Proceedings of the IEEE Conference on Computer Vision and Pattern Recognition, 2016: 1874-1883.

[5] Ledig C, Theis L, Huszár F, et al. Photo-realistic single image super-resolution using a generative adversarial network[C]// Proceedings of the IEEE Conference on Computer Vision and Pattern Recognition, 2017: 4681-4690.

[6] Kim J, Kwon Lee J, Mu Lee K. Accurate image super-resolution using very deep convolutional networks[C]//Proceedings of the IEEE Conference on Computer Vision and Pattern Recognition, 2016: 1646-1654.

[7] D. Martin, C. Fowlkes, D. Tal, and J. Malik. A database of human segmented natural images and its application to evaluating segmentation algorithms and measuring ecological statistics[C]// IEEE International Conference on Computer Vision, IEEE, 2001: 416-423.

第9章 视频目标跟踪

CHAPTER 9

终于等到了假期，不幸的是小明在旅游时却被人偷走了钱包，于是他来到警察局报警寻求警察的帮助，警察调取监控录像为他寻找嫌疑犯，只见嫌疑人以熟练的手法顺走小明的钱包，然后以"迅雷不及掩耳之势"钻进了人群，警察同志们目不转睛地盯着监控中嫌犯的位置，即使集中注意力地锁定目标，但街道的人流量太大，他们跟丢了目标。

小明不禁感慨：在《哈利波特》中可以通过"踪丝"来知晓未成年的巫师身处何地；在《星际迷航》中，导弹都可以紧紧"咬住"目标，或者通过"定位系统"立马锁定到目标，那么生活中是否可以像电影那样实现目标跟踪呢？艺术源于生活并高于生活，答案是肯定的，虽然目前还并不能像科幻片中那样精准迅速地定位到目标，但已经可以实现采用计算机辅助人们进行视频目标跟踪，如图9.1所示。

图9.1　目标跟踪示意图

9.1 背景介绍

随着计算机软硬件技术的发展以及政策的支持，人工智能成为最热门的话题，而计算机视觉是人工智能领域最热门的课题之一，视频目标跟踪则是它的一个研究方向。计算机视觉的研究目标是让计算机像人类一样进行看和思考并做出判断，或者辅助人类对周围环境进行感知和理解。视频目标跟踪主要是实现对目标进行检测及跟踪，基于此功能还可以进行目标识别、行为分析等处理。根据跟踪目标数量的多少可以将视频目标跟踪分为多目标跟踪和单一目标跟踪。

目标跟踪算法是从传统的机器学习发展到现在的基于神经网络的深度学习的一种算法。从分类上来说分为生成(Generative)模型方法和判别(Discriminative)模型方法，生成类方法是在当前帧对目标区域建模，下一帧寻找与模型最相似的区域作为预测的位置。判别类方法是计算机视觉中的经典套路——图像特征＋机器学习，当前帧以目标区域为正样本，背景区域为负样本，机器学习方法训练分类器，下一帧用训练好的分类器找最优区域。目前比较流行的是判别类方法，也叫检测跟踪(Tracking-by-detection)。

早在20世纪50年代初期，GAC公司就为美国海军研制开发了自动地形识别跟踪系统[1]，早期的经典算法都是生成式的算法，常见的跟踪算法有mean shift[2]、粒子滤波[3]、卡尔曼滤波[4]以及基于特征点的光流算法。而在目标跟踪的过程中，经常会有目标特征与背景相似的情况出现，为解决这个问题，Avidan[5]提出了基于判别式的目标跟踪算法(也叫检测跟踪)。典型的基于检测的目标跟踪算法包括基于支持向量机(Support Vector Machine, SVM)[6]的算法，基于随机森林分类器[7]的算法和基于boosting[8]的算法。

2010年，Bolme提出了误差最小平方和滤波器(MOSSE)[9]，相关滤波开始应用于目标跟踪领域，很快就得到了广泛运用。自从MOSSE方法提出后，大量的相关滤波方法也相继提出。2012年AlexNet[10]问世以后，计算机视觉各个领域都有了巨大变化，2013年以来，深度学习开始用于目标跟踪[11]，由王乃岩提出的DLT[12]是第一个将神经网络用于目标跟踪任务上的算法，它是一种检测与跟踪结合的算法。Henriques在2014年又提出了一种采用相关滤波方法将核函数引入到跟踪器中的KCF[13]算法，在当时获得了极大的关注。最近几年的VOT (Visual Object Tracking)竞赛中，相关滤波加深度特征的方法取得了先进的表现，也是目前最热门以及性能最好的两种方法。例如VOT2015年的冠军MDNet[14]，以及VOT2016年的冠军TCNN[15]，速度方面比较突出的SiamFC[16]，它能达到80FPS。商汤科技团队推出的SiamRPN[17]算法获得了VOT2018年的冠军，DaSiamRPN[18]算法基于SiamRPN(短期跟踪)算法改进后的成果。该团队在2019年又推出了SiamRPN++[19]和SiamMask[20]算法，SiamMask将视频语义分割应用到目标跟踪中来，因为多任务所以学到的特征泛化性更强。目前，实现了最先进的单一对象跟踪算法的目标跟踪库PySOT就包括了SiamFC、SiamRPN、DaSiamRPN、SiamRPN++、SiamMask算法。

视频目标跟踪可用于安全场合智能监控方面，例如银行、火车站、商场、酒店、停车场等对安全性要求较高的场所，这种场所通常流量大、情况复杂，人眼不便于判断，此时，视频目标跟踪就可以发挥作用。它可以实时检测和跟踪复杂的真实场景中的目标，并对感兴趣目标的行为进行记录，再将采集到的目标活动数据通过计算机分析，产生对目标活动状态的理解，从而向监控人员提供简洁有效的目标监控信息，辅助监管人员提前预知危险，或者第一时间获得危险信息，能够大限度地保证人员以及财产安全，大量节省人力物力资源。

除了上述应用外，视频目标跟踪还有着更大的应用范围和广阔的前景。目前最关心的，或者说最具有迫切需求的是各种生活环境中的监控。这使得视频目标跟踪在视频图像处理这个领域占据极其重要的地位。

9.2 算法原理

本次的实验采用商汤的开源目标跟踪库PySOT中SiamRPN++算法，内容包括训练模型和使用模型进行测试两部分，由于训练模型需要时间较长，可以先使用预训练好的模型进行实验，模型测试实验中，输入的是目标在第一帧的位置信息和整段视频，输出为该目标在接下来的视频中的位置，也就是说，在接下来的每一帧中使用矩形框框出该物体。基于该算法进行目标跟踪的整个流程如图 9.2 所示，该算法对第一帧图像标记的模板进行特征提取，然后将得到的特征图作为卷积核用到接下来每一帧的检测和回归分支中进行相关操作（图中★操作），在分类分支中进行前景（目标）和背景的分类，在回归分支中得出建议的候选框（可能是目标的候选框圈出的区域），最后综合两个分支的结果选出拟合度最佳的目标区域。

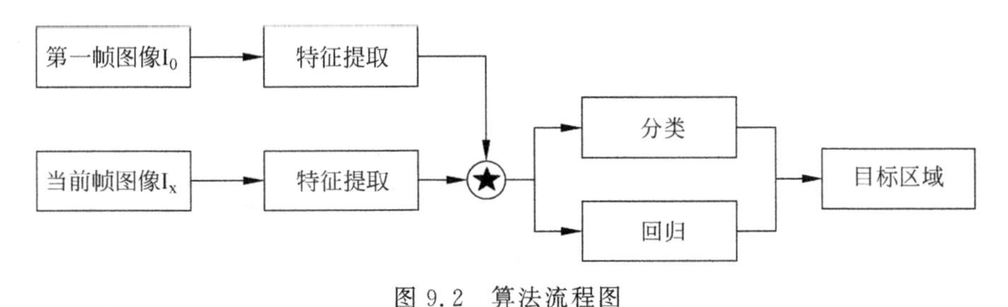

图 9.2 算法流程图

在背景中提到过目标跟踪库 PySOT 包括了 SiamFC、SiamRPN、DaSiamRPN、SiamRPN＋＋、SiamMask 算法。本次实验使用的是 SiamRPN＋＋算法，所以在本节将介绍其中的 SiamRPN 和 SiamRPN＋＋两种算法。

9.2.1 基础知识

读者看到这个名字可能会有三个疑惑，什么是 Siam，什么是 RPN，为什么要加上＋＋呢？在本小节中，将会为大家解答这些疑惑，并且扩充一些相关基础知识。

1. 孪生神经网络

Siam 其实是 Siamese（孪生）的简写，表示使用孪生神经网络（Siamese Network），听到孪生神经网络这个名字，你是否也一下子就联想到了孪生兄弟，没错，该网络其上下支路的网络结构和参数完全相同，也就是“双胞胎”。为什么要使用孪生神经网络，或者说孪生神经网络是干什么用的呢？孪生神经网络最初是用来对比两个图像的相似度的，输入两个图像，经过孪生网络后，输出一个得分来表示两者的相似度。那为什么进行视频目标跟踪需要用到它呢？首先你得明白，框住的这个对象你的分类模型未必认识，比如一个异型物体，你根本找不到跟这个物体有关的训练集。所以，采用对两张图片进行相似度对比的方法来跟踪目标。

2. 区域建议网络

RPN（Region Proposal Network）是区域建议网络的简写，讲的 RPN 是首次在 Faster-RCNN[21] 中提出的 RPN，用于目标检测。分为两个支路，一个支路的作用是分类前景和背景，另一个支路是用来微调候选区域的回归分支。

3. AlexNet 网络

如图 9.3 所示，AlexNet 首次在 CNN 中成功应用了 ReLU、Dropout 和局部响应归一化（LRN）等。同时使用了 GPU 进行运算加速。详细介绍如下。

（1）使用 ReLU 作为 CNN 的激活函数。

（2）训练时使用 Dropout 随机忽略部分神经元，避免模型过拟合。

（3）在 CNN 中使用重叠的最大池化。

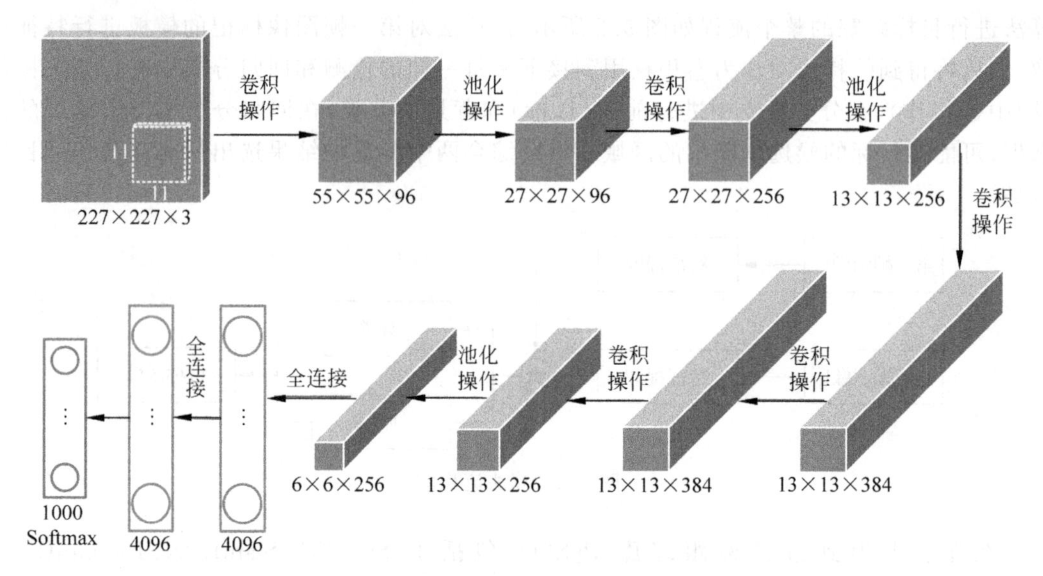

图 9.3 AlexNet 模型结构图

(4) 提出了 LRN 层,对局部神经元的活动创建竞争机制,使得其中响应比较大的值变得相对更大,并抑制其他反馈较小的神经元,增强了模型的泛化能力。

(5) 使用 CUDA 加速深度卷积网络的训练,利用 GPU 强大的并行计算能力,处理神经网络训练时大量的矩阵运算。

(6) 数据增强,随机地从 256×256 的原始图像中截取 224×224 大小的区域(以及水平翻转的镜像),相当于增加了 $2\times(256-224)^2=2048$ 倍的数据量。

4. 锚点(anchor)

特征图中每个点映射到原图中的一块区域,该区域的中心点即为锚点。

5. 锚点框(anchor box)

以锚点为中心,长宽比例不同的矩形框,用来圈出待检测帧中目标物体所处的候选区域。

6. 互相关操作

互相关操作可以看做是卷积核翻转 180 度后的一种卷积操作。

7. 平移不变性

在欧几里得几何中,平移是一种几何变换,表示把一幅图像或一个空间中的每一个点在相同方向移动相同距离,不变性就是图片没有产生变化。举例来讲,手写体识别实验就是将图片向左侧或右侧平移后,分类器仍然能够精确地将其分类为相同的数字。

++表示是在 SiamRPN 网络的基础上改进的网络。下面详细讲解一下 SiamRPN 从而引入 SiamRPN++。

9.2.2 SiamRPN 模型介绍

SiamRPN 是基于 SiamFC 算法,引入了 Faster-RCNN 中的 RPN 模块,让跟踪器(tracker)可以回归位置、形状,使得速度加快并进一步提高性能。SiamRPN 的网络模型图如图 9.4 所示。

此网络训练部分由孪生神经网络(siamese network)和区域建议网络(region proposal

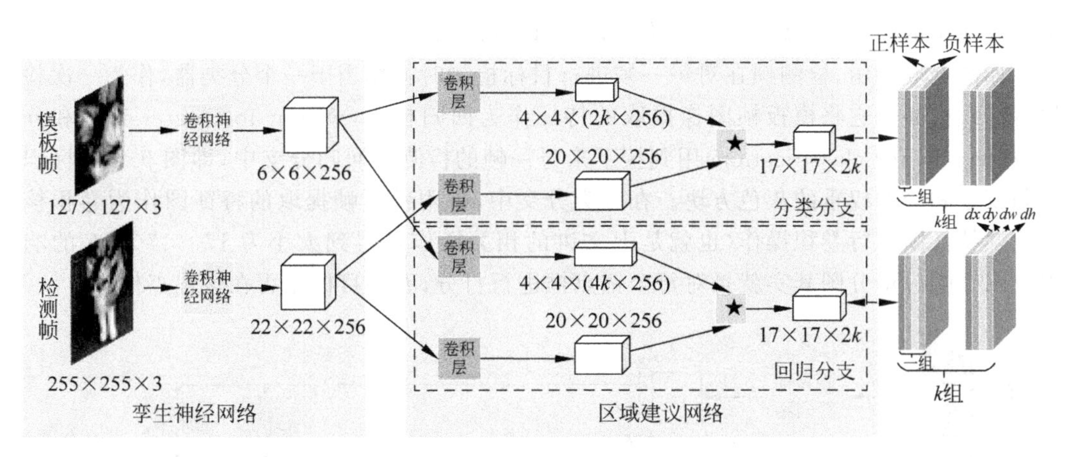

图 9.4 SiamRPN 的网络模型图

network)两部分组成。前者用来提取模板帧和检测帧的特征，后者用来产生目标所在的候选区域，整个网络实现了不做其他额外处理，从原始数据输入到目标跟踪结果输出，整个训练和预测过程，都是在模型里完成的端到端的训练。

如图 9.4 所示，在孪生神经网络中上分支输入的是目标在第一帧的边界框(bounding box)，即模板帧，靠此信息检测候选区域中的目标。下分支输入的是待检测帧中的搜索区域，即是将上一帧目标的边界框扩充后对应的在当前帧的区域。显然，待检测帧的搜索区域比模板帧的区域要大，这就好像双胞胎也有身高的区别一样。它使用的基础网络是无填充的 AlexNet 网络模型。

区域生成网络又分为两部分，如图 9.4 所示，上面是分类支路，下面是边界框回归支路。在分类支路中，模板帧和检测帧经过孪生网络后提取的特征再分别经过一个卷积层进行维度的提升，模板帧特征大小变为 $4\times4\times(2k\times256)$，检测帧特征大小变为 $20\times20\times256$，其中 k 是锚点框(anchor box)的数量。要将待检测帧中 k 个锚点框分为目标和背景两类，所以 RPN 分类分支最终生成的特征图为 $2k$ 个通道；而对于每一个锚点框都需要 4 个来描述它的位置的参数，即$[dx,dy,dw,dh]$(x、y 为位置，w、h 为大小)，用来表示这个锚点框与真实目标所处的框的相对位置。然后将模板帧的特征图和检测帧的特征图进行互相关操作。聪明的你一定发现了，在分类分支中，进行互相关操作的两个特征图的通道数是不同的，一个是 $2k\times256$ 而另一个是 256，那么它们是如何进行互相关操作的呢？答案是进行分组！将 $4\times4\times(2k\times256)$的模板帧特征图拆成 $2k$ 个 $4\times4\times256$ 的特征图，每 2 个作为一组。将 $2k$ 个模板帧特征图作为卷积核分别与检测帧的特征图做卷积操作，得到 $17\times17\times2k$ 的输出。这是本模型中最核心的操作。回归支路也是同理，兹不赘述。接下来看看具体是如何进行目标检测以及跟踪的。

只在第一帧圈出了目标的位置，要求从剩余视频的每一帧中找出目标位置。那么相当于只有一张训练图片用来提取特征，只提供一个或者少量训练样本的情况下该如何检测？SiamRPN 采取的办法是使用单样本检测(One-shot detection)，它是第一次将单样本检测策略用在跟踪任务中并取得较高的精度。对于一个类别，又只有少量训练样本，那么解决方法是让模型学习，从而得到一个相似性函数，这样模型输出的是两幅图像的相似度值而不是类别。最常见的例子就是人脸检测，只知道本次采集的人脸图片上的信息，用这些信息来匹配人脸库中的图片，这就是单样本检测，也可以称之为一次学习。

如图 9.5 所示，检测帧在对每一帧进行目标检测时就相当于一个分类器，作为一次检测执行在线推断。它将模板帧图像提取的特征作为回归权重(weight for regression)和分类权重(weight for classification)用到接下来每一帧的检测和回归分支中，即图 9.5 中标识有回归权重和分类权重的灰色方块。在分类分支中，将用模板帧提取的特征图作为卷积核与检测帧特征图进行卷积操作(也就是上文讲的相关操作)，得到大小为 $17\times17\times2k$ 的响应得分图。响应得分图其实就是对每个锚点框进行打分，看看目标是否在该锚点框内。

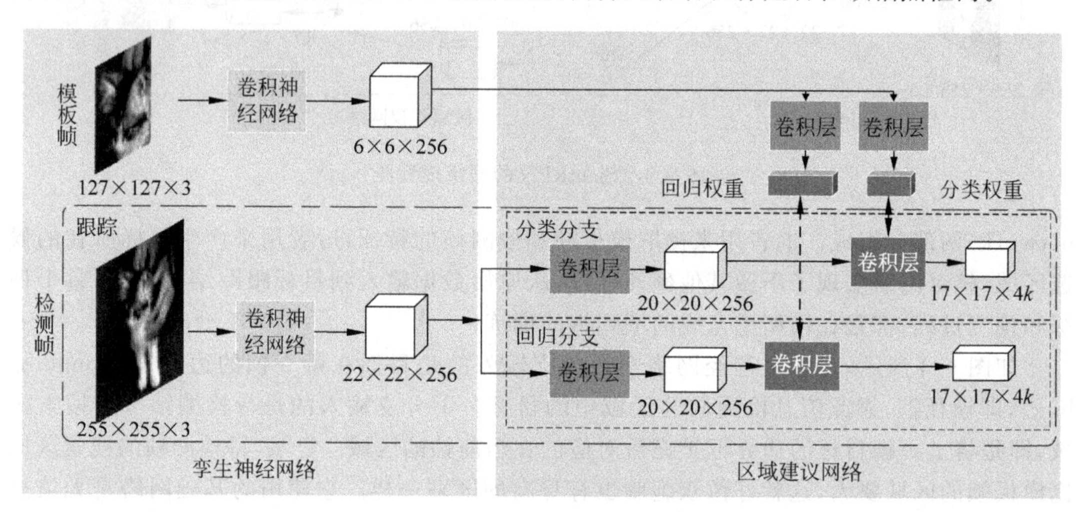

图 9.5 SiamRPN 目标跟踪具体模型

回归分支同理使用了模板帧提取的特征图作为卷积核，得到 $17\times17\times4k$ 的特征图。由于在一开始把目标框的大小预设定好了，不会随物体的变大变小而变动，所以需要回归网络来调整锚点框的位置(x,y)和大小(w,h)。经过这一系列正向传播之后，获得了最好的 K 个建议区域的边界框。对于这么多推荐的区域要选择一个最棒的作为最后的输出，所以利用余弦窗口(cosine window)和尺度变化惩罚(scale change penalty)对最好的 k 个建议区域框重新排序，然后使用非极大值抑制(Non-maximum suppression，NMS)[22]法选出最终的边界框，最后对筛选出的边界框用线性插值(linear interpolation)方法更新目标大小，以保持形状的平滑变化。

9.2.3 SiamRPN++网络结构

SiamRPN++是 SiamRPN 的增强版，它在以下方面进行了升级：

(1) 将 ResNet 这样的深层网络引入孪生网络。

(2) 多层特征聚合。

(3) 深度互相关操作(Depth-wise correlation)。

SiamRPN 的孪生网络采用的是 AlexNet 网络模型，是浅层网络模型。但是通过分析孪生神经网络训练过程，发现孪生网络直接使用现代化深度神经网络会引入位置偏置，不具有严格的平移不变性。并且 RPN 需要不对称的特征来进行分类和回归，因此需要将深度网络提取的特征通过两个不共享的卷积层来编码这种非对称性。为了缓解深度网络不具有严格平移不变性的问题，让深层网络能够在跟踪时提升性能，SiamRPN++在训练过程中加入位置均衡的采样策略——空间感知采样策略(本质上是一种数据增强方式)，该策略的原理是当正样本放在图像中心时，会使网络只对中心产生响应，不利于移动中的目标检测。因此在训练过程中，不再把正样本块放在图像正中心，而是按照均匀分布的采样方式让目标在中心点附近进行偏移。基于这样的策略，SiamRPN++成功地训练了一个具有显著性能提升的基于ResNet网络的孪生跟踪器，也就是第一个升级装备。

SiamRPN++网络结构主要如图9.6所示，首先将目标图像和搜索图像分别输入孪生网络的两端，经过50层ResNet网络(此网络经过了细微调整)分别对它们进行特征提取，并且将标注的三层特征图输入到Siamese RPN网络中进行目标检测，然后将3个结果进行融合，输出目标被标注的图像。这就是SiamRPN++第二个升级装备——利用了多层特征聚合。浅层特征具有更多的细节信息，而深层网络具有更多的语义信息，将多层融合起来以后，可以兼顾细节和深层语义信息，从而进一步提升性能。

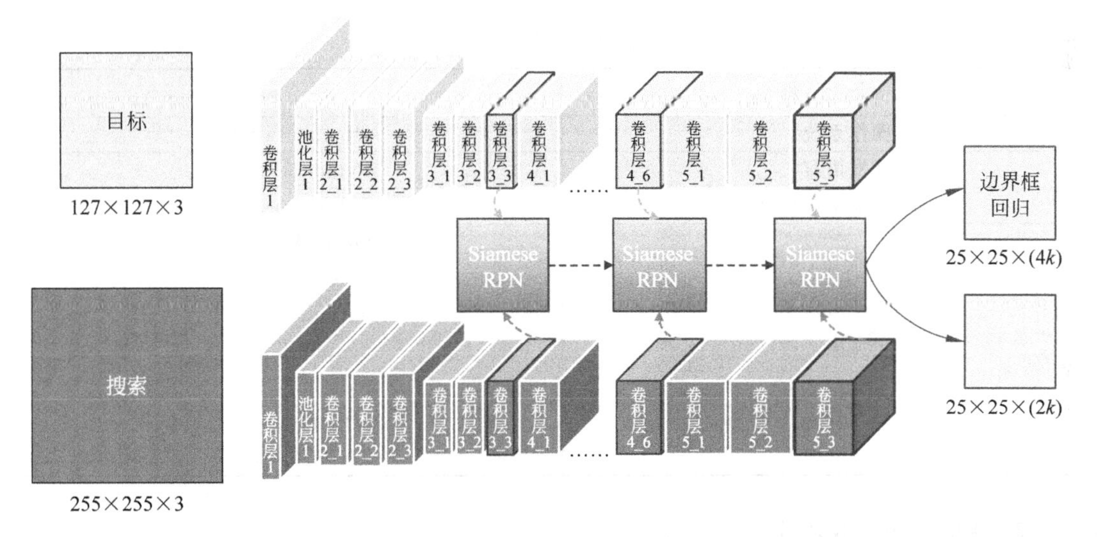

图9.6 SiamRPN++网络结构图

最后一个升级装备是使用深度互相关操作。将SiamRPN中的互相关操作替换为深度互相关操作，如图9.7所示，模板帧的特征图与检测帧的特征图逐通道进行相关操作，直接得到特征图，这个特征图预测了一个模板帧和一个检测帧之间的相关特征。首先，这个替换

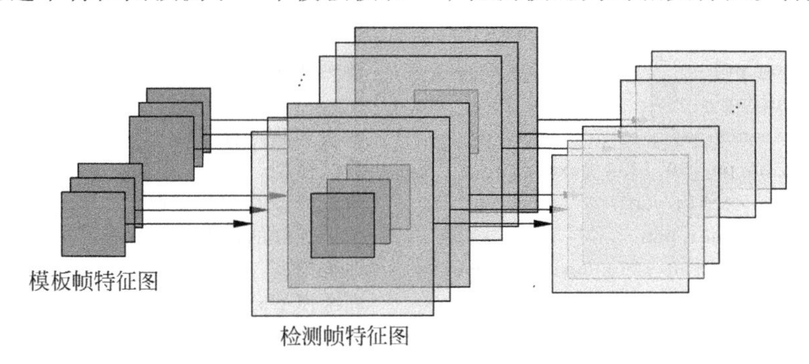

图9.7 深度互相关操作图

带来的最大收益就是参数量显著下降,仅为之前的互相关操作参数数量的1/10,因为不再需要将模板帧的特征图分为 $2k$ 个卷积核,所以 RPN 可直接生成256通道的模板帧特征图然后逐通道与检测帧特征图进行卷积即可。其次,这个替换平衡 Siamese 网络与 RPN 网络的参数,从而使整体网络在训练时更加稳定。

本节主要介绍了 SiamRPN 和基于该算法优化后的 SiamRPN++算法的实现原理。在接下来的实验部分将运用 SiamRPN++来进行的模型训练操作。

9.3 实验操作

9.3.1 代码介绍

1. 实验环境

视频目标跟踪实验环境如表9.1所示。

表9.1 实验环境

条　　件	环　　境
操作系统	Ubuntu 16.04
开发语言	Python 3.7
深度学习框架	Pytorch 0.4.1
相关库	OpenCV yacs pyyaml matplotlib tqdm cython TensorboardX

2. 实验代码下载地址

扫描二维码下载实验代码。

3. 代码文件目录结构

代码文件目录结构如下:

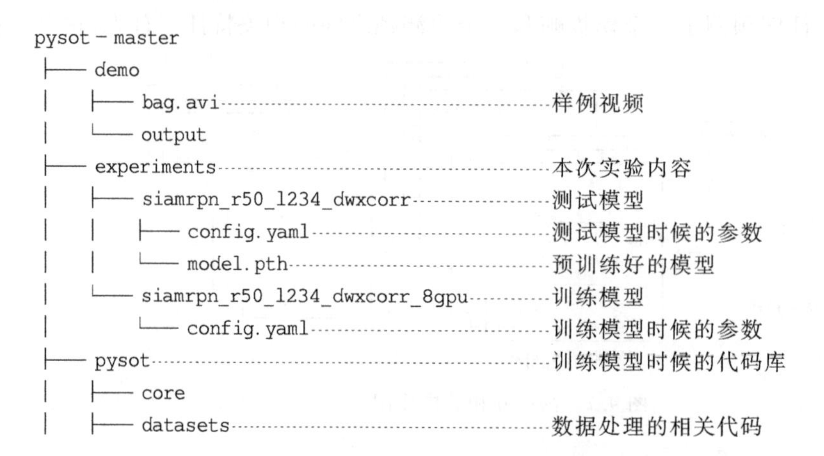

```
pysot-master
├── demo
│   ├── bag.avi································样例视频
│   └── output
├── experiments································本次实验内容
│   ├── siamrpn_r50_l234_dwxcorr···············测试模型
│   │   ├── config.yaml························测试模型时候的参数
│   │   └── model.pth··························预训练好的模型
│   └── siamrpn_r50_l234_dwxcorr_8gpu··········训练模型
│       └── config.yaml························训练模型时候的参数
├── pysot······································训练模型时候的代码库
│   ├── core
│   ├── datasets·······························数据处理的相关代码
```

```
|    ├── __init__.py
|    ├── models·····························网络模型的相关代码
|    ├── tracker····························模型的跟踪器
|    └── utils······························工具类
├── setup.py································用于建立扩展
├── toolkit·································工具包
|    ├── datasets···························处理数据集的工具
|    ├── __init__.py
|    ├── utils······························工具类
|    └── visualization······················可视化工具
├── tools···································本次实验用到的主程序
|    ├── demo.py····························测试模型时运行的文件
|    └── train.py···························训练模型时运行的文件
└── training_dataset························训练模型时需要的数据集
     └── coco·······························COCO 数据集及相关工具包
```

9.3.2 数据集介绍

数据集分为训练集、验证集和测试集，训练集是在训练阶段使用，可以调整模型参数，使模型能更好地工作。验证集的作用是调整通过训练集建立的模型的超参数，例如神经元的数量、迭代的次数、序列长度等。测试集就是用来测试模型好坏的数据集合。如果把训练集比作教材例题习题，同学们可以不断学习提升自己的能力；那么验证集就是模拟考试，查看知识点掌握得如何，并继续提高自己的水平；而测试集就是高考，检测你的知识掌握程度。在本次实验中，训练集用到的是 COCO 数据集，没有用到验证集，测试推荐使用 VOT 数据集。

VOT 数据集产生于 VOT 挑战，VOT 挑战由 Open Challenges 组织，为跟踪社区提供了一种精确定义和可重复的方式来比较短期跟踪器和长期跟踪器，并为讨论视觉跟踪领域的评估和进展提供了一个共同的平台。挑战的目标是建立一个相当基准的存储库，并组织研讨会或类似活动，以推动视觉跟踪研究。

VOT 数据集都是彩色序列，这也是造成很多颜色特征算法性能差异的原因；VOT 库的序列分辨率普遍较高，序列都是精细标注，VOT 提出，应该对每一个序列以及序列中的每一帧都标注出该序列的视觉属性(visual attributes)，VOT2013 共提出了 6 种视觉属性：相机移动(camera motion，即抖动模糊)、光照变化(illumination change)、目标尺寸变化(object size change)、目标动作变化(object motion change，和相机抖动表现形式类似，都是模糊)、未退化(non-degraded)。

如图 9.8 所示，VOT2019 数据集包含一个 sequence 文件夹和一个 JSON 格式的标签文件，sequence 文件夹下包含 60 个视频序列，每一个视频序列有许多彩色的图片，它是视频序列的每一帧，每一帧都有精确的标注。

需要下载的是 COCO2017 版本的 train(训练集)、val(验证集)和 annotations(标签文件)。

COCO 数据集下载地址：http://images/cocodataset.org。

VOT2019 数据集下载地址：http://www.votchallenge.net。

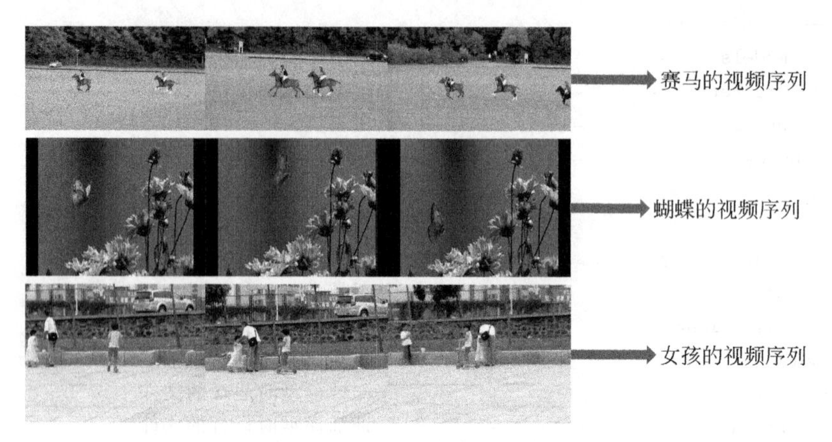

图 9.8 VOT 视频序列中内容

9.3.3 实验操作及结果

该部分将进行网络模型的训练以及模型的测试，有一点需要提示的是，无论在进行哪步操作，都要在用 Anaconda 创建好的 pysot 环境中进行，因为执行这些 Python 文件需要依赖的库。

1. 建立扩展

与其他实验不同的是，在按照实验环境安装相关库后，还需要建立扩展。执行如下操作：

```
$ cd 你存储 pysot 的路径
$ export PYTHONPATH = 你存储 pysot 的路径：$ PYTHONPATH
$ python setup.py build_ext -- inplace
```

2. 训练模型

(1) 在 pysot 文件夹下新建文件夹 pretrained_models，将从谷歌云盘里下载 resnet50.model 和 alexnet-bn.pth 模型放入此文件夹。模型下载地址：

https://drive.google.com/drive/folders/1DuXVWVYIeynAcvt9uxtkuleV6bs6e3T9

(2) 对下载的 COCO 数据集进行预处理，将下载数据集文件放入 training_dataset/coco 文件夹中，然后在 COCO 文件夹打开终端执行如下操作：

```
$ export PYTHONPATH = 你存储 pysot 的路径：$ PYTHONPATH
$ unzip ./train2017.zip
$ unzip ./val2017.zip
$ unzip ./annotations_trainval2017.zip
$ cd pycocotools && make && cd ..
$ python par_crop.py 511 12
$ python gen_json.py
```

第 1 行是引入 pysot 的工作路径，例如，将 pysot 放在/home/pysot-master 文件夹下，那么执行 export PYTHONPATH=/home/pysot-maser：$PYTHONPATH，第 2～4 行是解压数据集，第 5 行是使用 makefile 文件编译安装 pycocotools。第 6 行是剪切图片大小

为511,使用12个线程同时进行,其格式为:

```
$ python par_crop.py [大小] [线程数]
```

第7行是生成JSON文件。成功后COCO文件夹下会生成train2017、val2017、annotations、crop511文件夹和train2017.json、val2017.json文件。

(3) 执行如下命令进行单节点多GPU的训练:

```
$ cd experiments/siamrpn_r50_l234_dwxcorr_8gpu
$ CUDA_VISIBLE_DEVICES=0,1,2,3,4,5,6,7
$ python -m torch.distributed.launch \
        --nproc_per_node=8 \
        --master_port=2333 \
        ../../tools/train.py --cfg config.yaml
```

首先利用第1行的命令进入实验对应的文件夹,然后使用CUDA_VISIBLE_DEVICES来设置该程序可见的8个GPU。设置参数nproc_per_node为8,并指定端口为2333,最后利用第6行的命令进入到tools文件夹下,使用config.yaml文件中的参数设置运行train.py文件,该文件中的DATASET参数改为仅保留COCO数据集。如果运行时出现out of memory错误可通过调小CUDA_VISIBLE_DEVICES、nproc_per_node以及config.yaml文件中的BATCH_SIZE参数。

训练正常进行时控制台会输出训练进行的状态,类似如下内容:

```
[2019-12-01 05:40:14,965-rk0-train.py#250] Epoch: [1][40/2678] lr: 0.001000
    batch_time: 3.240768 (4.934402)     data_time: 0.000190 (1.386849)
    cls_loss: 0.524444 (0.595097)loc_loss: 0.363249 (0.444742)
    total_loss: 0.960343 (1.128788)
[2019-12-01 05:40:14,966 - rk0 - log_helper.py#105] Progress: 40 / 53560 [0%],Speed:
4.934 s/iter,ETA 3:01:21 (D:H:M)
```

训练好后文件夹下会多出logs和snapshot文件夹。其中logs文件夹中存储的是日志文件,而snapshot文件夹里存的是训练中产生的模型文件,可用其中的模型文件来进行模型的测试。

3. 测试模型

(1) 如果想使用预训练好的模型请在百度云盘下载相应模型并放入experiments/siamrpn_r50_l234_dwxcorr/。

模型下载地址:https://pan.baidu.com/share/init?surl=GB9-aTtjG57SebraVoBfuQ 提取码:j9yb

(2) 运行demo文件的时候可以选择调用本机摄像头进行测试,或者使用下载好的视频进行测试。

```
$ cd 你存储 pysot 的路径
$ export PYTHONPATH=你存储 pysot 的路径:$PYTHONPATH
$ python tools/demo.py \
    --config experiments/siamrpn_r50_l234_dwxcorr/config.yaml \
    --snapshot experiments/siamrpn_r50_l234_dwxcorr/model.pth
    --video demo/bag.avi
```

首先回到 pysot 的路径，然后引入 pysot 的工作路径，随之使用 config. yaml 文件中的参数以及模型文件 model. pth 运行 demo. py 程序。当然，模型文件可以选取训练好的模型，注意修改相应的路径即可。如果计算机配备摄像头，则运行前 5 行命令；如果没有配备摄像头或者你想跟踪某段视频中的目标，那么运行前 6 行命令，最后一个参数是视频的路径，如果更换视频需要修改相应路径。

使用视频的结果如图 9.9 所示，使用摄像头的结果如图 9.10 所示。蓝色框表示第一帧时候手动框出的目标，绿色是网络模型判断并展示下来每一帧中目标的位置。

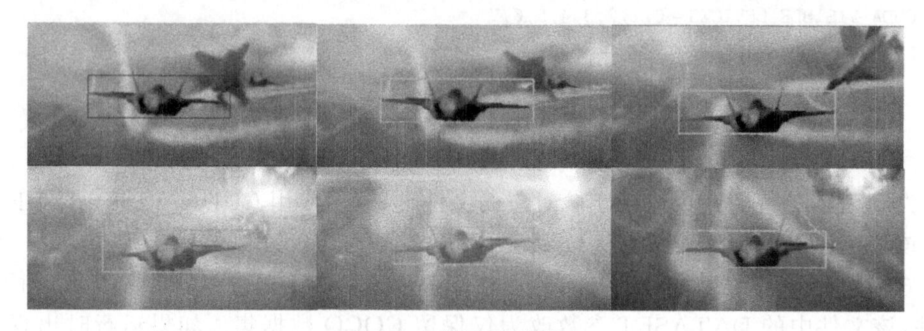

图 9.9 使用视频测试

图 9.10 使用摄像头测试

9.4 总结与展望

本次实验中，进行了模型的训练及模型的测试，模型训练使用的是 SiamRPN＋＋网络模型，该模型是基于深度网络 ResNet-50 实现的，读者可以尝试修改模型的参数重新训练，并用训练好的模型跑测试集，查看模型的损失率，通过不断地调整参数，感受每个参数的用处，跑出效果最棒的模型。

近几年，在视频目标跟踪方面，相关滤波加深度特征的方法取得了令人满意的表现，自然也成为目前最热门以及性能最好的两种方法。商汤科技团队推出的 SiamRPN 算法、基于 SiamRPN 改进后的 DaSiamRPN 算法，SiamRPN＋＋和 SiamMask 算法在 VOT 竞赛中也纷纷取得了相当好的成绩，可以说是目前最流行的视频目标跟踪网络模型。SiamRPN 在短期跟踪效果很好，但是目标再出现时无法追回，而 DaSiamRPN 基于此缺点进行了改进，SiamRPN＋＋又是首次引入了深层网络，使得性能进一步提升。SiamMask 是引入了视频语义分割，使学到的特征泛化性更强。在现代化深度网络的大时代下，推荐对视频目标跟踪感兴趣的读者进一步学习上述算法模型。

尽管对静态图像分析就可以获取大部分信息，但在现实生活中，运动的物体常常蕴含了更多的信息，通过对运动物体的行为分析，可以做出更准确、更有价值的判断。随着网络的发展，大量的数据和数据的实时传输让视频目标跟踪有了更多的应用方向和价值。

除了在背景中提到的应用之外，视频目标跟踪还可用于高科技项目，如军用飞机、医疗服务、民用航空、海上和路面交通的辅助驾驶，例如军用飞机中的追击目标、自动驾驶飞行器、汽车和轮船的自动驾驶或辅助驾驶以及路径规划，医学显微镜下细胞的追踪观察、植入人工器官后的状态观察等。

视频目标跟踪也可以从单一的以跟踪为目的进行扩展，例如进行行为分析，心理分析从而进行犯罪分析等。或许经过你的努力，未来真的可以将视频目标跟踪用于犯罪嫌疑人的锁定，让视频目标跟踪为构建和谐美好的社会做出巨大的贡献。

9.5 参考文献

[1] 陈远祥. 视频图像运动目标跟踪技术的研究[D]. 镇江：江苏大学，2010.

[2] Comaniciu D, Meer P. Mean shift: a robust approach toward feature space analysis [J] IEEE Transactions on Pattern Analysis and Machine Intelligence, 2002, 24(5): 603-619.

[3] Arulampalam M S, Maskell S, Gordon N, et al. A tutorial on particle filters for online nonlinear / non-Gaussian Bayesian tracking [J]. IEEE Transactions on Signal Processing, 2002, 50 (2): 174-188.

[4] Kalman R E. A new approach to linear filtering and prediction problems[J]. Journal of Basic Engineering Transactions, 1960, 82: 35-45.

[5] Avidan S. Ensemble tracking [J]. IEEE Transactions on Pattern Analysis and Machine Intelligence, 2007, 29(2): 261-271.

[6] Avidan S. Support vector tracking [J]. IEEE Transactions on Pattern Analysis and Machine Intelligence, 2004, 26 (8): 1064-1072.

[7] Saffari A, Leistne R C, Santner J, et al. On-line random forests [C]// IEEE 12th International Conference on Computer Vision Workshops, Kyoto, Japan, 2009: 1393-1400.

[8] Babenko B, Yang M H, Belongie S. Robust object tracking with online multiple instance learning [J]. IEEE Transactions on Pattern Analysis and Machine Intelligence, 2011, 33 (8): 1619-1632.

[9] Bolme D S, J. Beveridge R, Draper B, et al. Visual object tracking using adaptive correlation filters [C]//IEEE Conference on Computer Vision and Pattern Recognition, San Francisco, CA, USA, 2010: 2544-2550.

[10] Krizhevsky A, Sutskever I, Hinton G E. Imagenet classification with deep convolutional neural networks[C]//Advances in neural information processing systems. 2012: 1097-1105.

[11] 陈旭，孟朝晖. 基于深度学习的目标视频跟踪算法综述[J]. 计算机系统应用，2019，28(01)：1-9.

[12] Wang N, Yeung D Y. Learning a deep compact image representation for visual tracking[C]// Advances in Neural Information Processing Systems. 2013: 809-817.

[13] HENRIQUES J F, CASEIRO R, MARTINS P, et al. High-speed tracking with kernelized correlation filters [J]. IEEE Transactions on Pattern Analysis and Machine Intelligence, 2015, 37 (3): 583-596.

[14] Hyeonseob Nam, Bohyung Han. Learning Multi-Domain Convolutional Neural Networks for Visual Tracking[C]//IEEE Conference on Computer Vision and Pattern Recognition, 2015.

[15] Nam H, Baek M, Han B. Modeling and propagating cnns in a tree structure for visual tracking[J/OL]. (2019-12-20)[2020-07-01]. https://arxiv.org/abs/1608.07242.

[16] Bertinetto L, J. Valmadre J, Henriques J F, Fully-convolutional siamese networks for object tracking

[C]//IEEE Conference on Computer Vision,2015：119-3127.

[17] Li B,Wu W,Zhu Z,et al. High Performance Visual Tracking with Siamese Region Proposal Network. IEEE Conference on Computer Vision and Pattern Recognition,2018.

[18] Zhu Z,Wang Q,Li B,et al. Distractor-aware Siamese Networks for Visual Object Tracking[C]// The European Conference on Computer Vision (ECCV),2018.

[19] Li B,Wu W,Qiang Wang Q,et al. Evolution of Siamese Visual Tracking with Very Deep Networks [C]//IEEE Conference on Computer Vision and Pattern Recognition (CVPR),2019.

[20] Wang Q,Li Z,Bertinetto L,et al. Fast Online Object Tracking and Segmentation: A Unifying Approach[C]// IEEE Conference on Computer Vision and Pattern Recognition (CVPR),2019.

[21] Ren S,HE K,Girshick R,et al. Faster R-CNN: towards real-time object detection with region proposal networks[J]. IEEE Transactions on Pattern Analysis and Machine Intelligence,2015,39 (6)：1137-1149.

[22] Neubeck A,Gool L V. Efficient Non-Maximum Suppression[C]// International Conference on Pattern Recognition. IEEE Computer Society,2006：850-855.

第10章 人物年龄性别及情绪预测

CHAPTER 10

京东AI研究院目前推出了一款人脸属性识别系统：JDAI-Face，在京东“618大会”时分析到会观众的性别比例、年龄比例等信息（如图10.1所示，图片来源：https://cloud.tencent.com/developer/article/1170526）。其分析结果显示，现场群众的男女比例为6∶4，年龄主要分布在18～30岁，根据分析结果及个人属性信息，活动主办方可以精准地进行广告或商品推荐，与用户进行友好互动。不同的客户有不同的需求，当举办一个活动时，如果可以应用这个系统的话，就可以“有的放矢”，根据系统识别出来的客户的面部信息，为其定制个性化服务，在不被烦扰的情况下让客户感到更满意，更贴心。

图10.1 JDAI-Face检测结果

10.1 背景介绍

人脸属性识别，是指通过计算机分析来识别人脸部分年龄、性别等信息，在这次实验中，所识别的属性包括年龄、性别、表情、种族，且把这几类属性识别都作为分类问题来处理。

图像分类是计算机视觉中最基础的一个任务，分类是根据图像的某一属性判别图像的类别。一开始只能实现比较简单的0～9的灰度图像手写数字识别，如今在ImageNet这样的大型数据集上，计算机图像分类识别水平已经超过了人类，这一成就归功于神经网络的发展。本实验所要讲述的人脸属性识别就是一个典型的基于神经网络的图像分类问题。

早期，对于人脸属性的识别基本是基于传统方法进行研究。2010年，Neeraj Kumar等在每张人脸图片上手工提取低级人脸特征训练分类器[1]；2013 年，Chen Bor-Chun 等通过稀疏表示学习局部人脸特征[2]，同年 Ping Luo 等使用决策树方法对人脸局部区域进行建模[3]。在传统方法中，算法识别人脸的某一属性是一个独立的过程，即年龄估计、性别分类和表情识别等都是独立进行的，一般要经过以下 3 个步骤。

(1) 基于特征点定位结果进行几何矫正：检测到人脸后，根据眼睛、鼻子、嘴巴、脸部轮廓信息对人脸关键点进行定位，因为角度、姿态等原因，人脸部分一般是倾斜的，经过几何校正使眼睛处于水平线上；

(2) 手工特征提取：例如加博尔特征(Gabor)模仿了人类视神经对于纹理识别的机制，实际上就是对 2D 图像求卷积；局部二值模式特征(Local Binary Pattern，LBP)用来描述图像局部纹理；

(3) 进行属性分类：常用分类方法有 K-近邻(K-Nearest Neighbor，KNN)、多层感知机(Multilayer Perceptron，MLP)、支持向量机(Support Vector Machine，SVM)等。

由于使用人工构造特征提取器进行特征提取，所以在整个功能实现的过程中，特征提取和属性识别是分开的，即属性识别模型的输入不是人脸图片，而是经过特征提取器提取到的特征，于是分类/回归器的学习无法反馈给特征提取器，所以在传统方法中，人工构造的特征提取器的优劣决定了属性识别的准确性。

随着深度学习的兴起，人脸属性识别获得了进一步的发展。2012 年，Lee Donghoon 等使用深度学习方法进行人脸属性识别[4]，提出的深度属性网络模型(Deep Adaptation Network，DAN)可以提取到更具识别力的人脸特征；2015 年，Gil Levi 等表明，根据卷积神经网络抽象出来的人脸特征进行分类，识别准确率更高[5]。有赖于神经网络的发展，特征提取和属性识别可以结合在一起，从而根据识别精度反向调整特征提取网络参数，通过网络不断学习，使得人脸属性识别的准确度大大提高，而且在一个网络中可以学习并识别多个属性。

如今，人脸属性识别可以应用在生活中的方方面面，在刑侦方面，如果要通缉一个不在人脸数据库中的嫌疑人时，利用其种族、年龄、性别等信息可以极大地缩小搜寻范围[6]；在感情感知领域，人脸表情识别可用于无人驾驶中驾驶员的状态感知、犯罪审讯中的嫌疑人心理活动分析等[7]；在影音娱乐方面，年龄识别可以应用于防沉迷系统；在服务行业，机器人可以根据性别和年龄识别对不同的人使用不同的称呼等[8]。

10.2 算法原理

本次实验实现了对一张图片中的人脸部分添加识别框并输出其年龄、性别、表情、种族信息。如表 10.1 所示，将人脸的性别、年龄、表情、种族属性分别进行分类，并根据类别数目分为二分类问题和多类别分类问题。

表 10.1 人脸属性分类

属性	类别	分类类型
性别	男性、女性	二分类
年龄	below_20、21～25、26～30、31～40、41～50、51～60、above60	多类别分类
表情	生气(anger)、厌恶(disgust)、恐惧(fear)、开心(happy)、伤心(sad)、惊讶(surprised)、中性(normal)	多类别分类
种族	白人(white)、黑人(black)、亚洲人(asian)、印第安人(indian)、其他(others)	多类别分类

实验流程如图 10.2 所示，实验输入是一张包含人脸的图片，因此在进行年龄、性别、种族、表情分类前，需要先进行人脸检测，将输入图片送入人脸检测模型中，输出人脸部分；然后重新设置人脸图像格式，将 RGB 人脸图像送入年龄种族性别检测模型中进行年龄、性别、种族分类，将灰度人脸图像送入表情检测模型中进行表情分类。为什么表情分类使用的输入数据是灰度图像呢？较早的时候，英国生物学家 Charles Robert Darwin[9] 提出人脸表情与性别和种族无关，因此表情特征与肤色等色彩信息无关，所以使用灰度图像进行表情分类可以充分提取与表情相关的特征。这也是使用两个模型进行人脸属性分类的原因。

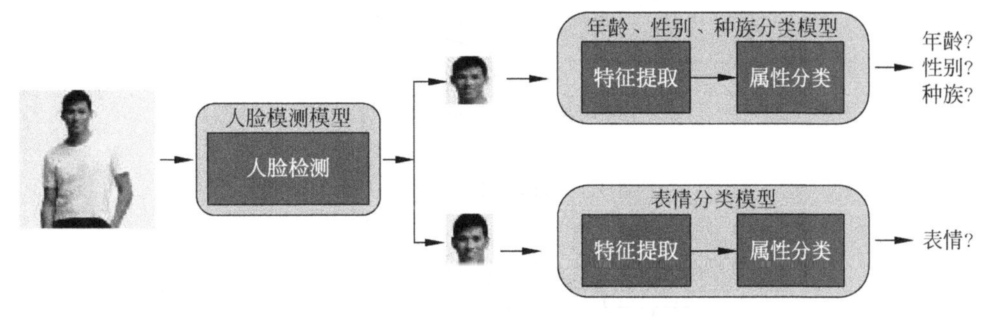

图 10.2 属性分类流程

人脸检测是识别人物年龄、性别等信息的必经过程，不是此实验的重点内容。在本次实验中，使用了一个预训练好的 Caffe 模型将人脸部分从原始图像中分离出来，其基本原理就是使用滑动窗口扫描输入图像，判断窗口里的子图像是否为人脸，而为了检测到不同大小的人脸，可以对滑动窗口或原图像进行缩放。相同的人脸可能会在多个窗口中被检测到，因此对检测结果进行去重即得到最终人脸检测的结果。

接下来，学习一些实验中涉及到的网络知识。

10.2.1 Xception 模型介绍

Xception(Extreme Inception)是由 Inception V3 结构演变而来，借鉴深度可分离卷积(depthwise separable convolution)的思想实现了常规卷积中通道相关性和平面空间维度相关性解耦，同时使用了残差网络(Residual neural Network，ResNet)的思想。

1. Inception

生活中，观察一个物体时，如果距离比较近则能观察到更丰富的细节信息，距离比较远则能把控其整体状态，同样地，不同尺度的卷积核提取到的特征也不一样。

Inception 的核心思想就是使用多尺寸卷积核对输入图像进行处理，图 10.3 是 2017 年 François Chollet 在论文中提出的 Inception V3 的结构[10]，图中的一层 3×3 的卷积和两层 3×3 的卷积即实现了采用不同的“视角”提取特征，在不同维度上学习单个通道内的空间关系，在这之前使用了 1×1 的卷积学习特征的通道相关性。在 Inception V3 中，还有一种重要的方法是卷积核替换，大尺寸的卷积核固然带来更大的感受野，但其参数量也增加了，如图 10.3 所示，3×3 的卷积核有 9 个参数，5×5 的卷积核有 25 个参数，使用两个 3×3 的卷积核替换一个 5×5 的卷积核，在保证感受野的同时减少了参数量，计算效率提高了 28%。

如图 10.4 所示为“extreme”Inception 结构的发展历程。基于经典的 Inception V3 结构，François Chollet 提出了简化的 Inception 结构，将 1×1 卷积的结果拆分为 3 组分别进

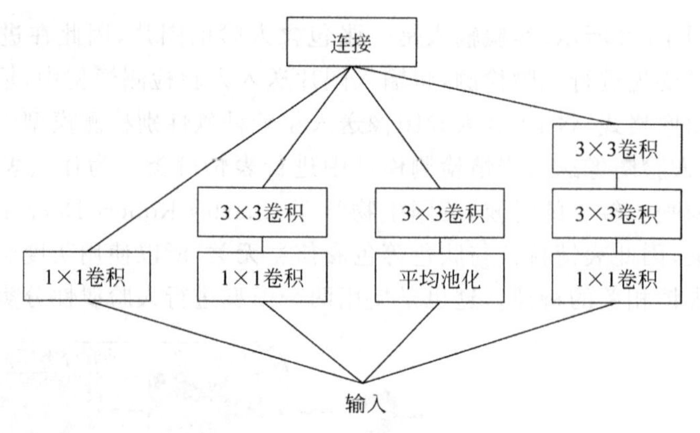

图 10.3 Inception V3 结构

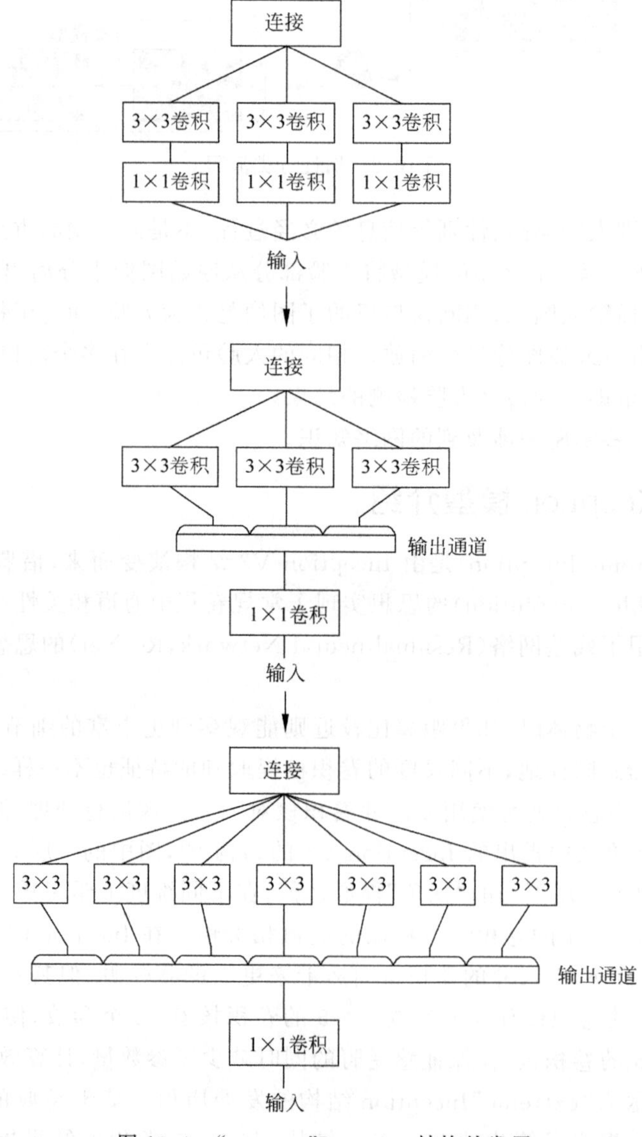

图 10.4 "extreme"Inception 结构的发展

行 3×3 卷积操作。极端情况下，对上层输出进行 1×1 的卷积操作，然后对于每一个通道分别进行 3×3 的卷积，这便是"extreme"Inception。

这与深度可分离卷积具有相似性，差异是空间卷积和通道卷积的执行顺序不同。不过，François Chollet 谈到，在网络结构中，这两种卷积是相连执行的，因此，执行顺序不会有太大影响。

2. 深度可分离卷积

常规卷积是同时对输入图片的每一个通道同时进行操作，而分离卷积是将一个完整的卷积运算分为两部分执行，首先进行深度卷积(Depthwise Convolution)，卷积核的通道与输入数据的通道一一对应，因此从图 10.4 中可以看到输入数据的 3 个通道与卷积核的 3 个通道分别进行卷积操作，生成 3 个特征图，因为这时还没有利用不同通道在相同空间位置上的特征信息，所以使用 4 个 1×1×3 的卷积核与深度生成的深度为 3 的特征图进行点卷积(Pointwise Convolution)，将这 3 张特征图组合生成 4 张新的特征图。

如图 10.5 所示，3×3 卷积核参数量为 27，而 4 个 1×1 卷积核的参数量为 12，总参数量为 39，而常规卷积需要 3×3×3×4=108 个参数，所以参数量相同的情况下，使用深度可分离卷积可以搭建更深的网络。

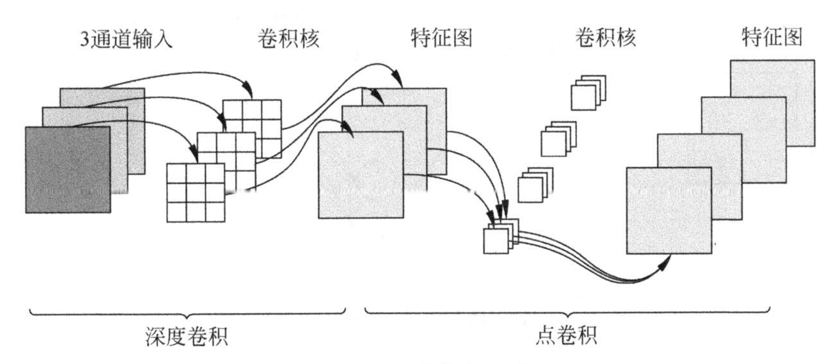

图 10.5　可分离卷积过程

3. 残差网络

如果说 Inception 扩展了网络的宽度，那么 ResNet 就加深了网络的深度。在一定程度上，传统的深度学习网络的层数越深，其非线性表达能力越强，性能越好。然而实际上，传统的 CNN 网络结构随着层数加深到一定程度后，训练结果反而更差，这就是网络退化问题。ResNet 在一定程度上解决了这个问题，如图 10.6 所示就是一个简单的残差块。其中 x 是输入，网络学习到的特征为 $H(x)$，因为直接映射是难以学习的，所以希望可以学习到残差 $F(x)=H(x)-x$，当残差 $F(x)=0$ 时，此时网络仅仅做了恒等映射(恒等映射：一个已经训练好的网络，如果加深其网络层数，它的性能不会更差也不会更好，而是与原网络有着相同的输出)，在残差块中，输入 x 直接加到输出上，所以网络的性能至少不会下降，因此可以构造更深层次的网络。

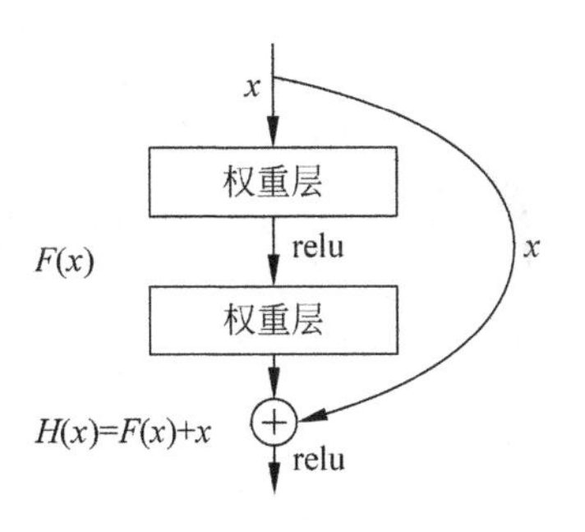

图 10.6　残差块

基于 Inception V3，可以将 Inception 模块替换为深度可分离卷积，并结合 ResNet 的残差连接，即可实现更加优化的网络,作者将其命名为 Xception。

10.2.2 Softmax 分类器

那么网络如何根据提取到的特征进行属性分类呢?如图 10.7 所示,以性别分类为例进行讲解,对 192 个特征图进行全局最大池化操作后得到 192 个 1×1 的特征值,这些特征值经过两个全连接层处理后,输出层的两个神经元的细胞状态更新为 b1 和 b2,经 Softmax 函数激活,b1 和 b2 的值被映射到[0,1]上得到两个新的值,可以将这两个值理解为概率,在图 10.7 中,假设网络判断输入图像为男性的概率为 0.79,为女性的概率为 0.21,那么最终得到的性别分类结果为男性。

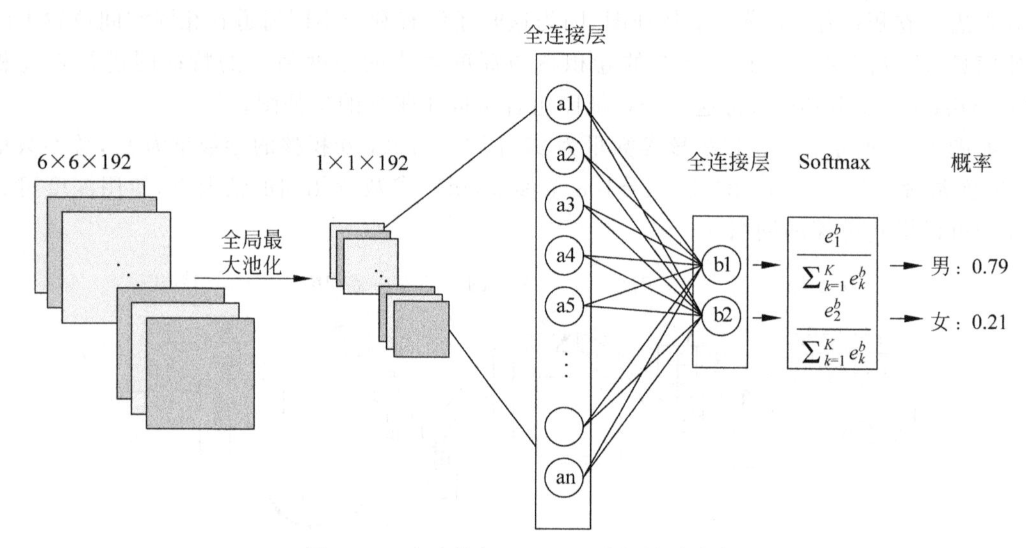

图 10.7 全连接与 Softmax 进行性别分类

10.2.3 网络结构介绍

年龄、性别和种族分类模型是一个常规的卷积神经网络,网络结构如图 10.8 所示。从图中,可以看到一个卷积神经网络是由多个顺序连接的层所构成的。网络提取到的特征进行全局最大池化操作后得到 192 个 1×1 的特征值,将其输入到不同的全连接层中,分别对年龄、性别和种族信息进行识别。

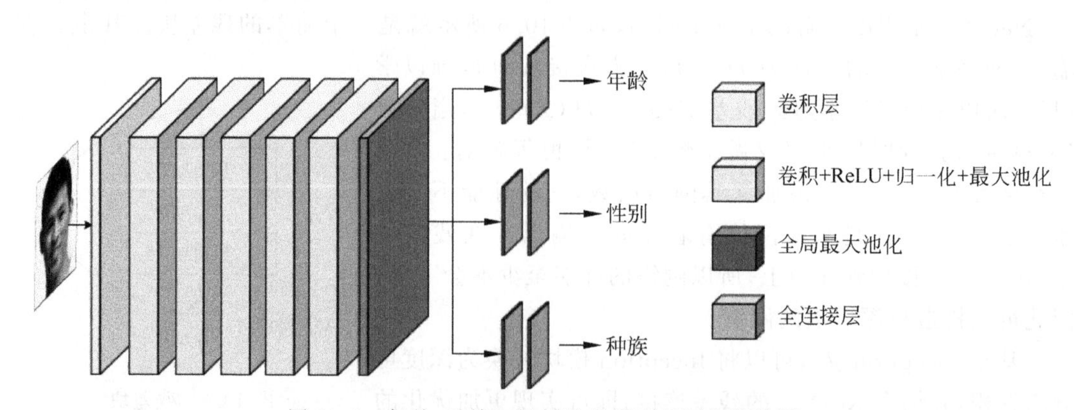

图 10.8 年龄、种族和性别分类模型的网络结构图

图 10.9 即为表情分类模型，使用了 4 个自定义的 Xception 模块，Xception 模块结构如图 10.10 所示。4 个自定义 Xception 模块使用的卷积核数目分别为 16、32、54、128。上一层特征图进入该模块后，接连进行两次可分离卷积操作，同时使用残差连接的思想，对上层输出进行常规卷积，将两种线性叠加作为下一层的输入。

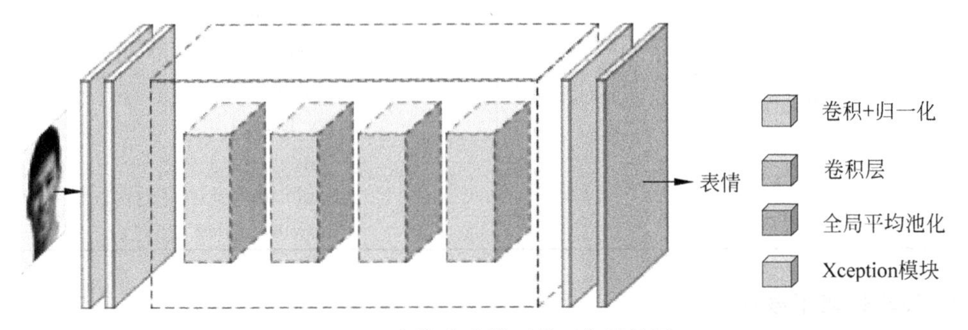

图 10.9　表情分类模型的网络结构图

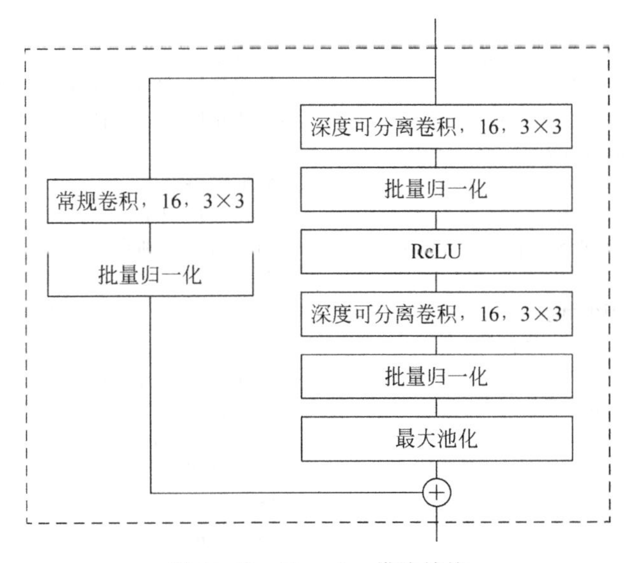

图 10.10　Xception 模块结构

10.3　实验操作

10.3.1　代码介绍

1. 实验环境

人物年龄性别及情绪预测实验环境如表 10.2 所示。

表 10.2　实验环境

条　　件	环　　境
操作系统	Ubuntu 16.04
开发语言	Python 3.7

续表

条　件	环　境
深度学习框架	TensorFlow 1.13.1
相关库	Keras 2.2.4 opencv_python 4.0.0.21 pandas 0.24.2 seaborn 0.9.0 Kivy 1.11.1 numpy 1.16.4 matplotlib 3.1.0 Pillow 6.1.0

2. 实验代码下载地址

扫描二维码下载实验代码。

3. 代码文件目录结构

```
GEAR-Predictor-master·····························工程根目录
  ├── AgeGenderRaceTrain.py·······················训练年龄、性别、种族识别模型
  ├── AgeRaceGenderModel.py·······················搭建年龄、性别、种族识别模型网络
  ├── dataGenerator.py····························数据生成
  ├── dataPreparation.py··························数据准备
  ├── EmotionModel.py·····························搭建表情识别模型网络
  ├── EmotionModelTrain.py························训练表情识别模型
  ├── faces·······································存放人脸图片
  │   └── test_old.jpg····························人脸图片 1
  ├── fer2013_to_image.py·························fer2013.csv 转换成图片
  ├── imagesHigh··································存放多个人物图片
  │   └── 3men.jpg································多人物图片 1
  ├── imagesLow···································存放单人物图片
  │   └── ch.jpg··································单人物图片 1
  ├── modelLoader.py······························导入训练好的模型
  ├── model_trained·······························训练好的模型
  │   ├── deploy.prototxt·························修改 Caffe 模型网络结构
  │   ├── eModel.h5·······························表情识别模型
  │   ├── modelAgeRaceGender.h5···················年龄、性别、种族识别模型
  │   ├── model_checkpoint························实现断点续训
  │   └── weights.caffemodel······················人脸检测模型
  ├── preProcessEmotionDataset.py·················用于表情模型的数据预处理
  ├── README.md···································说明文档
  ├── requirements.txt····························运行代码需要的所有包
  ├── runGEARP_High.py····························对多人物图片进行属性识别
  ├── runGEARP_Low.py·····························对单人物图片进行属性识别
  ├── runGEARP_TimePlayer.py······················对实时图片进行属性识别
  ├── run.py······································程序运行
  ├── updated_imagesHigh··························存放经过处理的多人物图片
  │   └── 3men.jpg································多人物图片 1 识别结果
  └── updated_imagesLow···························存放经过处理的单人物图片
      └── ch.jpg··································单人物图片 1 识别结果
```

10.3.2 数据集介绍

1. UTKFace 数据集

UTKFace 是一个年龄跨度大(0～116 岁)的大型人脸数据集。该数据集由 20 000 多张野生人脸图像(一张图像中只有一张人脸)组成(见图 10.11),标注了年龄、性别和种族。图像在姿态、面部表情、光照、遮挡、辨率等方面有很大的变化。每个人脸图像的标签都嵌入在文件名中,格式类似于[年龄].[性别].[种族].[日期和时间].jpg,[年龄]是 0～116 的整数,表示年龄;[性别]为 0(男性)或 1(女性);[种族]是 0～4 的整数,表示白人、黑人、亚洲人、印度人和其他人(如西班牙裔、拉丁裔、中东人)。

图 10.11　UTK 数据集

2. Fer2013 数据集

Fer2013 是 2013 年 Kaggle 比赛中使用的数据集,图片均为网上爬取,符合自然条件下的表情分布。其中包括 7 种表情,分别对应于数字标签 0～6,具体表情对应的标签和中英文如下:0 anger 生气;1 disgust 厌恶;2 fear 恐惧;3 happy 开心;4 sad 伤心;5 surprised 惊讶;6 normal 中性。

数据集并没有直接给出图片,而是将数据保存到.csv 文件中,文件中第一列表示表情标签,第二列即为图片数据,最后一列为用途。运行 fer2013_to_image.py 将 fer2013.csv 文件转化为人脸表情图片,经过处理后得到 28 709 张 Training data、3589 张 Publictest data 和 3589 张 PrivateTest data,每张图片都是像素为 48×48 的灰度图像,如图 10.12 所示。

3. 数据集下载地址

UTKFace 数据集下载地址:https://www.kaggle.com/jangedoo/utkface-new。

Fer2013 数据集下载地址:https://www.kaggle.com/deadskull7/fer2013。

10.3.3 实验操作及结果

1. 调整参数

在 AgeGenderRaceTrain.py 和 EmotionModelTrain.py 中的相关参数如表 10.3 所示。

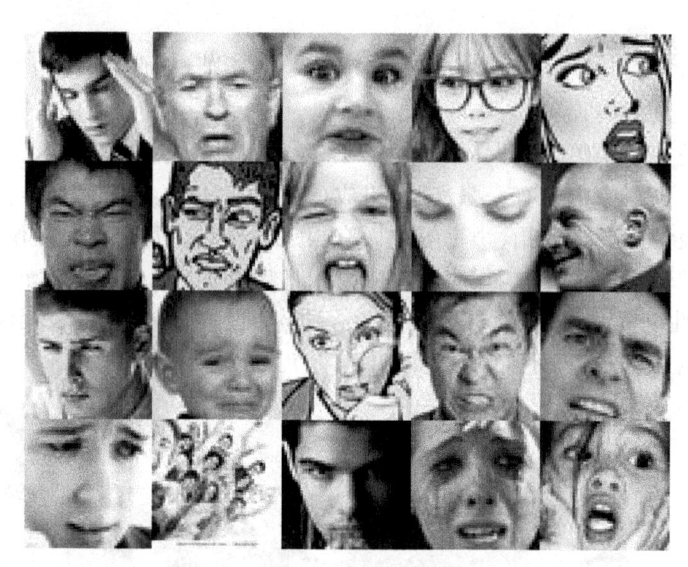

图 10.12 Fer2013 数据集

表 10.3 训练参数表

参 数	参数说明
batch_size	一次训练所选取的样本数
epoch	epoch 的数量,默认值为 50
patience	loss 没有下降时,经过 patience 个 epoch 后停止训练
validation_split	按一定比例从训练集中取出一部分作为验证集
verbose	1,输出进度条记录

2. 训练网络

```
$ python AgeRaceGenderTrain.py
$ python EmotionModelTrain.py
```

3. 进行测试

```
$python run.py
```

注：测试时,需要将 dataPreparation.py 中以下代码注释：

```
df = pd.DataFrame(attributes)
df['file'] = files
df.columns = ['age','gender','race','file']
df = df.dropna() # 过滤数据中的缺失数据
df.head() # 观察一下数据读取是否准确
```

4. 测试结果

搭建好实验环境后,执行 run.py 即可得到如图 10.13 所示的菜单界面,在此可选择不同的测试方式。

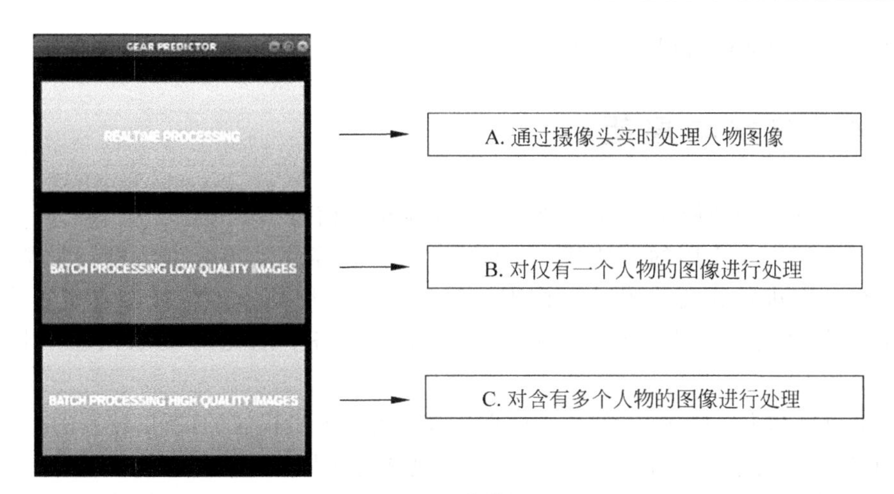

图 10.13　菜单界面

(1) **实时处理人物图像**：单击菜单界面中的 REALTIME PROCESSING 按钮，即可实时处理摄像头捕捉到的人物图像，键盘输入 q 则退出此界面返回到菜单，图 10.14 即为摄像头捕捉画面的检测结果。

(2) **单个人物图像处理**：单击菜单界面中的 BATCH PROCESSING LOW QUALITY IMAGES 按钮，即可处理单个人物的图像，处理后的图片会存储到文件夹 updated_imagesLow 中并显示，如图 10.15 所示，关闭该窗口可返回菜单。

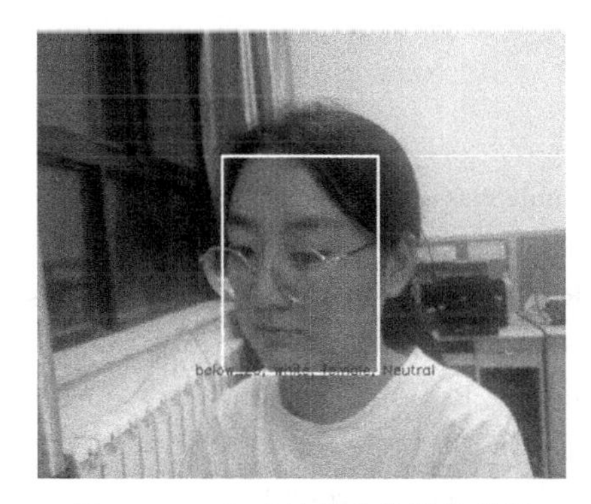

图 10.14　实时处理人物图像结果

图 10.15　单人物图像处理结果

(3) **多个人物图像处理**：单击菜单界面中的 BATCH PROCESSING HIGH QUALITY IMAGES 按钮，即可处理多人物图像，处理后的图片会存储到文件夹 updated_imagesHigh 中并显示，如图 10.16 所示，关闭该窗口可返回菜单。

图 10.16　多人物图像处理结果

关闭菜单页面即退出程序执行。

10.4 总结与展望

本实验实现了一种简单的人脸年龄、表情等面部信息的识别。2019年，我国学者进行了人脸属性识别及应用的一些研究，例如：兰禹[11]等使用传统方法进行表情识别，对学生的上课状态进行分类评级；马中启[12]等提出了一种基于多特征融合密集残差卷积神经网络的人脸表情识别，解决了传统卷积神经网络不能充分提取人脸表情特征的问题。

在以上研究和本实验中，所使用的数据集都是需要大量标注的，所以使用的是监督学习的方式，但是人脸的某些属性很难去统一标注，例如对于同一个表情，不同的人有不同的理解，因此它很难有一个划分的界限，可以使用自监督的方法实现人脸属性的识别。自监督学习是监督学习的一个特例，在自监督学习中，仍然是有标签的，但这个标签不是由人类参与完成，而是网络通过输入数据自行学习到的。

2018年，牛津大学的VGG实验室发表文章：*Self-supervised learning of a facial attribute embedding from vide*[13]。在这篇文章中，提出了一个自我监督的框架Facial Attributes-Net (FAb-Net)，实现了从视频中提取人物的多帧图像并映射到低维空间中，可以编码有关头部姿势、面部标志和面部表情的信息，而无须使用任何标记数据进行监督。感兴趣的读者朋友可以对这种方法进行深入了解。

10.5 参考文献

[1] Kumar N, Berg A C, Belhumeur P N, et al. Attribute and simile classifiers for face verification[C]// IEEE International Conference on Computer Vision. IEEE, 2010.

[2] Chen B C, Chen Y Y, Kuo Y H, et al. Scalable Face Image Retrieval Using Attribute-Enhanced Sparse Codewords[J]. IEEE Transactions on Multimedia, 2013, 15(5): 1163-1173.

[3] Luo P, Wang X, Tang X. A Deep Sum-Product Architecture for Robust Facial Attributes Analysis [C]// IEEE International Conference on Computer Vision. IEEE, 2014.

[4] Chung J, Lee D, Seo Y, et al. Deep Attribute Networks[J]. Computer Science, 2012.

[5] Levi G, Hassncer T. Age and gender classification using convolutional neural networks[C]// IEEE Conference on Computer Vision & Pattern Recognition Workshops. IEEE Computer Society, 2015: 34-42.

[6] 王先梅，梁玲燕，王志良，等. 人脸图像的年龄估计技术研究[J]. 中国图象图形学报，2012，17(06)：603-618.

[7] 薛建明，刘宏哲，袁家政，等. 基于CNN与关键区域特征的人脸表情识别算法[J]. 传感器与微系统，2019，38(10)：146－149＋153.

[8] 林辉. 性别、种族人脸识别方法研究[D]. 大连：大连理工大学，2006.

[9] Darwin C. The Expression of the Emotions in Man and Animals[J]. Journal of Nervous & Mental Disease, 1978, 123(1): 90.

[10] Chollet F. Xception: Deep Learning with Depthwise Separable Convolutions[C]// IEEE Conference on Computer Vision and Pattern Recognition (CVPR). IEEE, 2017.

[11] 兰禹，彭兴阔，林青华，等. 基于人脸识别的学生听课状态监测技术[J]. 电子世界，2019(16)：132-133.

[12] 马中启，朱好生，杨海仕，等. 基于多特征融合密集残差 CNN 的人脸表情识别[J]. 计算机应用与软件，2019，36(07)：197-201.

[13] Wiles O，Koepke A S，Zisserman A. Self-supervised learning of class embeddings from video[J/OL]. (2019-10-28)[2020-07-17]. https://arxiv.org/abs/1910.12699.

第 11 章 人脸老化与退龄预测

CHAPTER 11

情境一：现在都 2020 年了，00 后逐渐进入大学，90 后也已经在奔三路上了。即使不愿提起，但“变老”的进程从未停止，还没来得及细细品味，就已经猝不及防地“老了”！所有人都将变老，动作不再如此敏捷，皮肤不再那么光滑，眼睛也不再那么有神……想想是不是有些难以接受？那么，提前见到，到时候就会更加从容呢？

情境二：“我能想到最浪漫的事，就是和你一起慢慢变老！”，虽然微风不燥，阳光正好，你还年轻，我还未老，但若是可以找自己喜欢的人拍张照，提前体验一下两个人慢慢变老的过程，是不是也很有意思呢？

情境三：有歌曲曾唱到，“我留不住所有的岁月，岁月却留住我，不曾为我停留的芬芳，却是我的春天。”爷爷奶奶们可能没有机会用相机记录下自己青春动人的过去，但是，他们肯定不止一次地回忆起那个春天，回忆起那个青春欢畅的时刻，回忆起那时被多少人爱慕着的美丽，若是可以让他们再看到曾经那个年轻靓丽的自己，定是别有一番滋味。

在这里，要向你介绍一个“时光机器”，帮你去实现如图 11.1 所示的这些小愿望(图 11.1(a)来源：http://www.16pic.com/vector/pic_1763659.html；图 11.1(b)来源：http://www.16pic.com/vector/pic_1377264.html；图 11.1(c)来源：http://www.16pic.com/vector/pic_1758928.html)。

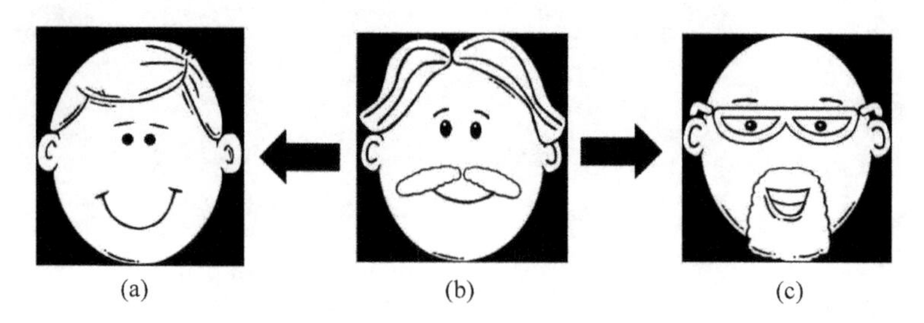

图 11.1 人脸老化/退龄示意

11.1 背景介绍

本节要介绍的是一种预测未来和过去人脸图像的方法，也就是达到人脸老化和去龄化的效果。目前，随着人工智能相关研究的发展，人脸生成的相关算法在现实生活中应用广泛，例如寻找失踪人口、追踪多年罪犯、跨年龄段的人脸识别、电影工业中辅助演员进行面部老化以及日常娱乐等。目前,该领域已经吸引了很多的研究人员参与其中。

但是由于数据集比较有限,以及人脸图像中表情、姿态、光照和遮挡等因素的影响,现有的人脸衰老和退龄的算法往往存在普适性不高或者效果不佳的缺陷,因此人脸老化和退龄方面仍具有巨大的研究价值[1]。

人脸老化/退龄早期的方法有基于物理模型的方法,这类方法主要依靠寻找出人脸衰老的变化模式和生理机制进行,该方法主要从数学的角度出发,尽可能地去用数学展示人脸在整个老化过程中的变化状况。但是由于极高的参数复杂度、数据集的稀缺以及极大的计算难度,该方法得到的人脸图像往往模糊不清,甚至在整个变化过程中已经丢失了输入人脸图像的身份特征[2-4]。

早期方法还有基于原型的方法,这种方法通常按照预先标记好的年龄将图像进行分组,每一组的平均脸就是该组图像对应的原型,在过程中需要计算分析图像的人脸特征直接的关联性。这种方法虽然得以保留身份特征信息,但是同样的,由于数据集的数量严重不足,生成得到的图像同样不尽如人意,出现了比较严重的失真现象,不能用于实际的使用中[5-8]。

后来,仍有相关人员在不断进行着尝试与研究,在传统方法的基础上进行着革新和提高,例如2010年邹北骥等提出的非线性人脸老化模型,2012年徐莹等提出的基于人脸结构层次及稀疏表示的人脸老化方法,以及国外学者 Mike Burt 等提出的基于字典学习的方法[9],Bernard Tiddeman 等提出的基于纹理移植的方法等,但是最后得到的结果都差强人意[10]。

直到近些年来,随着深度学习的迅猛发展,通过将深度学习的方法引入其中,极大地缓解了从前数据不足的问题,图像生成的质量有了进一步的提高[11]。其中,Wei Wang 于2016年提出了一种基于 RNN 的人脸老化方法,这种方法可以识别0～80岁年龄范围的人脸图像,首先通过对人脸进行规范化处理,进而通过使用循环单元,令其底层部分将人脸编码表示为隐空间中的向量,最后用顶层部分将表示出的向量映射为老化的图像[12]。

具有代表性的还有基于老化字典的个性化老化过程,这种算法学习一个年龄组特定的字典,通过离线和在线两个阶段令字典元素形成特定的老化过程,其中离线阶段进行联合字典的训练,在线阶段在上一阶段训练好的字典的基础上,进行人脸的老化合成[13]。

本节将要进行介绍的条件对抗自编码网络(Conditional Adversarial AutoEncoder,CAAE)方法便是目前人脸老化/退龄效果最为经典的模型之一,由该方法生成的人脸图像不仅可信度比较高,而且进行大年龄跨度的老化/退龄时,仍能保持较好的效果。

11.2 算法原理

本实验借鉴了发表于2017年的利用深度学习算法进行人脸老化和退龄的文章:*Age Progression/Regression by Conditional Adversarial Autoencoder*,该文章提出了一种叫做条件对抗自编码网络的深度网络结构,这种网络可以学习出人脸图像面部的流形的特征表示,从而预测出任何一张输入面部图像的全年龄阶段的面部图像[14]。

这种方法的实质是将条件对抗生成网络与自编码器(Autoencoder)进行结合[15]。具体方法是通过编码器(Encoder)将人脸图像从高维空间中映射到隐空间得到身份特征,然后将身份特征和年龄标签进行连接。假定身份特征和年龄标签是相互独立的,因此可以通过调整年龄标签来调整年龄,并同时保留身份特征的信息。进而在生成对抗网络中输入连接后的身份特征和年龄标签来生成图像。整体流程如图 11.2 所示。

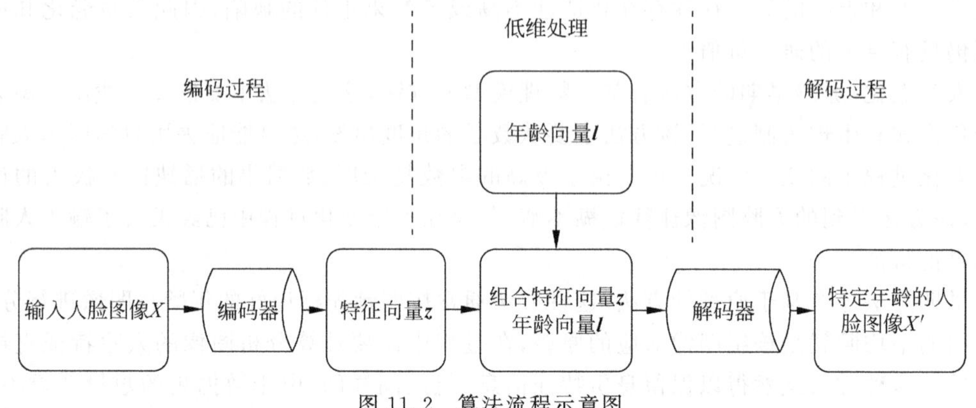

图 11.2 算法流程示意图

因为人脸图像处于高维流形上,直接进行操作比较复杂。为了降低操作难度,考虑对图像进行降维操作,得到具有身份特征的低维特征表示,进而直接对低维特征进行操作。整个方法的主要原理是输入图像-编码-低维处理-解码,最后输出结果。其中,将条件对抗生成网络嵌入到了编码操作中进行图像的条件生成。

众所周知,深度学习的方法是一个训练模型再测试的过程。在该算法中,首先要训练出如图中满足要求的编码器和解码器。在将输入的人脸图像 X 进行编码后,编码器学习到这些含有身份特征等信息的特征向量 z,解码器学习到如何根据不同的年龄标签 l 和特征向量 z,生成具有特定年龄和身份特征的人脸图像 X'。根据上述原理流程,在测试时便可完成基于年龄标签的图像域变换,也就是实现人脸老化和退龄的效果。

11.2.1 相关概念介绍

1. 生成对抗网络

在最初,生成符合要求的图像是十分困难的,直到生成对抗网络的出现才极大地改善了这种情况。生成对抗网络受到博弈论中二人零和博弈的启发,并被广泛应用于图像的生成。如图 11.3 所示,它包含一个生成器(Generator)和一个判别器(Discriminator)。生成器的任务顾名思义,主要是为了生成所需图像。判别器的任务则为判断是真实数据还是生成的图像。这个模型在训练时固定其中一个模型参数,更新另一个模型的参数,交替迭代。最终,两个使得模型之间达到均衡[16]。

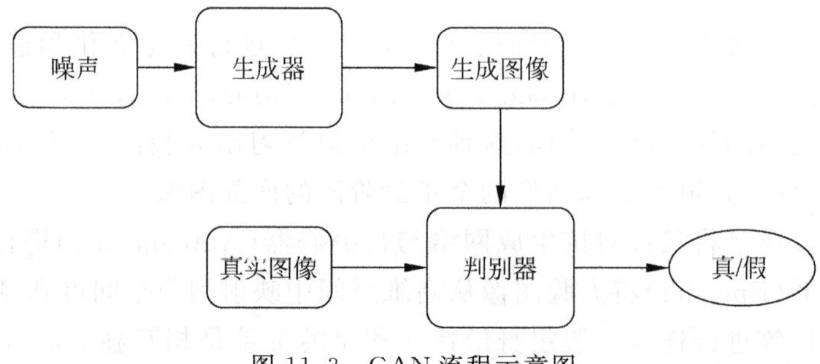

图 11.3 GAN 流程示意图

通常用这样的例子来帮助理解，如图 11.4 所示：想象有一个菜鸟作曲家和一个新手鉴赏家，来搭配完成曲目的创作。最初的时候，菜鸟作曲家技巧非常得差，写出来的东西完全是一团糟，而新手鉴赏家的鉴别能力也是很差。这时候你就看不下去了，你拿起几个样例甩给新手鉴赏家看，通过一次次学习，新手鉴赏家慢慢了解了如何去分辨优秀作曲家的曲目。同时，菜鸟作曲家和鉴赏家是好朋友，他们总爱一起合作。所以，新手鉴赏家就会告诉菜鸟作曲家，“你的曲子真的太难听了，你看看人家周杰伦，你跟他学一学呀，比如这里音调高一些，那里节奏再快一点”，就这样，新手鉴赏家把从你这里学到的东西都教给了菜鸟作曲家，让他的好朋友写出来的曲子越来越接近周杰伦的水平。这就是 GAN 的整个流程。

图 11.4　GAN 举例

2. 自编码器

自编码器是一种在机器学习领域中用于学习数据特征的方法。它能够通过无监督学习，得到输入数据的高效表示，这一高效表示被称为编码。其维度一般远小于输入数据，所以自编码器可用于降维操作。同样通过举例来解释该方法：曾有相关研究发现，国际象棋大师观察棋盘几秒钟，便能够记住棋子的位置，对此普通人是无法做到的。但是，棋子的摆放必须是曾经实战中出现过的棋局，被人随意摆出的则不行。也就是说，并不是大师的记忆力先天就好，而是他身经百战，已经非常精通各种套路，从而能够高效地记忆整个棋局。自编码器就是负责提供实战棋局的。特别地，由于近些年来神经网络的发展，自编码器被引入了生成方面研究的前沿，尤其是可以用于图像生成等方面，自编码器可以学习输入图像的信息从而对输入图像信息进行编码，进而将编码的信息存到隐藏层中，而解码器可以用学习到的隐藏层的信息重新生成学习到的图像[17]。

3. 流形

流形，是局部具有欧氏空间性质的空间。其主要思想是将高维的数据映射到低维。流形学习在数据降维方面具有广泛的应用。通常该理论基于一种假设，即高维数据是由低维流形嵌入在高维空间中得到的，而因为数据特征的限制，往往会产生维度上的冗余，实际上这些数据只需要比较低的维度就能进行唯一表示[18]。流形学习中，一个经典的例子是，有一组同一个人的人脸图片，假设图片均为 32×32 的灰度图，如果把图像按照行或列拉长，就可以得到一个维度为 1024 的向量，也就是说，每个图都是 1024 维空间中的一个点。这其实都是同一个人的人脸图像，只是角度不同而已。也就是说，这一组图片其实只有两个(上下、左右)维度，通过这两个维度便可以确定所有的这一组图片。换句话说，这就是一个嵌入在 1024 维空间中的 2 维流形。所以说，流形学习的目的便是将高维数据映射回低维空间中，使得可以用低维的数据来刻画原高维数据更本质的特征。

4. 先验分布

例如，想象老王要去几公里外的球场，他可以选择坐车，骑自行车或者步行。假设老王还没出发，他仅仅刚刚起床，而比较了解老王的个人习惯：他是个运动狂人，非常喜欢跑步，那便猜测他应该倾向于徒步；若是老王是个肥宅，那自然推测他将会坐车去，自行车他都懒得选。在这个情境中，事情还没有发生，而在事情出现前就开始进行了推测。也就是说，主要根据历史规律、经验确定的概率分布就是先验分布。

11.2.2 算法流程简介

如前所述，CAAE 的算法主要使用条件对抗网络与自编码器相结合。在整个处理过程中，通过改变输入的人脸图像的年龄信息，来实现以年龄为条件的图像域的变换。本节内容主要对该算法理论进行详细介绍，读者可以结合前文中的算法流程图进行阅读：

首先，本节所使用的算法基于人脸图像处于某种高维流形的假设，那么自然希望图像在高维流形上可以沿着某个特定的方向进行移动，从而使图像呈现的年龄可以根据移动的方向发生特定的变化。如图 11.5 所示，假定人脸位于高维流形上，且根据年龄和身份特征不同，按照不同的方向排布。给定一个输入人脸图像，首先将其投影到该流形上，然后通过在流形上的平滑变换，将投影回年龄改变的人脸图像。

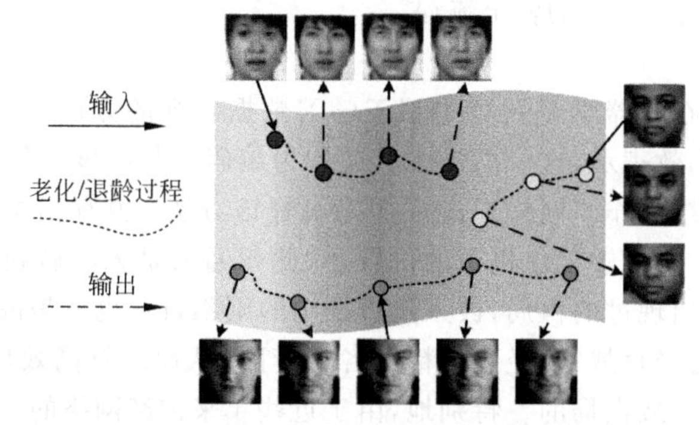

图 11.5 理想人脸图像高维流形示意图

图 11.5 中，虚线便是比较理想的变化方向。理想状态下，沿着虚线移动就可以实现人脸随着年龄的改变而呈现出自然的变化。

但是，理想很丰满，现实却很骨感，可想而知，在高维空间中进行人脸图像的操作是极为困难的。也就是说，高维空间上没有办法轻易描绘出上述虚线轨迹。那么，容易想到的解决办法便是将图像从高维空间映射到低维的隐空间中。使得可以在低维空间中去操作输入的原图像。最后，再将经过处理的低维向量映射回到高维流形中。

在本节的算法中，前后两次的映射分别由编码器和生成器实现，基本示意图如图 11.6 所示。两个人脸图像 x_1，x_2 被编码器映射到隐空间，分别提取出 $\boldsymbol{z}_1$，$\boldsymbol{z}_2$ 两个特征，再与年龄标签 $\boldsymbol{l}_1$，$\boldsymbol{l}_2$ 进行连接，从而得到隐空间中的两个不同颜色的菱形点[$\boldsymbol{z}_1$，$\boldsymbol{l}_1$]和[$\boldsymbol{z}_2$，$\boldsymbol{l}_2$]。身份特征 $\boldsymbol{z}$ 与年龄标签 $\boldsymbol{l}$ 在该空间中是分开的，所以可以在保留身份特征的同时简单地修改年龄。也就是从菱形点开始，可以沿着年龄轴双向地进行移动，从而得到那些圆形点。随后通过另外一个映射，也就是生成器，将这些点映射到高维流形 M，生成一系列的面部图像。特别地，若是沿着图中的虚线移动，则身份特征和年龄都会改变。在该网络中，将会训练两个映射过程，以确保生成的信息位于人脸图像流形上。

同时，因为生成对抗网络从随机噪声中产生数据，所以输出图像不能被控制，这在人脸图像操作的任务中是不可取的，必须确保输出的面部图像起码看起来与原图像是同一个人。

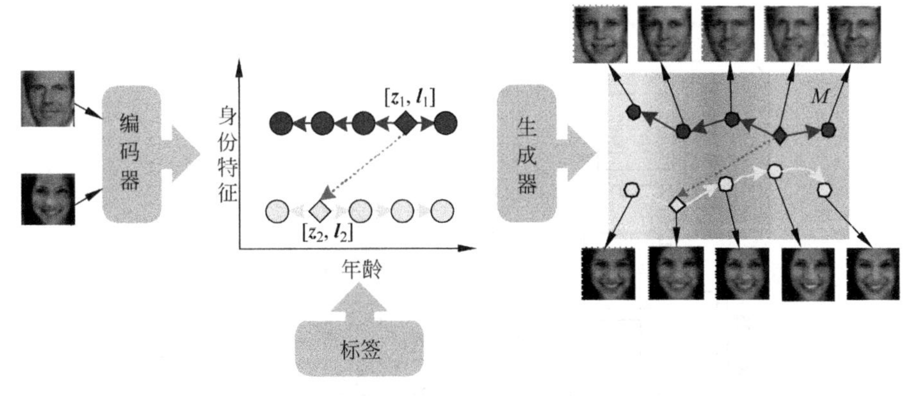

图 11.6 算法流程中的两次映射过程示意图

所以，与一般的生成对抗网络不同，在其中引入了一个编码器来避免输入的随机采样，从而得到特定的人脸图像。

另外，设置了一个针对生成器的判别器，用于约束生成器生成更加真实的图像，生成器原有的约束只有生成的图像与原图像的平方误差，这个约束是像素级别的，因而容易使生成的图像虽然在像素上与原图像很接近，但整体上却显得很模糊，加入判别器的约束大大改善了这一问题。

11.2.3 网络结构介绍

CAAE 算法的网络结构基本上可以说是对 GAN 的改进，网络模型由一个编码器、一个解码器(生成器)及两个判别器构成，网络的具体结构如图 11.7 所示。编码器 E 将输入的人脸图像映射到特征向量 $\boldsymbol{z}$，将年龄标签 $\boldsymbol{l}$ 与之串联，进而将新的潜在向量$[\boldsymbol{z},\boldsymbol{l}]$送到生成器 G。编码器和生成器都根据输入图像和输出图像的 $L2$ 损失进行更新。判别器 D_z 对 $\boldsymbol{z}$ 施加了一个先验分布，判别器 D_{img} 则使得输出的人脸图像在符合给定年龄标签的前提下，保持图像的真实性、合理性。

该网络输入和输出的人脸图片都是 128×128 大小的 RBG 图片，卷积神经网络作为编码器，相应的一组反卷积操作作为解码器。编码器的输出 $E(x)=\boldsymbol{z}$ 保留了输入人脸的身份特征。不同于通常的生成对抗网络，因为需要生成具有特定身份特征的人脸图像，所以在这里插入一个编码器以避免 $\boldsymbol{z}$ 的随机采样，将信息包含在 $\boldsymbol{z}$ 中。

此外，该算法在编码器 E 和生成器 G 上插入了两个判别器网络，一个是用于判别输入向量的 *discriminator z*，由一组全连接操作组成。另一个是用于判别生成图像和输入图像的 *discriminator image*，由卷积层和全连接层构成。前者表示为 D_z，它在 $\boldsymbol{z}$ 上介入了一个先验分布，也就是均匀分布。过程中，D_z 想要判定编码器 E 生成的 $\boldsymbol{z}$，同时，编码器会生成一些 $\boldsymbol{z}$ 来试图骗过 D_z，通过这样的对抗过程，最终会使得生成的 $\boldsymbol{z}$ 的分布逐渐接近于先验分布，从而使得年龄变化更为平滑且连续。后者被表示为 D_{img}，它的作用与一般生成对抗网络相似，目的在于使得生成器能够根据身份特征和年龄标签生成符合要求的人脸图像。

经过实验操作可知，CAAE 模型具有 4 点明显优势：

(1) 该网络结构可以在获取衰老和退龄图像的同时生成重建的人脸图像。

(2) 不需要在测试时使用标注了过的人脸图像，使得框架更加灵活。

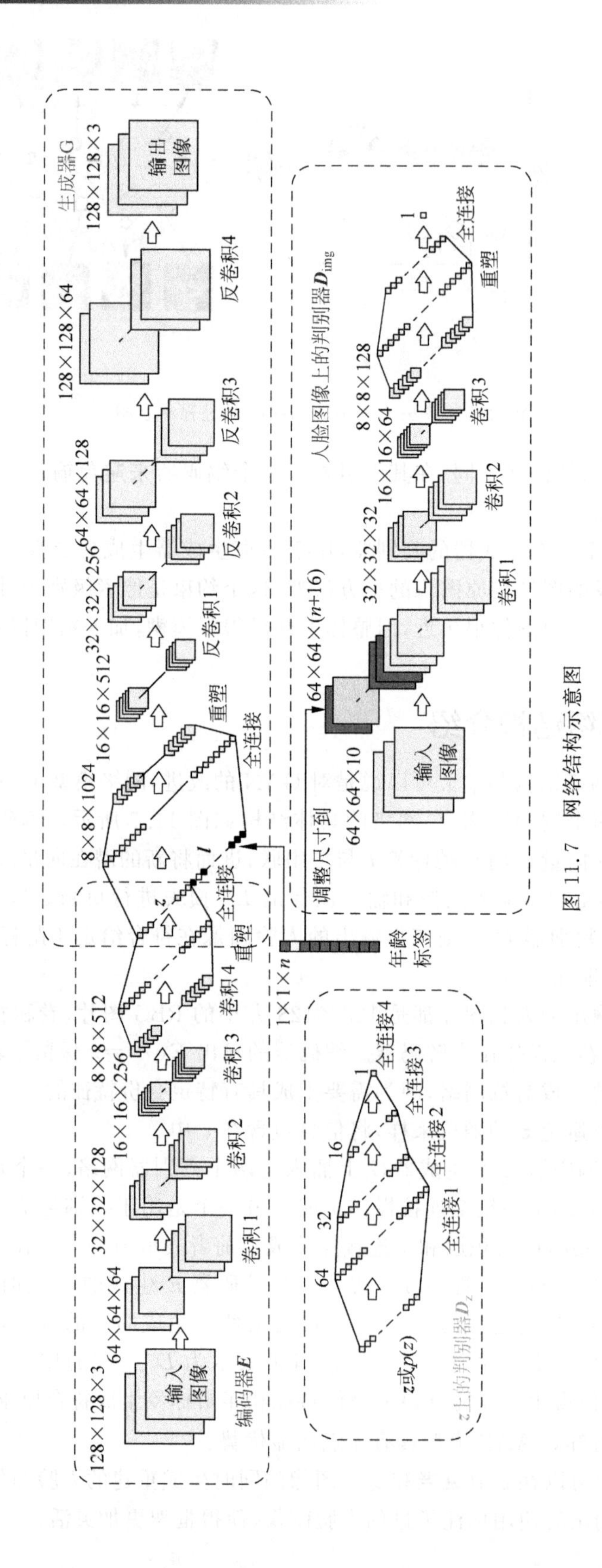

图 11.7 网络结构示意图

(3) 潜在向量空间中,年龄和身份信息的分离在保留个性的同时避免了鬼影噪声。

(4) CAAE 对于姿态、表情和光照有很好的鲁棒性。

11.3　实验操作

11.3.1　代码介绍

1. 实验环境

人脸老化与退龄实验环境如表 11.1 所示。

表 11.1　实验环境

条　件	环　境
操作系统	Ubuntu 16.04
开发语言	Python 3.6
深度学习框架	TensorFlow 1.14
相关库	Scipy 1.2.0 Pillow 6.2.0

2. 实验代码下载地址

扫描二维码下载实验代码。

3. 代码文件目录结构

代码文件目录结构如下:

(1) 执行训练过程之前的文件目录(蓝色标注代表目录名):

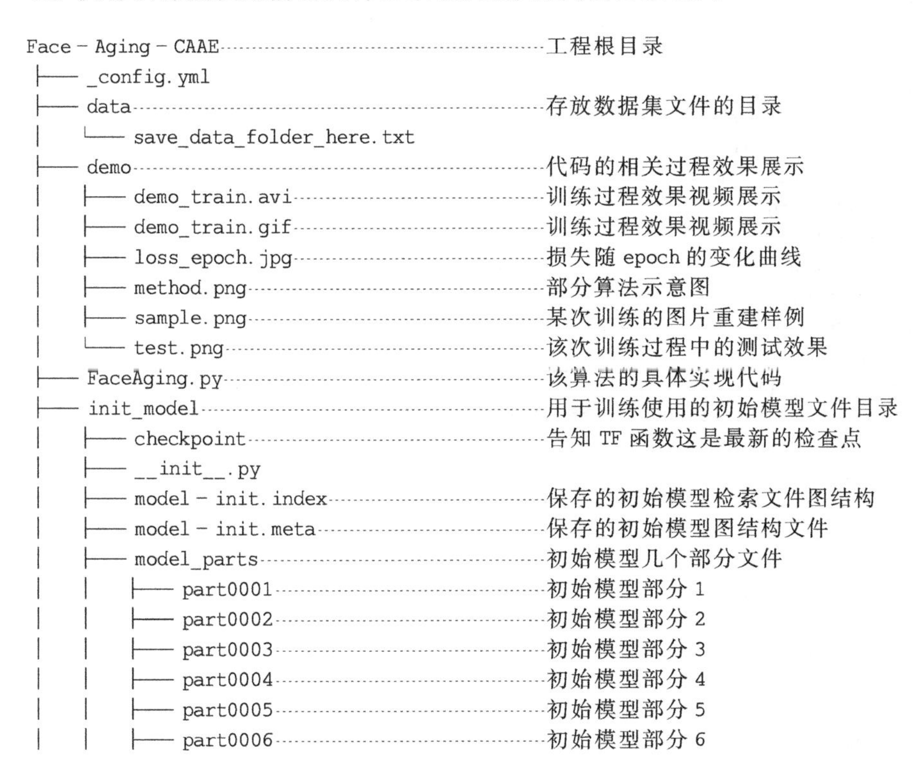

```
Face-Aging-CAAE·································工程根目录
├── _config.yml
├── data·······································存放数据集文件的目录
│   └── save_data_folder_here.txt
├── demo·······································代码的相关过程效果展示
│   ├── demo_train.avi·························训练过程效果视频展示
│   ├── demo_train.gif·························训练过程效果视频展示
│   ├── loss_epoch.jpg·························损失随 epoch 的变化曲线
│   ├── method.png·····························部分算法示意图
│   ├── sample.png·····························某次训练的图片重建样例
│   └── test.png·······························该次训练过程中的测试效果
├── FaceAging.py·······························该算法的具体实现代码
├── init_model·································用于训练使用的初始模型文件目录
│   ├── checkpoint·····························告知 TF 函数这是最新的检查点
│   ├── __init__.py
│   ├── model-init.index·······················保存的初始模型检索文件图结构
│   ├── model-init.meta························保存的初始模型图结构文件
│   ├── model_parts····························初始模型几个部分文件
│   │   ├── part0001···························初始模型部分 1
│   │   ├── part0002···························初始模型部分 2
│   │   ├── part0003···························初始模型部分 3
│   │   ├── part0004···························初始模型部分 4
│   │   ├── part0005···························初始模型部分 5
│   │   ├── part0006···························初始模型部分 6
```

```
|   |   ├── part0007··························初始模型部分 7
|   |   └── part0008··························初始模型部分 8
|   └── zip_opt.py
├── main.py·······································该代码的主要操作部分
├── old_version···································提供了修改之前的老版本代码
|   ├── FaceAging.py······························老版本具体实现代码
|   ├── main.py···································老版本主要操作
|   ├── ops.py····································老版本标准操作
|   └── version···································版本号
├── ops.py········································定义标准操作的一些函数
└── README.md·····································说明文件
```

如上所示,这就是直接下载之后得到的文件目录,其中,几个.py文件为接下来要用于操作的Python代码文件:

- main.py为该代码的主要操作部分,包含基本的操作函数,也是本实验要直接运行的文件;
- ops.py文件中主要定义了一些供FaceAging.py使用的"工具",例如,加载图像、保存图像、卷积、激活函数、全连接等操作的函数;
- FaceAging.py文件主要是该算法的具体实现代码。也就是根据前文中所介绍的原理和网络结构,来具体实现整个算法流程。里面包含了整个网络的各个部分,以及具体的训练、测试、可视化、模型储存等部分。

(2) 执行训练之后的代码目录如下:

```
Face-Aging-CAAE
├── _config.yml
├── data
|   ├── save_data_folder_here.txt
|   └── UTKFace
├── demo
|   ├── demo_train.avi
|   ├── demo_train.gif
|   ├── loss_epoch.jpg
|   ├── method.png
|   ├── sample.png
|   └── test.png
├── FaceAging.py
├── init_model
|   ├── checkpoint
|   ├── __init__.py
|   ├── model-init.data-00000-of-00001
|   ├── model-init.index
|   ├── model-init.meta
|   ├── model_parts
|   ├── __pychache__
|   ├── zip_opt.py
|   └── zip_opt.py.bak
├── main.py
├── old_version
|   ├── FaceAging.py
|   ├── main.py
|   ├── ops.py
```

```
│   └── version
├── ops.py
├── __pychache__
│   ├── FaceAging.cpython-36.pyc
│   ├── FaceAging.cpython-37.pyc
│   ├── ops.cpython-36.pyc
│   └── ops.cpython-37.pyc
├── README.md
└── save
    ├── checkpoint
    ├── samples
    ├── summary
    └── test
```

这就是放入训练集并执行了训练操作之后的文件目录。在 data 目录下放入了 UTFface 数据集。与第一个目录结构最主要的区别在于，在训练过程中，会在代码目录中新建一个 save 文件夹，其中还包括以下 4 个子文件夹：

- checkpoint：训练中保存的模型。
- samples：保存每个 epoch 之后重建的人脸数据。
- summary：保存损失和中间输出，可将训练过程中损失变化可视化。
- test：保存每个 epoch 后的测试结果，也就是根据输入的人脸图像生成的不同年龄人脸数据。另外，测试操作中，输出的测试图像结果也将保存在该目录下。

11.3.2 数据集介绍

本节使用的是 UTKFace 数据集。该数据集是具有较长年龄范围(0～116 岁)的大型的面部数据集。该数据集包含超过 23 000 张带有年龄、性别和种族标签的人脸图像。整体图像涵盖了包括姿势、面部表情、光线、遮挡、分辨率等多方面因素的影响。该数据集可用于包括面部检测、年龄估计、人脸老化和退龄等多种任务。部分样本图像如图 11.8 所示。

图 11.8 数据集部分图像展示

数据集里都是随机的人脸，因为本节所使用的方法不需要来自同一个人的多个人脸，可以正常使用。实验中将数据集年龄划分成 10 个阶段：0～5、6～10、11～15、16～20、21～30、31～40、41～50、51～60、61～70、71～80。因此，可以使用 10 个元素的 one-hot 在训练过程中去表示每个人脸的年龄。

数据集下载地址：https://susanqq. github. io/UTKFace/或 http://aicip. eecs. utk. edu/wiki/ UTKFace。

11.3.3 实验操作及结果

首先，为了自定义操作，需要对 main. py 文件中的几个参数进行介绍，具体见表 11.2（小彩蛋：对于参数 gender，该实验不仅可以进行基于年龄的变化，甚至可以改变性别进行输出哦，只需要改变性别参数即可实现）。

表 11.2 相关参数说明

参 数	参数说明
is_train	决定执行训练操作还是测试操作，默认值为 true
epoch	epochs 的数量，默认值为 50
dataset	数据集文件名称，训练时修改默认值为所使用的数据集目录名
savedir	为训练过程中所要生成的文件目录，默认名称为 save
testdir	测试数据文件夹名称，测试时需修改默认值为存放测试数据的文件夹名称
gender	测试时要输入的图像的性别标签，男性为 1，女性为 0
predict_age	测试时想要预测的年龄，其中，0 代表全年龄段
use _trained_model	决定是否使用已经训练好的模型数据
use _init_model	决定在没有其他模型的时候，使用从初始化模型数据开始训练过程

1. 训练模型

首先，在 data 目录下放入所要使用的数据集（该实验中为 UTFface），并将--dataset 修改为所使用的数据集目录名称，设置--is_train 参数为 True。其他相关参数，可根据个人需要选择性修改：可调整--epoch 参数为所需的数字；可自行选择--use _trained_model 或--use _init_model。之后，使用如下代码运行程序开始训练。

```
$ python main.py
```

在训练过程中，会在代码目录中新建一个文件夹 save，其中包括如前文所述的四个子文件夹：summary、samples、test 和 checkpoint。其中，summary 目录下保存着可以将训练过程中损失变化可视化的文件。可使用以下命令进行操作：

```
$ cd save/summary
$ tensorboard -- logdir.
```

在训练结束之后，可以分别在 samples 和 test 目录下看到随机重建和测试的结果图像。图 11.9(a)和图 11.9(b)分别展示了重建和测试的结果。其中，重建图像的第一行是训练过程中用于测试的样例。此外，在测试结果中，由上到下，年龄是逐渐增长的。

该训练过程在 NVIDIA TITAN X(12GB 显存)上使用 UTKFACE 数据集进行训练过程，进行 50 次 epoch 的训练时间大约是 2.5h。

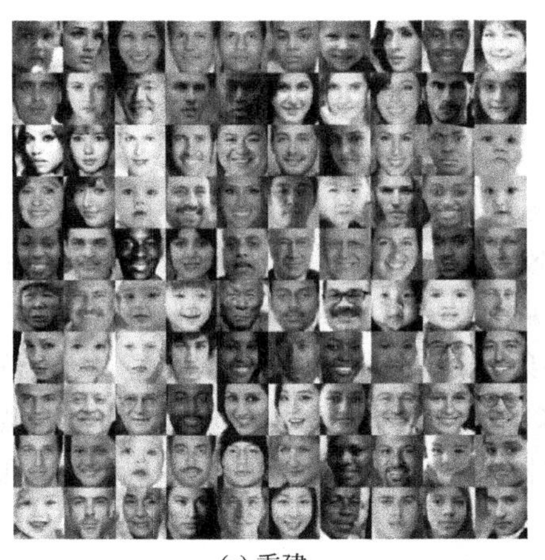

(a) 重建

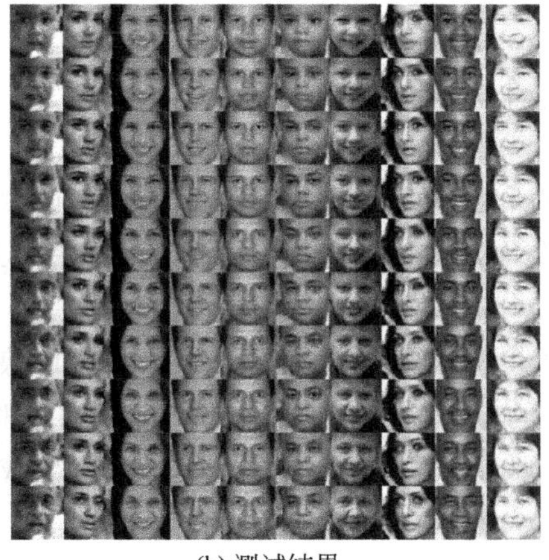

(b) 测试结果

图 11.9 训练得到的图像展示

2. 测试模型

在自行输入图片测试时，首先，准备测试数据，在目录中新建一个用于存放测试数据的文件夹，例如名为 test，在其中放入测试人脸图像（可批量处理，本节展示批量处理结果）。随后，使用如下代码进行操作（以男性图像输入，全年龄段输出为例）：

```
$ python main.py -- is_train False \
      -- testdir your_image_dir \
      -- savedir save \
      - gender 1 \
      -- predict_age 0
```

--后面的代码主要作用在于修改前文中所提到的几个相关参数：修改--is_train 参数为 false；设置--testdir 参数为新建的测试文件夹名，如 test；设置--use _trained_model 参数为 true，即使用预训练的模型。当然，也可以在代码文件 main.py 中直接修改。

运行代码时，若操作正确，将输出如下信息：

```
Building graph ...
TestingMode
Loadingpre - trained model ...
SUCCESS^_^
Done! Results are saved as save/test/test_as_xxx.png
```

测试结束后，会在 save 文件中的 test 目录下输出生成的图像。全年龄段测试结果如图 11.10 所示，图 11.10(a)为输入图像，图 11.10(b)为生成的全年龄段人脸预测图像。

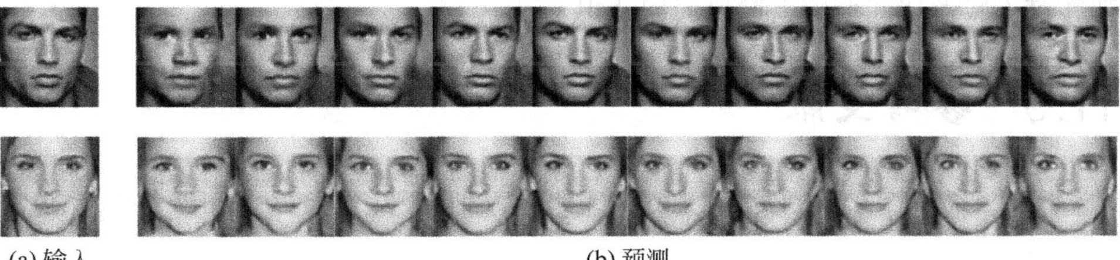

(a) 输入 (b) 预测

图 11.10 测试结果图像展示

11.4 总结与展望

本节所使用的算法主要通过条件对抗网络与自编码器相结合的方法，来实现人脸的老化和退龄预测。这种方法的建模思路大致参考的是对抗自编码(Adversarial Auto Encoder，AAE)。同样的，该模型也使用一个编码器将人脸图像映射到低维的隐空间，与一个标签向量进行连接，进而传入解码器中再映射回高维图像，同时，使用了一个判别器约束低维变量的分布，使它根据预先设定好的先验分布进行逼近。本节所使用的模型对AAE的提高主要在于多设置了一个针对解码(生成器)的判别器，用于约束解码器生成更加真实的图像。

另外，值得一提的是，刚才提到的AAE模型同样是站在了巨人的肩膀上，"巨人"便是变分自编码(Variational Auto Encoder，VAE)和GAN模型。其中，编码器-解码器的思想方法主要来源于VAE，而受到GAN的启发，在模型中加入了判别器进行对抗训练。

从另一个角度，CAAE同样也可以被看作是GAN的改进——使用编码器来对 z 进行建模，避免了原始GAN那种对 z 取样随机性很高的方式，从而使 z 的可解释性更强。

此外，近些年来，人脸老化和退龄化方面的研究还在不断推进。Li Jia等于2018年提出利用IcGAN构建人脸老化网络AIGAN，该网络不需要任何数据预处理，通过编码器Z和Y将人脸图像映射到身份特征和年龄空间，强调了身份特征和老化特征的保持。提出了最小化绝对重构损失的方法来优化向量 z，使之既能保持输入人脸的个性特征，又能保持输入人脸的姿态、发型和背景。此外，还提出了一种新的基于重建损失分类的年龄矢量优化方法，同时引入了在年龄特征和细微纹理特征之间保持良好平衡的参数。实验结果表明，AIGAN能够提供更丰富的老化面孔，甚至包括发型的变化[19]。

相关人脸老化和退龄的算法还有，Zongwei Wang等于2018年提出的条件生成性多功能网络(IPCGANs)框架，其中条件生成对抗性网络模块的功能是生成一个看起来真实的人脸面孔，身份保持模块用来保留身份信息，年龄分类器使得生成的人脸具有目标年龄。IPCGANs由3个模块组成：CGANs模块、身份保持模块和年龄分类器。CGANs生成器以输入图像和目标年龄为输入，生成具有目标年龄的人脸。所生成的人脸被鉴别器判定与目标年龄组中的人脸图像接近。为了保留身份信息，在IPC-GANs目标中引入了感知损失。最后，为了保证生成的人脸属于目标年龄组，将生成的人脸发送到预先训练好的年龄分类器中，并在目标中引入了年龄分类损失。实验结果表明，IPCGANS所得到的图像具有更少的鬼影噪声、更高的图像质量以及较高的身份匹配度[20]。

如果对该实验感兴趣的话，上述提到的这些相关算法，读者们可以自行进行学习，相信可以加深对人脸老化和退龄方面研究的认识。

11.5 参考文献

[1] 宋昊泽，吴小俊. 人脸老化/去龄化的高质量图像生成模型[J]. 中国图象图形学报，2019，24(04)：592-602.

[2] Tazoe Y, Gohara H, Maejima A, et al. Facial aging simulator considering geometry and patch-tiled

texture[C]//ACM SIGGRAPH 2012 Posters. ACM,2012: 90.

[3] Suo J, Zhu S C, Shan S, et al. A compositional and dynamic model for face aging[J]. IEEE Transactions on Pattern Analysis and Machine Intelligence,2009,32(3): 385-401.

[4] Ramanathan N,Chellappa R. Modeling age progression in young faces[C]// IEEE Computer Society Conference on Computer Vision and Pattern Recognition (CVPR'06). IEEE,2006,1: 387-394.

[5] Tiddeman B,Burt M,Perrett D. Prototyping and transforming facial textures for perception research [J]. IEEE Computer Graphics and Applications,2001,21(5): 42-50.

[6] Gou D,Zhang S,Ning X,et al. A Face Aging Network Based on Conditional Cycle Loss and The Principle of Homology Continuity[C]//International Conference on High Performance Big Data and Intelligent Systems (HPBD&IS). IEEE,2019: 264-268.

[7] Shu X,Tang J,Lai H,et al. Personalized age progression with aging dictionary[C]//Proceedings of the IEEE International Conference on Computer Vision. 2015: 3970-3978.

[8] Kemelmacher-Shlizerman I, Suwajanakorn S, Seitz S M. Illumination-aware age progression[C]// Proceedings of the IEEE Conference on Computer Vision and Pattern Recognition. 2014: 3334-3341.

[9] Burt D M, Perrett D I. Perception of age in adult Caucasian male faces: Computer graphic manipulation of shape and colour information[J]. Proceedings of the Royal Society of London, Series B: Biological Sciences,1995,259(1355): 137-143.

[10] Tiddeman B P,Stirrat M R,Perrett D I. Towards realism in facial image transformation: Results of a wavelet mrf method[C]//Computer Graphics Forum. Oxford,UK and Boston,USA: Blackwell Publishing,Inc,2005,24(3): 449-456.

[11] Wang D,Cui Z,Ding H,et al. Face Aging Synthesis Application Based on Feature Fusion[C]//2018 International Conference on Audio,Language and Image Processing (ICALIP). IEEE,2018: 11-16.

[12] Wang W,Cui Z,Yan Y,et al. Recurrent face aging[C]//Proceedings of the IEEE Conference on Computer Vision and Pattern Recognition. 2016: 2378-2386.

[13] Mirza M,Osindero S. Conditional generative adversarial nets[J]. arXiv preprint arXiv: 1411. 1784,2014.

[14] Zhang Z,Song Y,Qi H. Age Progression/Regression by Conditional Adversarial Autoencoder[J]. 2017.

[15] Grigory Antipov, Moez Baccouche, Jean-Luc Dugelay. Face aging with conditional generative adversarial networks[C]// 2017 IEEE International Conference on Image Processing (ICIP). IEEE, 2017.

[16] Goodfellow I. NIPS 2016 tutorial: Generative adversarial networks[J]. arXiv preprint arXiv: 1701. 00160,2016.

[17] Kingma D P, Welling M. Auto-encoding variational bayes[J]. arXiv preprint arXiv: 1312. 6114,2013.

[18] 朱杰.基于兴趣点的人脸识别流形算法[J].计算机应用与软件,2012,29(09): 77-80.

[19] Jia L,Song Y,Zhang Y. Face Aging with Improved Invertible Conditional GANs[C]//2018 24th International Conference on Pattern Recognition (ICPR). IEEE,2018: 1396-1401.

[20] Wang Z,Tang X,Luo W,et al. Face aging with identity-preserved conditional generative adversarial networks[C]//Proceedings of the IEEE Conference on Computer Vision and Pattern Recognition. 2018: 7939-7947.

第12章 目标检测

CHAPTER 12

情景一：风和日丽的海面上，一片波光粼粼、美不胜收。这看似平静的海面，实际却暗藏玄机——“这里是中国海军，你已进入我方海域，请立即离开！”——这是电影《红海行动》里的台词，也是中国海军守卫祖国疆土的真实写照。你也许不知道，除了中国海军，还有一位“神秘人物”，和中国海军一起，时刻坚守岗位，保卫着我们的祖国和人民！

情景二：夕阳西下，下班高峰，四通八达的高架桥上，一辆辆车平稳有序、畅通无阻地驶过，温暖的阳光照在回家人的脸上，等待他们的是可口的饭菜和家人的笑脸——在这流畅有序的交通背后，“神秘人物”和交通警察一起，为了每一位行车人的安全和每一个团聚的家庭，监测车流、指挥交通。

情景三：如图12.1所示，月黑风高的夜里，蒙面盗贼“飞檐走壁”意图偷走别人家里的钱财——别担心，天网恢恢，不管盗贼多么狡猾，早有“神秘人物”发现他的行踪。

图12.1 斯坦森扮演的特工在飞檐走壁

无论白天黑夜、下雨刮风，这位“神秘人物”在我们的周围，保护着我们的祖国、我们的人民，为我们的幸福生活勤劳工作着。

这位“神秘人物”到底是谁？

它就是目标检测技术。接下来，我们将介绍这位明察秋毫的“神秘人物”，看看它是如何通过深度学习技术，快速对图片中的物体进行分类和定位。

12.1 背景介绍

什么是目标识别？

图像识别有三大任务：分类、检测、分割，而检测的内容是识别出物体是什么和在哪里，也就是 What 和 Where。下面用图片来简单说明这三类任务分别做了什么。

在图12.2中，一张图片中可能出现飞机、轮船、汽车等好几种物体。分类要做的是判断出图片内的对象属于哪一类，是飞机还是轮船或者汽车；检测在分类的基础上，添加了定位的作用——根据图片建立坐标系，用一个矩形框标记出汽车或轮船的位置，并且输出矩形框四个顶点的位置。分割和检测不同的是，分割不再是用矩形框将飞机、轮船、汽车圈出来，而是用精确的边界线将飞机、汽车和背景划分开。

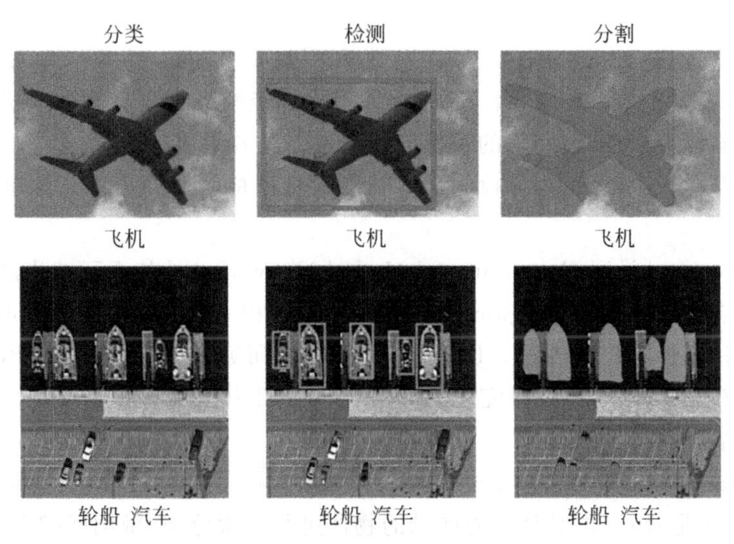

图 12.2 图像识别三大任务

目标检测的任务是找到图像中所有感兴趣的目标在哪里，还要确定目标的类别。不同的物体形状、颜色都有差异，加上光照的影响以及物体间互相遮挡等因素的干扰，目标检测一直是计算机视觉领域极具挑战的问题。

本章使用 Faster R-CNN 算法对图片进行检测。当输入一张图片时，程序会将所识别的对象用矩形框选出来，并判断出识别对象的类别。

目标检测对于人类来说并不复杂，但要让计算机学会检测，需要经历一系列的过程。要知道，对于计算机来说，一张张图片就是一个又一个毫无意义的矩阵。为此，科学家们做了许多种尝试。图 12.3 展示了目标检测算法发展历史上几个比较重要的算法。

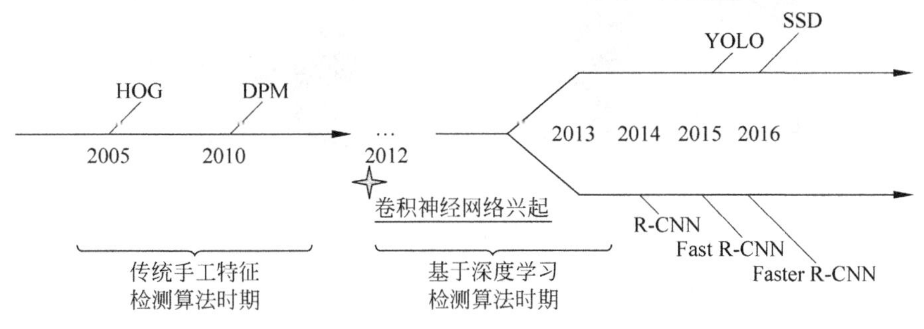

图 12.3 目标检测算法发展历史

2005 年，为解决行人检测问题，有学者提出了梯度直方图算法（Histogram of Oriented Gradient，HOG），基于滑动窗口的方法对目标进行搜索定位。HOG 特征是所有基于梯度特征的目标检测器的基础。

2010年有学者提出了DPM算法。DPM可以看作是HOG特征的扩展,大体思路与HOG一致,但在此基础上做了一些改进。DPM把物体看作组成它的多个部件(比如人脸由眼睛、眉毛、鼻子、嘴巴组成),用部件间的关系来描述物体。DPM算法在人脸检测、行人检测等任务上取得了不错的效果,是目前许多分类器、分割、人体姿态和行为分类的重要部分。

2012年,学者在ImageNet大规模视觉识别挑战赛(ImageNet Large Scale Visual Recognition Challenge,ILSVRC)上,通过引入卷积神经网络对原有算法改进并完成目标分类任务。结果显示,加入神经网络的目标分类算法分类效果更好,这引起了学者们对深度学习的研究兴趣[1]。从这以后,目标检测从传统手工特征检测来到了基于深度学习的检测算法时期。

R-CNN(Region-based Convolutional Neural Networks)是基于区域建议的卷积神经网络,是一种结合区域建议(Region Proposal)和卷积神经网络(Convolutional Neural Network,CNN)的目标检测方法。R-CNN这个领域研究非常活跃,先后出现了R-CNN、Fast R-CNN、Faster R-CNN等研究[2-4]。这些创新的工作其实是把一些视觉领域的传统方法和深度学习结合起来了。

R-CNN、Fast R-CNN以及Faster R-CNN算法都属于二阶段法,也就是先提取区域建议,判断是前景还是背景,再对判断为前景的物体进行二次分类,微调回归框的位置[5-6]。二阶段法的优势是精度高,但速度不够快,不能完全满足真正实时输出的要求。2015年提出的YOLO(You Only Look Once)算法是第一个一体化卷积网络检测算法,也就是单阶段法,最大的优势是速度快[7]。正如它的名字——你只用看一次,这种方法将整张图作为网络的输入,取消了区域建议的提取,直接通过回归同时产生位置坐标和分类概率。同年提出的SSD算法吸取了YOLO算法的优点,进一步提出了在多个分辨率的特征图上进行检测,取得了接近Faster R-CNN的准确率。单阶段法的特点在于速度快,但精度低于二阶段法。Faster R-CNN凭借更高的鲁棒性,仍然是目标检测领域常用的经典算法。

目标检测在生活中有许多重要的应用,包括人脸检测、行人检测、车辆检测以及医疗影像检测等,如图12.4所示。

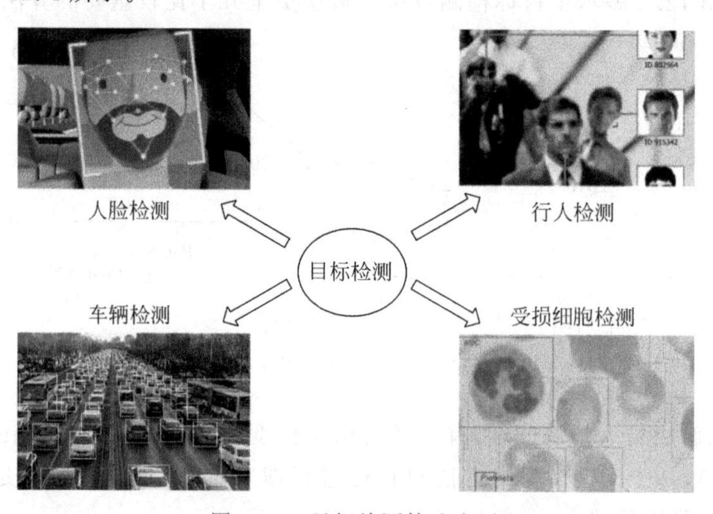

图12.4 目标检测算法应用

人脸检测是人脸识别中重要的一部分，用于确定人脸在图像中的位置。它从图像中找到人脸、裁剪出来，用于后续的识别。生活中使用的“刷脸”登录、“刷脸”支付技术，都是基于此技术。

行人检测在生活中也扮演着许多角色，时时刻刻保护着生活安全、保障着稳定的社会秩序，比如视频监控、人流量统计、智能辅助驾驶、行人分析以及智能机器人等都离不开行人检测技术。

车辆检测也是自动驾驶实现必不可少的技术，要达到自动驾驶的需求，首先要解决的问题就是确定道路在哪里、判断车辆周围环境，比如附近有哪些建筑、车、人等障碍物。除此之外，准确、实时地识别交通标志比如交通灯、道路指示牌等对于自动驾驶也尤为重要。

在医学上，医学影像的检测对于提高现代化医学的诊断效率和准确性也有着重要的意义，比如受损细胞的检测、肿瘤病灶检测等。

上述目标检测的应用仅仅是这项基础计算机视觉技术的冰山一角，这项技术渗透在生活的方方面面。

12.2 算法原理

通过上面的介绍，已经对目标检测的应用和发展有了基本的了解。R-CNN 系列算法经历了从 R-CNN 到 Fast R-CNN 再到 Faster R-CNN 的过程，在目标检测领域中有着举足轻重的地位。接下来，介绍该系列中鲁棒性、精确度、计算速率都非常高的 Faster R-CNN 算法是如何实现目标的分类与定位的[8]。

目标检测包括两个任务：分类和定位。需要先找出目标可能出现的区域，然后将目光聚焦在这一小块区域，仔细辨认它的类别。如图 12.5 所示，如果把这个过程比作藏宝图寻宝游戏，输入图像就是一张藏宝图。需要先在藏宝图上圈出可能存在宝藏的区域，然后根据宝藏的特征描述，比如有多大、是什么宝藏、位置在哪里等，判断出它的类别。

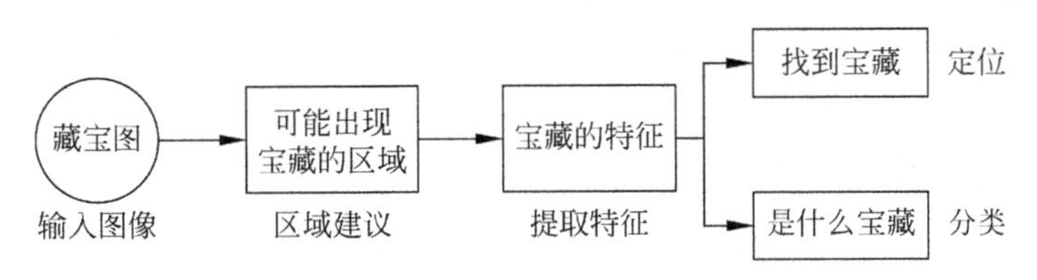

图 12.5　目标检测算法流程示意图

图 12.6 详细描述了 Faster R-CNN 算法的基本流程：

(1) 输入任意大小的图片，通过共享卷积层和特有卷积层对图片提取特征，生成特征图。

(2) 使用 RPN 网络提取区域建议。区域得分较大的区域建议就是藏有宝藏的地方，因此将得分大的区域建议对应到特征图上。

(3) 通过 RoI 池化层将区域建议对应的特征图均池化到固定大小。

(4) 将每个池化后的特征依次通过全连接层得到该区域建议的分类结果和边框回归结果，最终得到一个目标的检测结果。

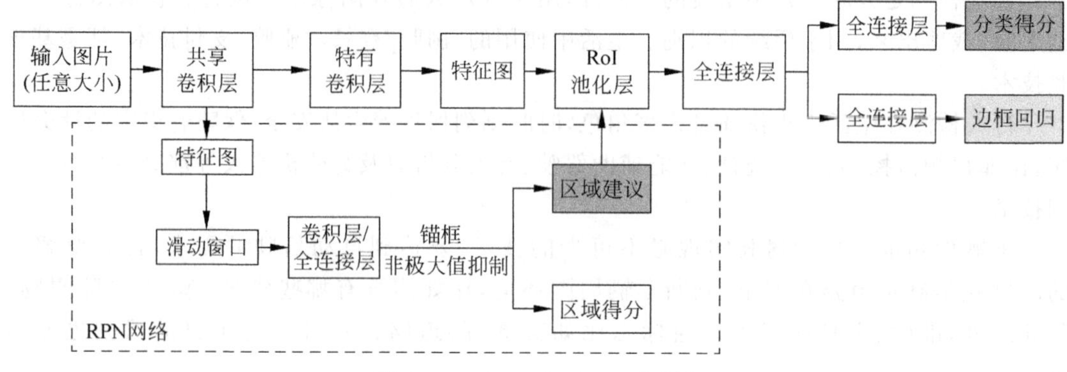

图 12.6 Faster R-CNN 示意图

12.2.1 提取区域建议

区域建议(Region Proposal)是指可能存在物体的候选区域。上文中提到提取区域建议的过程就好像手里拿着一张大地图在密室寻宝。过去使用的滑窗法,就如同是一个房间、一个房间地挨个寻找,遍历这个地图寻找可能存在的宝藏。可想而知,这是一个耗时耗力的过程。而使用区域建议法就是靠谱的专家帮把可能存在宝藏的几个地方圈出来,下一步就是针对这几个被圈出来的"重要区域",进行判断,这样寻找的效率就会提高许多。

Faster R-CNN 是 Fast R-CNN 的升级版本,二者之间的主要区别在于 Fast R-CNN 使用选择性搜索来提取区域建议,而 Faster R-CNN 使用"区域建议网络",即 RPN 来提取区域建议。如图 12.7 所示,选择性搜索算法(Select Search)用于为物体检测算法提供候选区域[9-10]。选择性搜索将输入图像根据颜色相似性、纹理相似性、尺寸相似性和形状兼容性等将图片分为许多的初始分割区域。图 12.8 展示了输入的原始图像和初始分割区域。

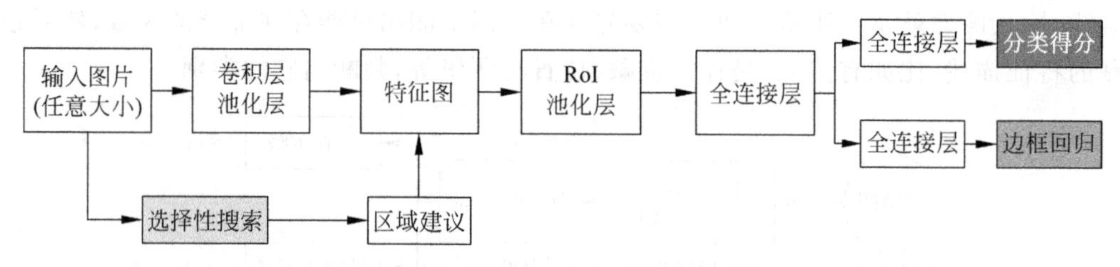

图 12.7 Fast R-CNN 算法流程图

图 12.8 初始分割区域(来源: CSDN)

但不能使用初始分割区域直接作为区域建议，这是因为大部分物体在初始分割图里都被分为多个区域，当物体之间相互遮挡或包含，初始分割图无法清晰表达物体之间的关系。因此，需要使用相似度计算方法合并一些小的区域。选择性搜索是自下向上不断合并候选区域的迭代过程，它主要分为三步：

(1) 将所有分割区域的外框加入候选区域列表中。

(2) 基于相似度合并一些小的区域。

(3) 回到第一步，将合并后的分割区域作为整体加入候选区域列表。

通过不停的迭代，候选区域列表中的区域越来越大，表示效果如图 12.9 所示。

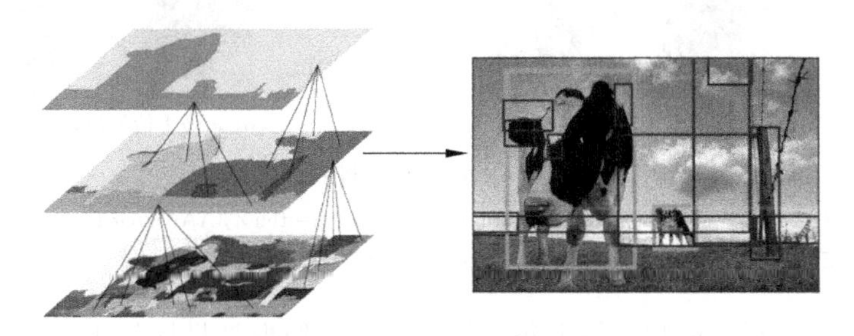

图 12.9　选择性搜索示意图(来源：简书)

输入图像，经过选择性搜索，会得到数以千计、大小不同的、可能存在感兴趣对象的矩形区域，送往下一步流程进行检测。

Faster R-CNN 使用区域建议网络(RPN)取代了选择性搜索。如果把 RPN 比作一个神奇的黑盒子，它的输入是经过卷积层得到的特征图，输出是可能为目标的建议框以及该框内是目标的概率，如图 12.6 所示。那么黑盒子里面的操作是什么呢？

RPN 实际上是使用小型网络对特征图进行卷积[11]。针对当一个窗口视野中出现两个甚至多个对象，除了背景，有又高又瘦的人，和又宽又胖的车，为了区分开这两个对象并且使返回的位置矩形框更为精准，需要不同比例不同大小的框去贴近这些目标。为此 RPN 引入了锚框的概念。锚框是人工预设好的不同大小的框，均匀分布在整张图上，对特征图上每一个像素点取 9 个大小、宽高比不一样的锚框去选取对象，如图 12.10 所示。

图 12.10　左为锚框示意图，右为概率较大的锚框

(来源：https://ss0.baidu.com/6ON1bjeh1BF3odCf/it/u=303494389,1516259513&fm=15&gp=0.jpg)

在测试过程，会得到每个建议框是某个物体类别的得分情况(网络认为是该物体的可能性)，此时会遇到图 12.11 所示情况，同一个目标会被多个建议框包围。这时需要非极大值抑制操作，去除得分较低的候选框以减少重叠框。

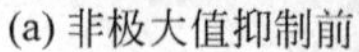

(a) 非极大值抑制前

(b) 非极大值抑制后

图 12.11　非极大值抑制前后比较

(来源：https://encrypted-tbn0.gstatic.com/images?q=tbn%3AANd9GcT6pkepYmWa0EgxqqE-XQ2pMYJOvaGqx4H3wA&usqp=CAU)

通过 RPN 层，就得到的特征图上每个像素上 9 个锚框是目标的概率，然后选取概率较大(得分高)的锚框输入到 RoI 池化层。

12.2.2 RoI 池化层

RoI 池化层中的操作，是将原图中的候选区域映射到特征图中；将映射后的区域，按照规定输出大小划分成 $H \times W$ 个小块，然后对每个小块进行最大池化，输出固定大小($H \times W$)的特征向量。如图 12.12(a)所示，输入池化层的特征图大小为 8×8。如图 12.12(b)所示，正方形框范围表示的区域建议映射到特征图大小为 7×5，按照规定输出大小划分为如图 12.12(c)所示的 2×2 个小块。对每个小块进行最大池化，输出为 2×2 的特征向量，如图 12.12(d)所示。

0.88	0.32	0.43	0.78	0.77	0.34	0.91	0.54
0.34	0.20	0.61	0.15	0.15	0.15	0.87	0.76
0.33	0.54	0.87	0.27	0.87	0.44	0.61	0.44
0.34	0.15	0.54	0.88	0.34	0.33	0.04	0.88
0.34	0.27	0.15	0.54	0.27	0.88	0.45	0.04
0.61	0.58	0.88	0.07	0.15	0.94	0.34	0.07
0.33	0.04	0.07	0.61	0.54	0.04	0.61	0.27
0.61	0.44	0.78	0.07	0.98	0.87	0.88	0.27

(a) 输入特征图

0.88	0.32	0.43	0.78	0.77	0.34	0.91	0.54
0.34	0.20	0.61	0.15	0.15	0.15	0.87	0.76
0.33	0.54	0.87	0.27	0.87	0.44	0.61	0.44
0.34	0.15	0.54	0.88	0.34	0.33	0.04	0.88
0.34	0.27	0.15	0.54	0.27	0.88	0.45	0.04
0.61	0.58	0.88	0.07	0.15	0.94	0.34	0.07
0.33	0.04	0.07	0.61	0.54	0.04	0.61	0.27
0.61	0.44	0.78	0.07	0.98	0.87	0.88	0.27

(b) 区域建议

图 12.12　RoI 池化示意图

0.88	0.32	0.43	0.78	0.77	0.34	0.91	0.54
0.34	0.20	0.61	0.15	0.15	0.15	0.87	0.76
0.33	0.54	0.87	0.27	0.87	0.44	0.61	0.44
0.34	0.15	0.54	0.88	0.34	0.33	0.04	0.88
0.34	0.27	0.15	0.54	0.27	0.88	0.45	0.04
0.61	0.59	0.88	0.07	0.15	0.94	0.34	0.07
0.33	0.04	0.07	0.61	0.54	0.04	0.61	0.27
0.61	0.44	0.78	0.07	0.98	0.87	0.88	0.27

(c) 池化区域

0.54	0.88
0.88	0.98

(d) 最大池化结果

图 12.12 （续）

RoI 池化的最终结果是向后面的全连接层输入规定大小的特征向量。为了满足全连接层的输入要求，R-CNN 算法有着不一样的做法。R-CNN 是卷积神经网络的物体检测奠基之作，图 12.13 展示了该算法的主要流程，其核心思想是使用选择性搜索算法从每张图片中选取多个感兴趣的区域(区域建议)，进行区域大小归一化，然后对每个区域样本进行卷积，提取特征，最后使用分类器和回归器来得到分类类别和准确的边框。

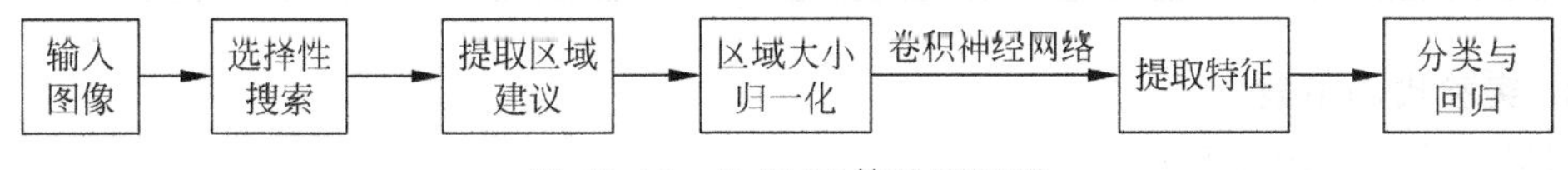

图 12.13　R-CNN 算法流程图

区域大小归一化是指将在上述过程中收到的建议区域进行变形操作，统一尺寸。也就是说，使用这种方法，统一了输入卷积神经网络的图像尺寸，而使用 RoI 池化层则给了输入图像尺寸自由。除此之外，在 R-CNN 算法中，当区域建议数量庞大时，大量选取框相互重叠，针对每一个选取框抽取特征，计算量大、速度缓慢且浪费资源，而 Faster R-CNN 算法可以根据特征图和区域建议的对应关系，将二者同时输入 RoI 池化层以固定大小的方式大大提高了运算速率。

12.2.3　网络结构介绍

在上面章节分别介绍了 RPN 网络和 RoI 池化层以及非极大值抑制、区域建议等概念，现在来看一下 Faster R-CNN 的整体网络结构，如图 12.14 所示。首先输入任意大小的图片，通过主干网络(在本次实验中使用 VGG-16 网络)，可以提取图像特征得到特征图(conv5_3)。

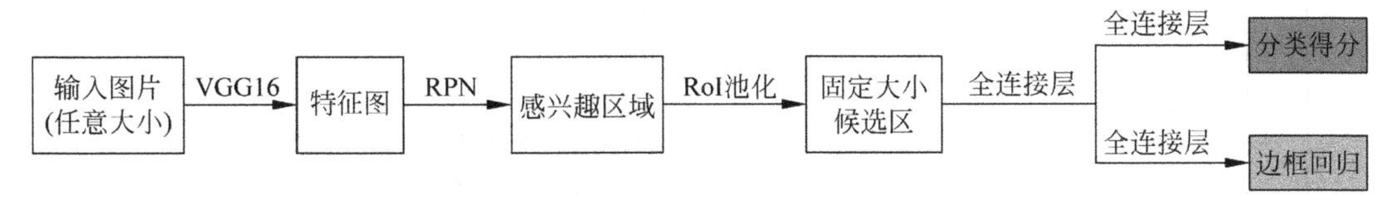

图 12.14　Faster R-CNN 网络介绍

RPN 网络会从特征图中抠出不同大小的感兴趣区域，这些感兴趣区域通过 RoI 池化层会被统一成固定大小(7×7)的特征向量输入到网络末尾采用并行的不同的全连接层，可同时输出分类结果和目标框回归结果，实现了端到端的多任务训练，也不需要额外的特征存储空间。至此，就可以得到图片上不同物体的分类得分和目标框[12]。

12.3 实验操作

12.3.1 代码介绍

1. 实验环境

目标检测实验环境如表 12.1 所示。

表 12.1 实验环境

条 件	环 境
操作系统	Ubuntu 16.04
开发语言	Python 2.7
深度学习框架	TensorFlow-gpu-1.2.0
相关库	opencv-python easydict cython

2. 实验代码下载

扫描二维码下载实验代码。

3. 代码文件目录结构

代码目录结构如下：

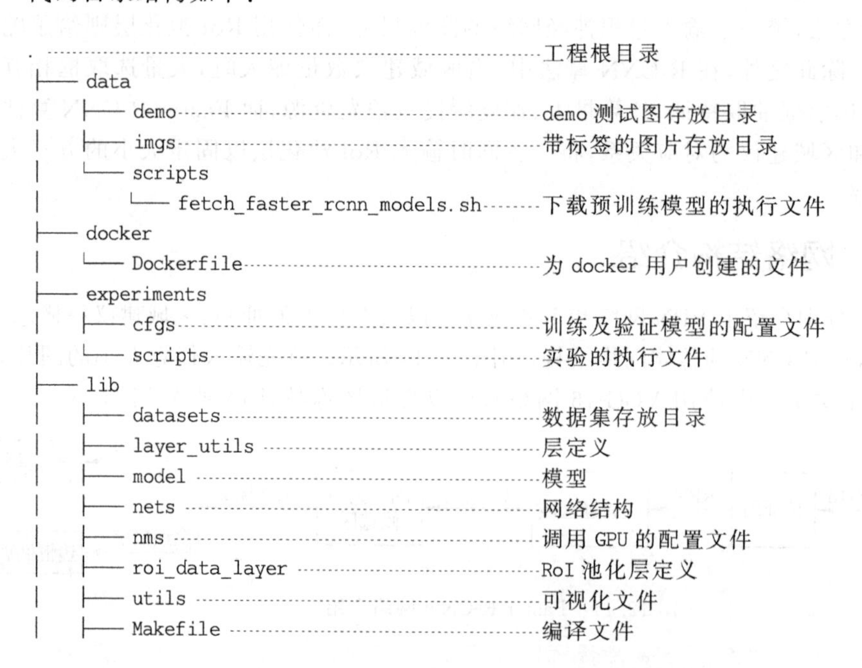

```
. ........................................................工程根目录
├── data
│   ├── demo..............................................demo 测试图存放目录
│   ├── imgs..............................................带标签的图片存放目录
│   └── scripts
│       └── fetch_faster_rcnn_models.sh...................下载预训练模型的执行文件
├── docker
│   └── Dockerfile........................................为 docker 用户创建的文件
├── experiments
│   ├── cfgs..............................................训练及验证模型的配置文件
│   └── scripts...........................................实验的执行文件
├── lib
│   ├── datasets..........................................数据集存放目录
│   ├── layer_utils.......................................层定义
│   ├── model.............................................模型
│   ├── nets..............................................网络结构
│   ├── nms...............................................调用 GPU 的配置文件
│   ├── roi_data_layer....................................RoI 池化层定义
│   ├── utils.............................................可视化文件
│   ├── Makefile..........................................编译文件
```

```
│    ├── setup.py ·····································设置文件
├── tools
│    ├── convert_from_depre.py
│    ├── demo.py ······································测试 demo 代码文件
│    ├── _init_paths.py
│    ├── reval.py
│    ├── test_net.py···································测试模型代码文件
│    └── trainval_net.py·······························训练模型代码文件
└── README.md··········································说明文件
```

12.3.2 数据集介绍

1. 数据集描述

实验使用数据集为 Pascal VOC 2007。Pascal VOC 每年都会举行一场图像识别挑战赛，挑战赛的主要目的是识别真实场景中的一些类别的物体。VOC 2007 即为该挑战赛2007 年提供的数据集。VOC 2007 中包含 9963 张标注过的图片，共标注出 24 640 个物体。训练集以带标签的图片的形式给出，如表 12.2 所示。

表 12.2 数据集图片分类

大类	小类						
人类	人						
动物类	鸟	猫	牛	狗	马	绵羊	
交通工具	飞机	自行车	船	公交车	汽车	摩托车	火车
家具类	杯子	椅子	餐桌	盆栽	沙发	电视/显示器	

这些物体分为四大类：人类、动物类、交通工具以及家具类，每个大类下包含多个小类，如动物类下属有鸟、猫、牛等，数据集总共包含 20 种小类物体。数据集的部分图片如图 12.15 所示。

图 12.15 数据集部分图片

2. 数据集结构

VOC 2007 下包含 5 个文件夹。第一个文件夹 Annotations、第二个文件夹 ImageSets，第三个文件夹 JPEGImages、第四个文件夹 SegmentationClass 以及第五个文件夹 SegmentationObject，如图 12.16 所示。

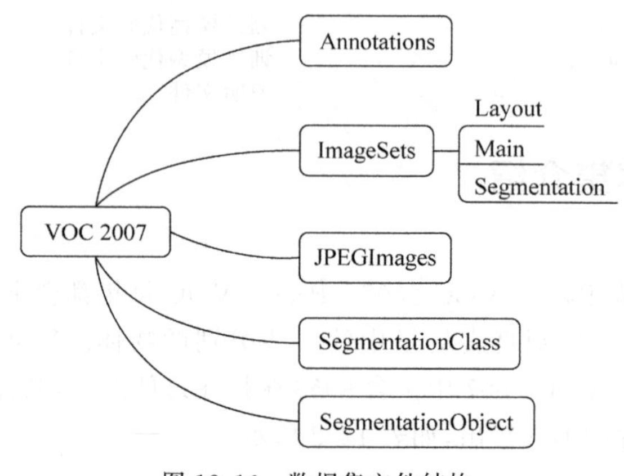

图 12.16 数据集文件结构

Annotations 放置的是对每一张图片的标注，包括图片的尺寸、物体类别、边界框的 4 个顶点坐标等。ImageSets 包含 3 个文件夹，分别是 3 个挑战对应的图像数据：Layout 里存放的具有人体部位的数据；Main 里面是物体图像识别的数据；Segmentation 存放的是用于分割的数据。这 3 个文件夹里的数据分为训练样本集、验证样本集、训练与测试样本汇合集、测试样本集。JPEGImages 放置着 9963 张格式为 JPG 的原始图片。在 SegmentationClass 中，图像中同一类别的物体会被标注为相同颜色，图片格式为 PNG。SegmentationObject 按对象进行图像分割，同一类别的物体会被标注为不同的颜色。

12.3.3 实验操作及结果

1. 下载代码

下载代码的命令行如下：

```
$ git clone https://github.com/endernewton/tf-faster-rcnn.git
```

2. 编译

更改设置文件中 GPU 型号，使之与使用的设备相符，不同设备修改内容参考表 12.3。打开工程中的/lib 目录：

```
$ cd tf-faster-rcnn/lib
```

使用 vim 更改设置文件中的 GPU 型号：

```
$ vim setup.py
```

因为使用的是 GTX 1080 (Ti)，因此修改第 130 行代码为'-arch=sm_61'；

表 12.3　不同 GPU 设备对应修改内容

GPU 模型	架　　构
TitanX (Maxwell/Pascal)	sm_52
GTX 960M	sm_50
GTX 1080 (Ti)	sm_61
Grid K520 (AWS g2.2xlarge)	sm_30
Tesla K80 (AWS p2.xlarge)	sm_37

在/lib 目录下，编译库函数 Cython，清除之前的编译：

```
$ make clean
```

重新编译：

```
$ make
```

回到上级目录：

```
$ cd ..
```

3. 下载数据集并解压

从网站下载 Pascal VOC 数据集的 3 个压缩包：

```
$ wget http://host.robots.ox.ac.uk/pascal/VOC/voc2007/VOCtrainval_06-Nov-2007.tar
$ wget http://host.robots.ox.ac.uk/pascal/VOC/voc2007/VOCtest_06-Nov-2007.tar
$ wget http://host.robots.ox.ac.uk/pascal/VOC/voc2007/VOCdevkit_08-Jun-2007.tar
```

在/data 目录下解压：

```
$ tar xvf VOCtrainval_06-Nov-2007.tar
$ tar xvf VOCtest_06-Nov-2007.tar
$ tar xvf VOCdevkit_08-Jun-2007.tar
```

重命名：

```
$ mv VOCdevkit VOCdevkit2007
```

4. 下载预训练模型

通过运行执行文件(文件里已经写好下载地址和命令行，直接运行即可)下载预训练模型：

```
$ ./data/scripts/fetch_faster_rcnn_models.sh
```

在/data 目录下解压：

```
$ tar xvf voc_0712_80k-110k.tgz
```

建立预训练模型的软连接，在工程总目录下创建 output 文件夹：

```
$ mkdir output
```

定义变量，使用 ResNet-101 网络：

```
$ NET = res101
```

定义训练集：

```
$ TRAIN_IMDB = voc_2007_trainval + voc_2012_trainval
```

在 output 文件夹下创建文件夹：

```
$ mkdir -p output/ ${NET}/ ${TRAIN_IMDB}
```

进入该文件夹：

```
$ cd output/ ${NET}/ ${TRAIN_IMDB}
```

创建软连接，连接前后两个文件：

```
$ ln -s ../../../data/voc_2007_trainval + voc_2012_trainval ./default
```

回到主目录：

```
$ cd ../../..
```

5. demo 测试

回到主目录，定义 GPU ID：

```
$ GPU_ID = 01
```

运行 tools 文件夹下的 demo. py 文件：

```
$ CUDA_VISIBLE_DEVICES = ${GPU_ID} ./tools/demo.py
```

6. 测试模型

使用训练好的模型对数据进行测试：

```
$ GPU_ID = 01
$ ./experiments/scripts/test_faster_rcnn.sh $GPU_ID pascal_voc_0712 res101
```

使用预训练模型进行训练，下载预训练模型，在/data 目录下创建一个 imagenet_weights 文件夹存放训练权重，并进入文件夹：

```
$ mkdir -p data/imagenet_weights
$ cd data/imagenet_weights
```

7. 训练模型

在这里使用 VGG-16 网络，对模型进行训练，从网站下载 VGG-16 预训练模型：

```
$ wget -v http://download.tensorflow.org/models/vgg_16_2016_08_28.tar.gz
```

解压：

```
$ tar -xzvf vgg_16_2016_08_28.tar.gz
```

改名：

```
$ mv vgg_16.ckpt vgg16.ckpt
```

返回主目录：

```
$ cd ../..
```

使用执行文件训练模型：

```
$ ./experiments/scripts/train_faster_rcnn.sh 01 pascal_voc vgg16
```

Demo 运行结果如图 12.17 所示。

图 12.17 Demo 测试输出图

可以看到，对于实验输入图片，目标检测算法（此处为 Faster R-CNN 算法）使用红色的边界框标记图片中的人、汽车、马、狗等（还有其他类别，此处不一一列举）物体的位置，并在边界框的左上角输出类别的名称以及回归得分。

测试结果：在本次测试过程中，使用 ResNet-101 网络训练好的预训练模型来测试。平均精度（Average Precision，AP），它的值等于正确定位结果数目和所有预测框数目的比值，可作为目标检测的评估标准。从测试结果可以看到算法对每一类物体检测的平均精度。在测试结束后，会产生一个 output 文件夹，在 res101 目录存储着测试结果文件。

训练结果：使用 VGG-16 网络结构对模型进行训练。在训练过程中，可以看到训练损失变换。在训练结束后，同样可以得到每个类别的平均精度，训练好的权重会存储在 output 文件目录下 vgg16 目录下。

12.4 总结与展望

本章使用了 Faster R-CNN 检测算法，将任意大小的图片输入卷积层，得到特征图。使用 RPN 网络对特征图进行卷积，在特征图上以每个像素点为中心设置 9 个尺寸大小、长宽比不同的锚框，返回每个锚框是目标的概率。然后选取概率大的锚框输入 RoI 池化层统一尺寸，最后进行分类得分计算和边界框回归。

RPN 网络是 Faster R-CNN 算法的精髓所在。锚框的出现把目标检测问题转变成了“锚框中有没有认识的目标，目标偏离锚框多远”的问题。锚框的使用可以更好地区分大小、比例不同的对象，但与此同时锚框的数量、大小、比例也引入更多的参数，增大了算法的计算量，同时生成大量负样本，造成正负样本不平衡，降低了训练效率。后有学者提出 Ahchor Free 也就是无锚框方法，消除了锚框的设计麻烦，提高运算速度，比如 CornerNet 算法[13]。

同样受到大胆质疑的还有边界框和非极大值抑制的存在。边界框在保证前景物体尽可能完整的情况下会尽量贴着物体的外轮廓，因此会使得大量背景像素进入框内。但在现实生活中，从不同的角度观看同一物体，看到的图像可能会完全不同，因此用矩形框包围物体的形式也许并不可靠。而且，要把框标注好也是费时又费力。而非极大值抑制被作为选框策略已经很久了，因为没有别的工作可以比它表现得更好。但是，正如上文提到的那样，边界框本身是否有必要存在就有待讨论和研究，使用非极大值抑制选出来的框再优秀又如何呢？更何况，在现实世界中，不存在一个完美的交并比阈值来控制所有的场景，比如物体相互遮挡，挡住一点和挡住一大半，肯定不能用单一的阈值来解决。事实上，动态调整了非极大值抑制的 Soft-NMS[14] 和动态调整交并比的 Cascade RCNN[15] 都取得了不错的结果。

科学就是这样，过去优秀的未必是最好的，过去认为是对的，今天也可以被否定，没有什么是不可以质疑的。只有一个目的，把要检测的物体检测得更快、更精准。同学们，大胆发挥你的想象力和创造力吧！

12.5 参考文献

[1] Felzenszwalb P F, Girshick R B, McAllester D, et al. Object Detection with Discriminatively Trained Part-Based Models[J]. IEEE Transactions on Pattern Analysis & Machine Intelligence, 2010, 32(9): 1627-1645.

[2] Girshick R, Donahue J, Darrell T, et al. Rich feature hierarchies for accurate object detection and semantic segmentation[C]// ImageNet Large-Scale Visual Recognition Challenge workshop, 2013.

[3] Girshick R, Donahue J, Darrell T, et al. Rich feature hierarchies for accurate object detection and semantic segmentation[C]//IEEE Conference on Computer Vision and Pattern Recognition (CVPR), 2014.

[4] Girshick R, Donahue J, Darrell T, et al. Region-Based Convolutional Networks for Accurate Object Detection and Segmentation [J]. IEEE Transactions on Pattern Analysis and Machine Intelligence, 2015.

[5] Su D C. Efficient Graph based image Segmentation[EB/OL]. (2009-11-04)[2020-07-10]. https://www.mathworks.com/matlabcentral/fileexchange/25866-efficient-graph-based-image-segmentation.

[6] Ren S, He K, Girshick R, et al. Faster R-CNN: Towards Real-Time Object Detection with Region

Proposal Networks[J]. IEEE Transactions on Pattern Analysis & Machine Intelligence, 2017, 39(6): 1137-1149.

[7] Redmon J, Divvala S, Girshick R, et al. You only look once: Unified, real-time object detection[C]// IEEE Conference on Computer Vision and Pattern Recognition (CVPR), 2016.

[8] Szegedy C, Toshev A, Erhan D. Deep Neural Networks for Object Detection[J]. Advances in Neural Information Processing Systems 26 (NIPS), 2013.

[9] Sermanet P, Eigen D, Zhang X, et al. OverFeat: Integrated recognition, localization and detection using convolutional networks[J/OL]. (2014-02-14)[2020-07-10]. https://arxiv.org/abs/1312.6229.

[10] Uijlings J R R, Sande K E A V D, Gevers T, et al. Selective Search for Object Recognition[J]. International Journal of Computer Vision, 2013, 104(2): 154-171.

[11] Hosang J, Benenson R, Piotr Dollár, et al. What Makes for Effective Detection Proposals? [J]. IEEE Transactions on Pattern Analysis & Machine Intelligence, 2016, 38(4): 814.

[12] Krizhevsky A, Sutskever I, Hinton G E. ImageNet classification with deep convolutional neural networks[J]. Communications of the ACM, 2017, 60(6): 84-90.

[13] Law H, Deng J. CornerNet: Detecting Objects as Paired Keypoints[J]. International Journal of Computer Vision, 2018.

[14] Bodla N, Singh B, Chellappa R, et al. Soft-NMS—Improving Object Detection With One Line of Code [J]. International Journal of Computer Vision, 2019(128): 642-656.

[15] Cai Z, Vasconcelos N. Cascade R-CNN: Delving into High Quality Object Detections[J/OL]. (2014-02-14)[2017-12-3]. https://arxiv.org/abs/1712.00726.

第13章 眼部图像语义分割

CHAPTER 13

眼睛是心灵的窗户，人所接收到的外界信息大部分都来自于眼睛，而人在进行思考以及心理活动时会将其反映在眼睛的行为上。可以说，在科技允许的情况下，眼动追踪技术是感知人类思维最为直观有效的途径。

眼动追踪也叫视线追踪，英文称为 Eye tracking/gaze tracking。准确来讲就是利用传感器捕捉、提取眼球特征信息，通过图像处理技术定位瞳孔位置，获取瞳孔中心坐标，并通过坐标变换得到人的注视点。从而让电脑知道你正在看哪里、看了多久。现在的眼动追踪技术，常常活跃在虚拟现实/增强现实(VR/AR)、人机交互、心理学等领域。下面是眼动追踪技术在人机交互领域的应用场景。

看一眼计算机，计算机就会自动亮屏；当想浏览一个网页时，首先看一眼浏览器的图标，浏览器打开，再看一眼某个链接，网页便呈现在眼前；当需要输入文字时，只要动一动眼睛，看一看屏幕键盘上的字母，就能进行输入。在整个计算机操作过程中完全解放双手，通过眼神就能让计算机领会我们的意图。

传统的眼动追踪技术中，眼球定位的其中一种方法是将眼部图片进行图像增强、去噪、腐蚀等数字图像处理，去除环境带来的噪声对眼睛识别的干扰，然后提取出眼睛的黑色部分，并以眼球黑色部分的中心坐标与眼睛轮廓坐标的相对位置作为视线估计的主要线索。可以想到该方法得到的眼球黑色部分的中心坐标仅仅是粗糙的虹膜坐标。

但是想要做到利用眼动追踪技术进行人机交互，就需要计算机能够进行准确的视线估计，而精确的眼睛图像分割可以改善眼球注视估计。在这一小节中，将让计算机学会精确识别我们的眼睛图像——眼部图像语义分割，打开眼动追踪技术的大门。

13.1 背景介绍

语义分割是计算机视觉中的基本任务，具体来说就是将图像中的每一个像素关联到一个类别标签(语义标签)上的过程，这些标签可能包括一只猫、一辆车、一个人、一朵花、一件家具等。也可以认为语义分割是像素级别的图像分类。与图像分类或目标检测相比，通过语义分割，可以对图像有更加细致的了解。这种了解在诸如自动驾驶、机器人以及图像搜索引擎等许多领域都是非常重要的。

语义分割任务的输入是一张原始图像(RGB 彩色图像，或者单通道灰度图像，或者多通道图像)，其输出为带有各个像素类别标签的与输入同分辨率的分割图像。简单来说，输入输出都是图像，而且是同样大小的图像。总结来说，语义分割任务就是输入图像经过算法处理得到带有语义标签的同样尺寸的输出图像。

而眼睛图像语义分割，就是在眼睛图片中，将图像中的每一个像素关联到具体的瞳孔、虹膜、巩膜及其他的类别标签上。图 13.1(a)为人的眼睛图片作为输入，最终的目标是输出得到图 13.1(b)的语义分割图。

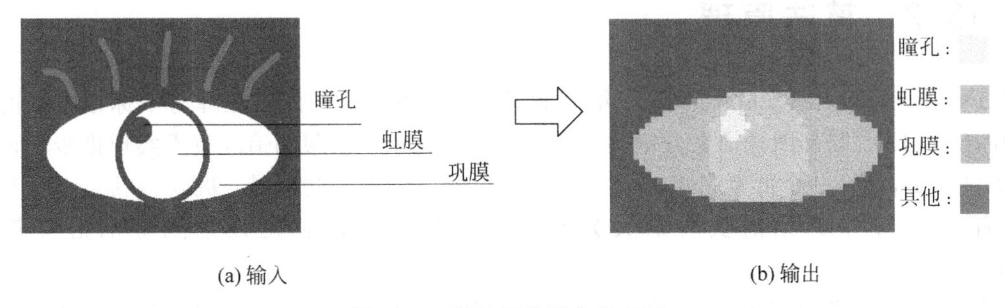

图 13.1　眼睛图像语义示意图

现有的语义分割等图像分割模型的通用做法是采用编码和解码的网络结构，编码由多层卷积和池化即下采样实现，而解码就是编码的逆运算，对编码的输出特征图进行不断的反卷积(即上采样)逐渐得到一个与原始输入大小一致的全分辨率的分割图。

Jonathan Long 等在 2015 年提出的全卷积网络[1]是用于语义分割的最简单、最流行的架构之一。算法主要思路是首先通过一系列卷积将输入图像下采样到更小的尺寸，同时获得更多通道。这组卷积通常称为编码器。然后通过双线性插值或一系列转置卷积对编码输出进行上采样。这组转置卷积通常称为解码器，使它恢复到输入图像相同的尺寸，从而可以对每个像素都产生一个预测，同时保留了原始输入图像中的空间信息，最后在上采样的特征图上进行逐像素分类。自从提出后，FCN 已经成为语义分割的基本框架，后续很多分割网络都是基于 FCN 做改进，包括 Unet[2]。

Unet 网络包括两部分，第一部分为特征提取部分，与 VGG 类似。第二部分为上采样部分，每上采样一次，就和特征提取部分对应的通道数相同尺度融合(拼接)。由于网络结构像 U 型，所以叫 Unet 网络。这种结构目前非常流行，已经被拓展至多种分割问题上。

DenseNet 网络[3]结构引入了卷积特征映射的紧密连接，从以前的所有层到当前层，允许特性被重用，进一步改善了通过网络的信息流，最终提高了网络性能。网络的参数量相对较大。

人们针对图像眼睛语义分割算法也做了大量的研究。一方面，随着虹膜识别技术的普及，虹膜分割技术已经引起了学术界的广泛关注。在文献[4]中，作者提出了一种在可见光和近红外光下对彩色眼睛图像进行虹膜分割的算法。分析了图像的颜色，包括反射定位、反射填充、虹膜边界定位和眼睑边界定位四个阶段。另一方面，基于特征学习的 ATTention UNet (ATT-UNet)方法[5]引导模型学习更多区分虹膜和非虹膜像素的区别特征。ATT-UNet 采用边界盒回归方法生成虹膜掩码，并将其作为加权函数使模型更加关注虹膜区域。

巩膜分割通常被认为是一个更广泛的任务，如虹膜识别或凝视的子问题估计。在文献[6]中，作者提出了一种残码编码解码器网络 Sclera-Net，用于在各种传感器图像中对巩膜进行分割。在文献[7]中，通过改进 U-Net 和通道选择的注意力机制，获得了最佳的巩膜分割性能。

在人眼语义多类分割中，文献[8]在 30 个参与者的 120 幅图像的小数据集上训练了一个具有 4 倍交叉验证的卷积编码-解码器网络。在文献[9]提出了一项基于条件随机场卷积的后处理研究。

13.2 算法原理

Facebook Reality Labs 于 2019 年提出了结合眼睛特征的人类注释与未标记数据的挑战赛，OpenEDS 眼部图像语义分割挑战赛。从而借此来帮助眼动追踪技术实现进步。该挑战赛目标是，设计一个低复杂度的解决方案来检测关键的眼睛区域：巩膜、虹膜、瞳孔和其他（背景）。本节介绍的实时语义分割眼部图像的方法就是该挑战赛的冠军算法 RITnet[10]。

眼部图像语义分割流程如图 13.2 所示，将眼部图像经过预处理后输入到训练好的 RITnet 网络中就可以得到语义分割的结果。而 RITnet 网络的主要结构就是下采样模块和上采样模块。

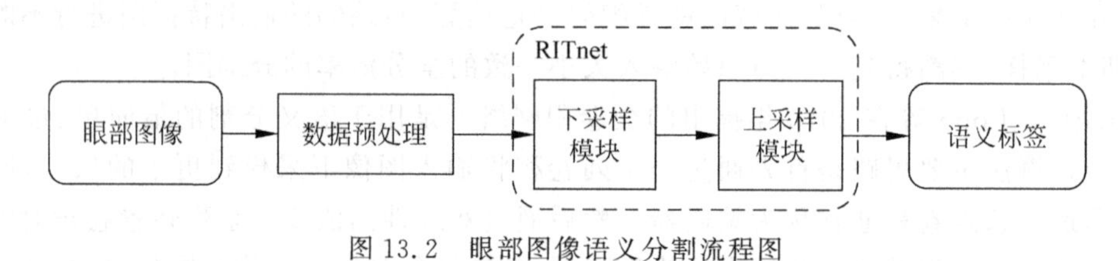

图 13.2 眼部图像语义分割流程图

13.2.1 数据预处理

为了调节数据集中眼部图像反射特性的变化（例如：虹膜色素沉着、眼妆、肤色或眼睑/睫毛）以及头戴式设备特定照明（红外发光二极管相对于眼睛的位置）的影响。在将眼部图像数据输入网络之前先进行了预处理。

预处理方法可以减少训练数据、验证数据和测试数据的平均图像亮度分布的差异，同时也增加了某些眼部图像特征的可分性。具体的处理方法是：首先，对所有输入的眼部图像应用指数为 0.8 的固定伽玛校正。然后设置颜色对比度阈值为 1.5，在 8×8 的网格大小下进行自适应直方图均衡化。

在图 13.3 中给出了眼部图像预处理前后的效果示意。从左到右依次是原始图像、伽马校正后的图像、均衡化后的图像。可以看出在最右边的眼部图像中，虹膜和瞳孔更容易区分。

与此同时，为了增强模型对图像属性变化的鲁棒性，对训练数据采取了以下几种增强方法。并且在每次训练迭代过程中，选取每个增强方法的概率都是 0.2，让每幅图像都至少会随机经过下述数据增强中的一个。

(1) 对图像进行垂直对称。

(2) 一个固定的 7×7 核大小的高斯模糊，其中标准偏差 $2\leqslant\sigma\leqslant7$。

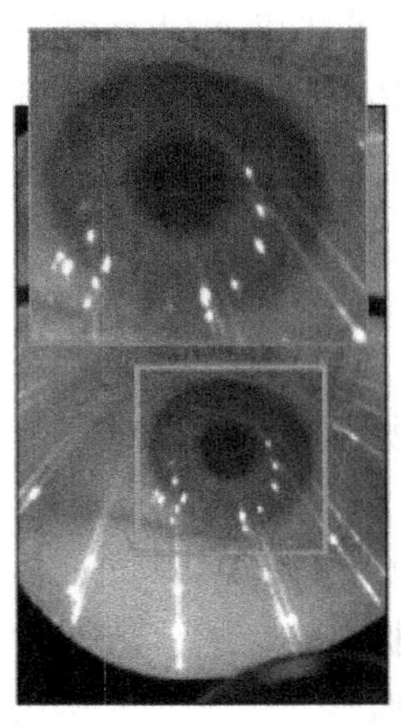
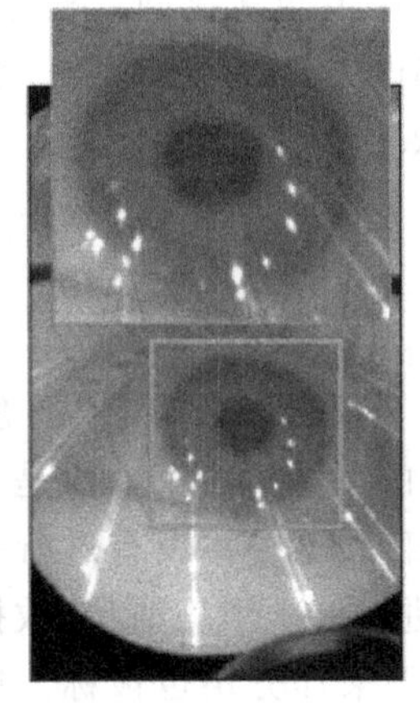
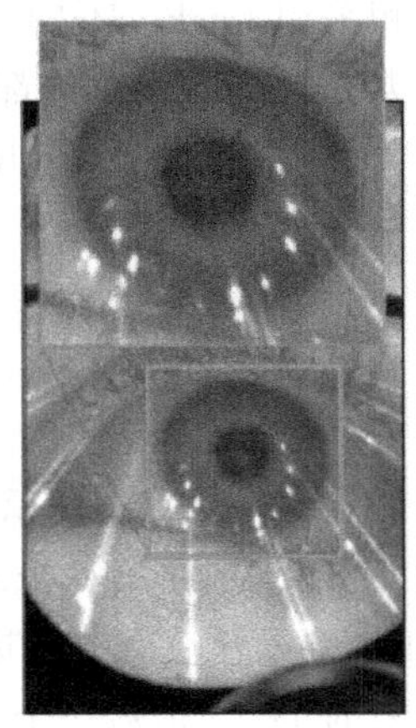

图 13.3 预处理效果

(3) 眼部图像在两个坐标轴上 0～20 像素的平移。

(4) 使用围绕随机中心绘制的 2-9 条细线来破坏图像($120<x<280,192<y<448$)。

(5) 使用星芒图案对图像进行损坏(见图 13.4)。从而减少红外光源在眼镜上反射造成的分割误差。注意该图案在 x、y 两个方向上都是由 0～40 像素旋转而成的。

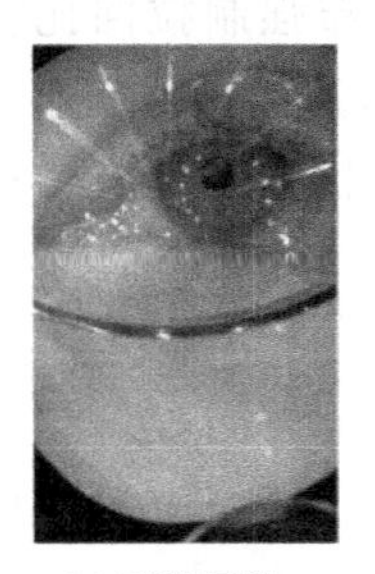

(a) 原始图像

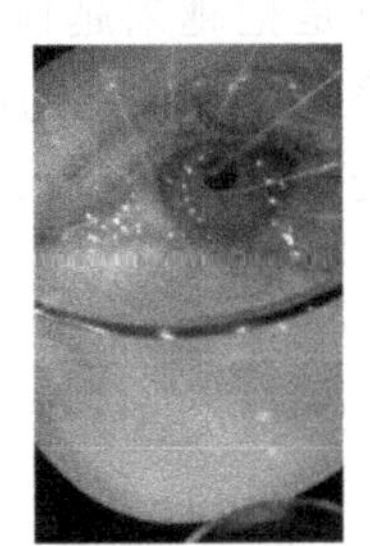

(b) 反射选择

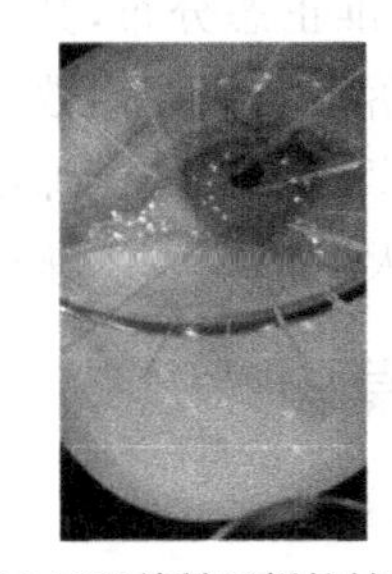

(c) 180°旋转后拼接结果

(d) 最终蒙版

图 13.4 从训练图像 000000240768 生成星芒蒙版

13.2.2 下采样模块

每个下采样模块由 5 个下采样块构成。而单个下采样块是一个具有五层卷积层的结构。其具体连接方式如图 13.5 所示。该结构受 Densenet[3] 的启发,在网络的卷积层之间增加了之前层的连接。在 Densenet 中,第 x 层(输入层不算在内)将有 x 个输入,这些输入是之前所有层提取出的特征信息。但是该架构与 Densenet 相比,并不是完全密集连接。这种连接模式相对于 Densenet 只需要更少的参数。

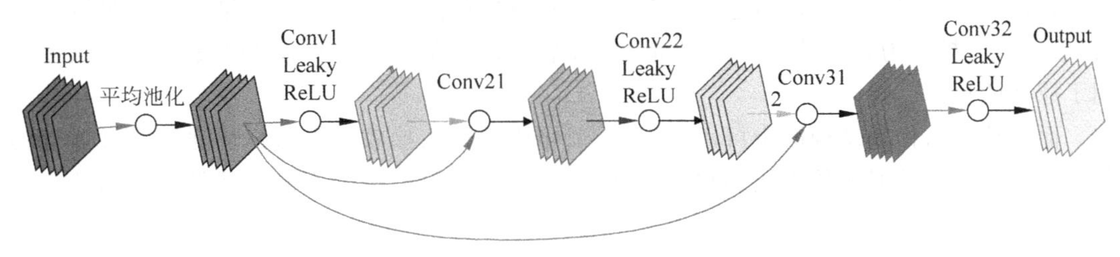

图 13.5 下采样块结构

这里的卷积采用 Leaky ReLU 作为激活函数。修正线性单元(Rectified Linear Unit, ReLU)激活函数是将所有的负值都设为零,相反,Leaky ReLU 激活函数是给所有负值赋予一个非零斜率。具体来说,Leaky ReLU 可以表示为:

$$y_i = \begin{cases} x_i & x_i \geqslant 0 \\ \dfrac{x_i}{a_i} & x_i < 0 \end{cases} \tag{13-1}$$

其中 a_i 是$(1,+\infty)$内的固定参数。函数图像如图 13.6 所示。

需要注意的是,图 13.5 中所示的下采样块第一步是一个平均池化的操作,但是在第一个下采样块并没有进行平均池化,其他 4 个下采样块有。每进行一次平均池化,数据尺寸缩减为原来的 1/2。最后一个下采样分块也被称为瓶颈层,它将整个信息缩减为输入分辨率的 1/16 的一个小张量。

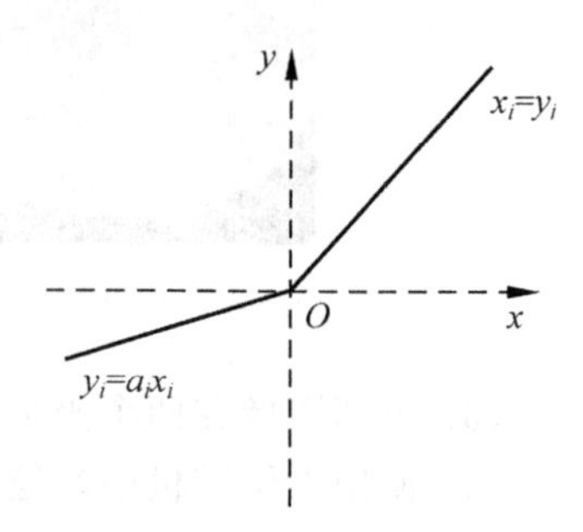

图 13.6 Leaky ReLU 函数图像

下采样块结构的最后使用批标准化(Batch Normalization,BN)[11]。批标准化是通过一定的规范化手段,把每层神经网络任意神经元这个输入值的分布强行拉回到均值为 0 方差为 1 的标准正态分布,其实就是把越来越偏的分布强制拉回比较标准的分布,这样使得激活输入值落在非线性函数对输入比较敏感的区域,这样输入的小变化就会导致损失函数较大的变化,意思是这样让梯度变大,避免梯度消失问题产生,而且梯度变大意味着学习收敛速度快,能大大加快训练速度。

13.2.3 上采样模块

上采样模块由 4 个上采样块组成。在了解了下采样块的结构之后,学习上采样块的结构就很容易了。上采样块与下采样块结构类似。每个上采样块由四个卷积层组成。激活函数同下采样块一样使用的也是 Leaky ReLU。上采样块的详细结构如图 13.7 所示。

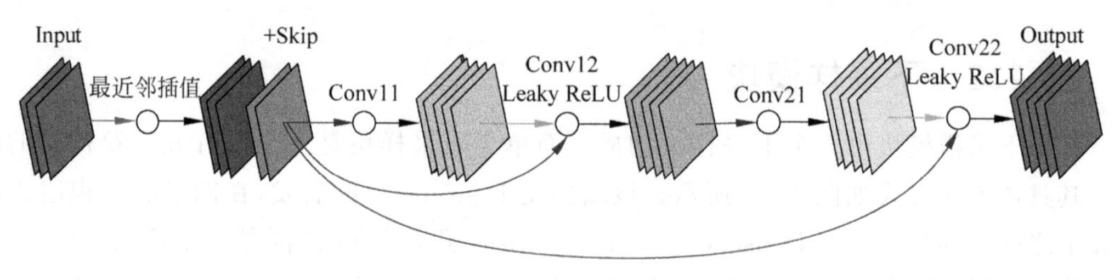

图 13.7 上采样块结构

在每一个上采样块的所有卷积之前都有一个最近邻插值的操作,每进行一次最近邻插值,数据尺寸扩张为原来的 2 倍。前面下采样后的数据在经过四个上采样块之后,就又恢复到了原来的尺寸。

而且从上采样块结构图中可以看到,上采样块的输入接收了下采样块通过跳过连接的部分。这部分是从对应的下块接收到的额外信息,是为模型提供不同空间粒度表示的一种有效策略。

13.2.4　损失函数

损失函数是用来估量模型的预测值与真实值的不一致程度。对于数据中各个类分布比较平衡的程序，一般默认选择标准交叉熵损失（Standard Cross Entropy Loss，CEL），这也是语义分割任务中最常用的一种损失函数。具体的计算方法为

$$L=-\sum_{c=1}^{M} y_c \log(p_c) \tag{13-2}$$

其中，M 表示类别数，y_c 是一个 one-hot 向量，元素只有 0 和 1 两种取值，如果该类别和样本的类别相同就取 1，否则取 0，至于 p_c 表示预测样本属于 c 的概率。

在实际应用中，该损失函数会分别检查每个像素，将类预测与编码的目标 one-hot 向量进行比较。由此可见，交叉熵的损失函数是评估每个像素矢量的类预测，然后对所有像素求平均值，可以认为图像中的所有像素是被平等地学习了。但是对于类别不均衡的数据，会导致训练被像素较多的类主导，而较小的物体很难学习到其特征，从而降低网络的有效性，分割效果会比较差。

目标是将眼部图像中的像素分为 4 种语义类别：背景、虹膜、巩膜或瞳孔。其中瞳孔区域的像素点是比较少的，数据类的分布并不平衡。据此，需要重新选择损失函数。首先介绍一些其他的损失函数及其特性。

广义骰子损失（Generalized Dice Loss，GDL）。广义骰子损失中的骰子得分系数衡量的是真实语义标签与预测标签之间重叠的大小，然后在数据中类别不均衡的情况下，使用类频率[12]的平方倒数来对骰子得分进行加权，然后再与标准交叉熵结合作为损失函数效果会更好。

边界损失（Boundary Aware Loss，BAL）。语义边界依据类标签分隔区域。可以根据当前像素点到两个最近的像素语义类的距离对每个像素点处的损失进行加权，从而在损失函数中引入边缘意识[13]。实验中使用 Canny 边缘检测器来生成边界像素，进一步扩大了两个像素从而来减少混淆的边界。其中 Canny 边缘检测是一个多阶段的算法，由多个步骤组成：图像降噪、计算图像梯度、非极大值抑制、阈值筛选。

表面损失（Surface Loss，SL）。表面损失基于图像轮廓空间中的距离，保留小的、不常见的、具有高语义值的部分。可以这样说，边界损失试图最大化边界附近的正确像素概率，而广义骰子损失为不平衡条件提供稳定的梯度。与两者相反，表面损失根据每个类到地面真实边界的距离来度量每个像素的损失。它可以有效地恢复被基于区域的损失所忽略的小区域[14]。

实验中所用的总的损失函数 L 由这些损失的加权组合得到。

$$L=L_{\mathrm{CEL}}(\lambda_1+\lambda_2 L_{\mathrm{BAL}})+\lambda_3 L_{\mathrm{GDL}}+\lambda_4 L_{\mathrm{SL}} \tag{13-3}$$

实验中 $\lambda_1=1$，$\lambda_2=20$，$\lambda_3=(1-a)$，$\lambda_4=a$，其中 a 在训练代数 e 小于 125 取值为 $e/125$，之后则取 0 值。

13.2.5　网络结构介绍

本节将总结一下 RITnet 网络结构。RITnet 的整体架构示意图如图 13.8 所示。它主要由 5 个下采样模块和 4 个上采样模块组成。它们分别对输入进行下采样和上采样。在

RITnet结构图中的 m 代表的是输入图像通道数量。输入的是眼部灰度图像所以 $m=1$。c 为输出标签的类别数量。眼部图像分割主要是对眼部图像进行语义分割，得到瞳孔、虹膜、巩膜及其他4个类别，所以 $c=4$。图中的 p 为模型参数个数。虚线表示从相应的上采样块到下采样块的跳过连接。所有的块输出通道数为 $m=32$ 的张量。

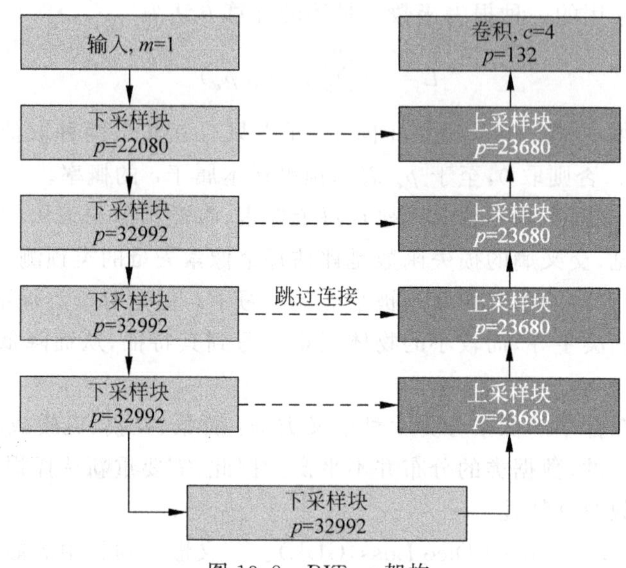

图 13.8 RITnet 架构

13.3 实验操作

13.3.1 代码介绍

1. 实验环境

眼部图像语义分割实验环境如表 13.1 所示。

表 13.1 实验环境

条 件	环 境
操作系统	Ubuntu 18.04
开发语言	Python 3.7
相关库	Pillow 6.2.2 Tqdm 4.42.1 Opencv 4.3.0 NumPy 18.1 Torch 1.5.0 Torchvision 0.6.0 Matplotlib 3.3.0 scikit-leam 0.23.2

2. 实验代码下载地址

扫描二维码下载实验代码。

3. 代码文件目录结构

代码文件目录结构如下：

```
RITNet·····································································工程根目录
├── best_model.pkl························································模型最优权重
├── data··································································数据目录
│   └── Semantic_Segmentation_Dataset·····································眼部图像语义分割数据集
│       ├── test··························································测试数据存放目录
│       ├── train·························································训练数据存放目录
│       └── valiation·····················································验证数据存放目录
├── dataset.py····························································数据加载与数据扩充
├── densenet.py···························································模型代码
├── logs··································································训练后生成文件夹
│   └── info······························································训练输出
│   ├── logs.log··························································训练输出日志
│   └── models····························································文件夹中保存训练每一代权重
├── models.py·····························································模型
├── starburst_black.png···················································星芒蒙版
├── opt.py································································模型参数列表
├── README.md·····························································说明文档
├── License.md····························································版权声明
├── requirements.txt······················································运行代码所需的所有包
├── test.py·······························································测试代码
├── test··································································测试后生成文件夹
│   ├── labels····························································测试数据标签文件
│   └── mask······························································测试数据语义图片
├── train.py······························································模型训练代码
├── tesh.sh·······························································测试脚本
├── train.sh······························································训练脚本
└── utils.py······························································定义实用函数
```

13.3.2 数据集介绍

OpenEDS(Open Eye Dataset)[16]从152名参与者的眼部视频中收集而来。眼部视频采用虚拟现实(Virtual Reality,VR)头戴式显示器在受控照明下以200Hz的帧率,与两台同步的面向眼睛的摄像机一起拍摄得到的。该数据集分为四个子集,即语义分割数据、生成数据集、序列数据集、左眼和右眼角膜点云地形图。

本实验使用到的为OpenEDS数据集中的语义分割数据部分。该部分数据总共有12 759张图像,大小为400×640。所有图像都有相应的背景、虹膜、瞳孔和巩膜的像素级注释。其中训练集包括8916张图像,验证集包括2403张图像,测试集包括1440张图像。图13.9展示了数据集中的图像及其对应的语义标签。

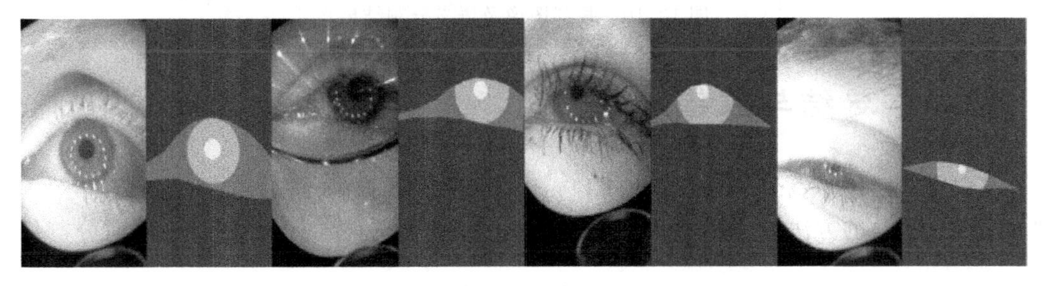

图13.9　数据集图像及语义标签

(数据集下载地址：https://bitbucket.org/eye-ush/ritnet/src/master/)

13.3.3 实验操作及结果

1. 训练模型

首先，为了自定义训练操作，下面将对 train. py 文件的参数进行介绍，参数定义在 opt. py 文件中，主要参数的具体说明如表 13.2 所示。

表 13.2 重要参数说明

参 数	描 述
dataset	数据集文件名称，默认值为所使用的数据集目录名
bs	batchsize 每次送入网络中训练样本的数量，默认为 8
epochs	训练的迭代次数，默认为 200
lr	模型训练的学习率，默认为 1e-4
save	保存文件夹名，默认 result
load	权重加载文件名，默认 None
useGPU	是否使用 GPU 进行训练，默认 True

使用默认参数，可以直接使用如下代码运行程序开始训练。

```
$ pythontrain.py
```

如果需要修改参数可以按照下面列举的格式进行相应参数的修改。

```
$ python train.py --bs 8 --useGPU True
```

2. 测试模型

可以使用如下代码使用最优权重进行测试。

```
$ python test.py --load best_model.pkl
```

测试程序的参数也是在 opt. py 中定义的，可以参阅前面训练程序的参数说明进行修改。

3. 实验结果

如图 13.10 所示。

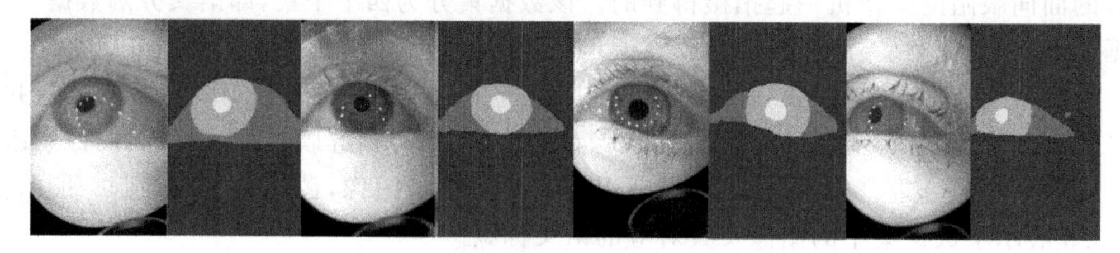

图 13.10 眼部图像及语义分割结果

13.4 总结与展望

本次实验使用了一个高效的模型 RITnet 用于眼睛图像的分割。在此基础上介绍了实现多个损失函数的方法，这些方法可以在确保清晰的语义边界的前提下处理语义分割任务中数据类别不均衡的情况。除此之外，还采用了多种预处理和增强技术结合的方法，来帮助减轻图像失真对网络学习的影响。

近年来，语义分割网络在朝着高精度，高速度的方向发展。很多专家与学者提出了实时高精度的语义分割网络。文献[16]提出了一个有效的多空间融合网络以实现快速和准确的分割。多空间融合网络基于多特征融合模块，并使用类边界监督来处理相关的边界信息，该模块可以获取空间信息并扩大感受野。因此，对最后尺寸为原始图像尺寸 1/8 的特征图进行上采样就可以在保持高速的同时获得很好的精度。

文献[17]提出了一种极其高效的用于实时语义分割的网络框架，这个框架从一个轻量级的主干网络开始，通过一些列的附属阶段来聚合有判别力的特征。主要是基于多尺度的特征传播，在减少模型参数的同时保持了良好的感受野并且增强了模型的学习能力，在通用数据集上的实验表明，该模型在计算量减少了八倍的同时提速两倍并且取得了更好的精度。

如果使用眼部图像语义分割指导眼球跟踪，就需要高精度实时的眼部图像语义分割模型。可以想到，随着高精度实时语义分割网络的发展，眼动跟踪技术一定能发展得更加完善，更早地帮助有需要的人。

13.5 参考文献

[1] Shelhamer E, Long J, Darrell T. Fully Convolutional Networks for Semantic Segmentation [J]. IEEE Transactions on Pattern Analysis and Machine Intelligence, 2017, 39(4): 640-651.

[2] Ronneberger O, Fischer P, Brox T. U-Net: Convolutional Networks for Biomedical Image Segmentation[J/OL]. (2)[2020-07-10].

[3] Iandola F, Moskewicz M, Karayev S, et al. DenseNet: Implementing Efficient ConvNet Descriptor Pyramids[J/OL]. (2014-04-07)[2020-07-10]. https://arxiv.org/abs/1404.1869.

[4] Sankowski W, Grabowski K, Napieralska M, et al. Reliable algorithm for iris segmentation in eye image[J]. Image and Vision Computing, 2010, 28(2): 231-237.

[5] Lian S, Luo Z, Zhong Z, et al. Attention guided U-Net for accurate iris segmentation[J]. Journal of Visual Communication & Image Representation, 2018, 56: 296-304.

[6] Naqvi R A, Loh W K. Sclera-Net: Accurate Sclera Segmentation in Various Sensor Images Based on Residual Encoder and Decoder Network[J]. IEEE Access, 2019(7): 98208-98227.

[7] Wang C, He Y, Liu Y, et al. ScleraSegNet: an Improved U-Net Model with Attention for Accurate Sclera Segmentation[C]// The 12th IAPR International Conference on Biometrics. IEEE, 2019.

[8] Rot P, Emersic Z, Struc V, et al. Deep Multi-class Eye Segmentation for Ocular Biometrics[C]// IEEE International Work Conference on Bioinspired Intelligence (IWOBI), San Carlos, 2018.

[9] Luo B, Shen J, Wang Y, et al. The ibug eye segmentation dataset[C]// Imperial College Computing Student Workshop (ICCSW), 2018.

[10] Chaudhary A K, Kothari R, Acharya M, et al. RITnet: Real-time Semantic Segmentation of the Eye for Gaze Tracking [C]// IEEE/CVF International Conference on Computer Vision Workshop (ICCVW). IEEE, 2020: 3698-3702.

[11] Ioffe S, Szegedy C. Batch Normalization: Accelerating Deep Network Training by Reducing Internal Covariate Shift[J/OL]. (2015-03-02)[2020-07-10]. http://www.arxiv.org/abs/1502.03167.

[12] Sudre C H, Li W, Vercauteren T, et al. Generalised Dice overlap as a deep learning loss function for highly unbalanced segmentations [J/OL]. (2017-07-14) [2020-07-10]. https://arxiv.org/abs/

1707.03237.

[13] H. Kervadec,J. Bouchtiba,C. Desrosiers,E. Granger,J. Dolz,and I. B. Ayed. Boundary loss for highly unbalanced segmentation [J/OL]. (2019-07-28) [2020-07-10]. https://arxiv.org/abs/1812.0703.

[14] Ronneberger O, Fischer P, Brox T. U-Net: Convolutional Networks for Biomedical Image Segmentation[J/OL]. (2015-05-18)[2020-07-10]. https://arxiv.org/abs/1505.04597.

[15] Garbin S J,Shen Y,Schuetz I,et al. OpenEDS: Open Eye Dataset[J/OL]. (2019-07-28)[2019-05-17]. https://arxiv.org/abs/1905.03702.

[16] Si H,Zhang Z,Lv F,et al. Real-Time Semantic Segmentation via Multiply Spatial Fusion Network [J/OL]. (2019-11-18)[2019-05-17]. https://arxiv.org/abs/1404.1869.

[17] Li H,Xiong P,Fan H,et al. Dfanet: Deep feature aggregation for real-time semantic segmentation [C]//Proceedings of the IEEE Conference on Computer Vision and Pattern Recognition,2019: 9522-9531.

第14章 语音识别

CHAPTER 14

看《钢铁侠》这部电影时，令人印象最深刻的除了钢铁侠炫酷的战甲就是超级智能电脑贾维斯了。贾维斯可以根据钢铁侠的语音指令处理各种事务，迅速搜索、计算得到钢铁侠所需信息，钢铁侠的很多想法都是在与贾维斯的沟通过程中产生的。

像贾维斯这样的人工智能管家，谁不想拥有呢？只需要一个语音指令，就能做任何你想做的事，那将是多么酷的一件事！尽管现实生活中并不存在能够帮助人们拥有超能力的先进战甲，但能够听懂钢铁侠的指令并且具有超强计算能力和执行能力的贾维斯正在逐渐变为现实。"我想听音乐！"无须打字，无须手动搜索播放，一条语音指令就能让智能音箱自动播放出优美的旋律。本章将详细介绍语音识别技术。

14.1 背景介绍

语言是人与人之间沟通交流最重要的工具之一，而语音就是语言的载体，随着计算机技术的飞速发展以及人工智能相关技术的不断成熟，人们越来越希望可以与机器进行语音交流，使机器能够理解人类在说什么，直接用一句话控制机器做自己想要做的事[1]。

语音识别作为信息技术中人机接口的关键技术，它使人们可以摆脱键盘和鼠标，通过语音对机器发出指令，使得人机交互变得更加容易和方便，具有重要的研究意义和广泛的应用价值。当今社会正在迅速朝着智能化和自动化发展，迫切需要性能优越的自动语音识别技术，但语音信号会由于说话者不同、不同的讲话方式、不确定的环境噪声等而变化很大[2]，使得语音识别系统的适应性差，对环境依赖性强，噪声环境下语音识别进展困难，语音识别系统的准确率一直不尽如人意，研究语音识别系统鲁棒性问题引起了广大学者的重视。

语音识别技术，也被称为自动语音识别（Automatic Speech Recognition），输入一个语音文件，语音中的词汇内容就会被转换为计算机可读的中文字符序列并输出，如图14.1所示。

图14.1 语音识别流程示意图

语音识别技术发展至今，已经有六十多年的历史，它伴随着计算机科学和通信等学科的发展逐步成长，其中经历了许多种不同的技术改进。

语音识别技术研究的开端，是20世纪50年代的Audry系统，它是第一个可以识别十个英文数字的语音识别系统。到了20世纪70年代，计算机性能的大幅度提升促进了语音识别技术的发展，线性预测编码技术（Linear Predictive Coding，LPC）的引入，使得孤立词识别系统从理论变为现实，但语音识别系统的性能还是远低于人类[3]。20世纪80年代，人们对语言识别技术的研究更加深入，隐马尔可夫模型（Hidden Markov Model，HMM）和人工神经网络（Artificial Neural Network，ANN）两种关键技术在语音识别中得以成功应用[4]。

20世纪90年代，语音识别技术已经基本成熟，开始应用于全球市场，许多著名互联网公司如IBM、Apple、NTT等，在语音识别系统的实用化开发研究中投入了巨大精力。21世纪，凭借着深度学习对海量数据的强大建模能力，基于深度神经网络（Deep Neural Network，DNN）的声学模型进一步降低了单词错误率[5]，语音识别不断取得突破性进展，新一轮的语音识别研究热潮正在兴起[6]。

我国的语音识别技术一直紧跟国际水平，国家对相关技术的研究给予了高度重视，关于大词汇量语音识别的研究已被列在"国家高技术研究发展计划"中，由中科院声学所、自动化所及北京大学等单位研究开发，取得了令人瞩目的科研成果[7]。

历经六十多年的发展，语音识别技术已经逐渐成熟，从一项实验室理论研究逐步走向全球应用市场，并且具有广阔的应用前景，例如语音输入、语音检索、命令控制、机器自动翻译、自助客户服务等[8]。小米开发的小爱同学、百度开发的小度，苹果开发的Siri，虽然还达不到贾维斯的智能程度，但已经勉强达到了实用水平。可以预见在不久的将来，语音识别技术的实用性将在研究人员的努力下得到不断提高[9]，从而让高可靠性的便捷人机交互能直接服务人们的工作和生活，提高人们的工作效率和生活质量。

14.2 算法原理

语音识别技术主要包括特征提取技术、模型训练技术及模式匹配技术三个方面。具体来说，语音识别系统的输入是一段语音信号，首先需要计算输入语音信号的特征参数，把语音信号中具有辨识性的成分提取出来，来表征每一段语音的特点。在进行语音识别之前需要大量的语音数据和标签文件来训练模型参数，将所有训练得到的特征参数模板结合在一起，形成模型库。最后将待识别语音信号的特征参数矩阵输入到识别网络中，将其与模型库里已有的特征参数模板进行相似度比较，将相似度最高者作为识别结果输出，得到语音识别文本。语音识别系统的基本原理框图如图14.2所示。

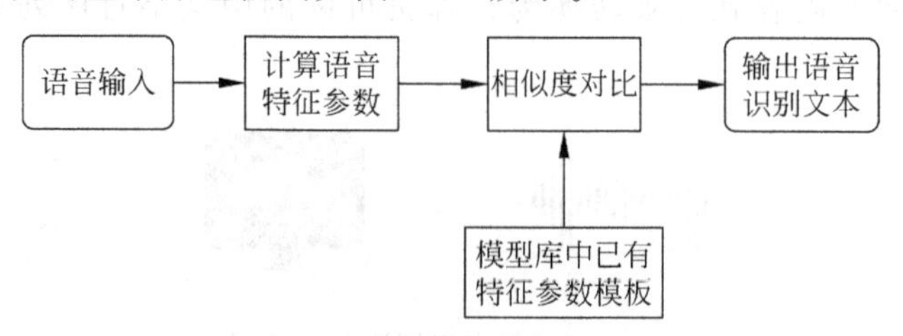

图14.2 语音识别系统原理图

14.2.1　语音信号预处理

声音实际上是一种波，wav 文件里存储的就是声音的波形。图 14.3 是一个声音波形的示例。

在开始语音识别之前，必须要对语音信号进行预加重、分帧、加窗等预处理操作，尽可能保证后续步骤得到的信号更平滑，以提高语音识别质量。分帧操作，也就是把语音信号切成一小段一小段，每小段称为一帧，为了使帧与帧之间平滑过渡，分帧一般采用交叠分段的方法。如图 14.4 所示，该加载窗口共有 3 帧信号，帧长为 20ms，前一帧和后一帧的交叠部分叫帧移，常见的取法是取为帧长的一半，这里取为 5ms。

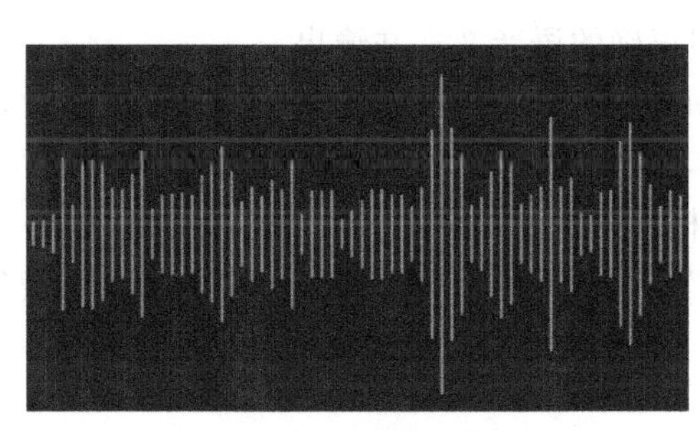

图 14.3　声波图

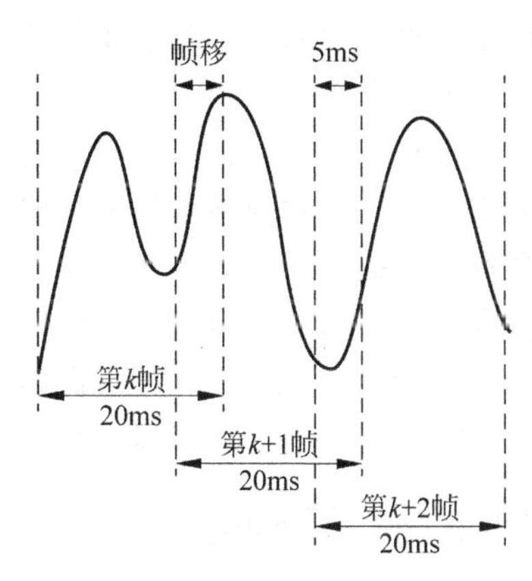

图 14.4　分帧操作示意图

14.2.2　语音信号特征提取

预处理之后，语音信号就变成了很多小段。但是波形在时域上几乎没有描述能力，因此必须将波形进行转换。常见的一种变换方法是提取语音信号的美尔频率倒谱系数(Mel Frequency Cepstral Coefficents，MFCC)，把每一帧波形变成一个向量，该向量包含了这帧语音的内容信息，这个过程称为声学特征提取。

在任何一个语音识别系统中，都需要进行声学特征提取，就像图像处理中提取到的图像颜色、形状、纹理等特征，同样需要把音频信号中具有辨识性的成分提取出来。MFCC 是一种在自动语音识别中使用最广泛的特征，因为涉及到声学、信号处理等专业知识，在这里不详细介绍，有兴趣的同学可以阅读《语音特征参数 MFCC 的提取及其应用》[10] 这篇论文进行详细了解。

在本次实验中，使用当前帧加上之前的 9 个帧长和后面的 9 个帧长，每个加载窗口总共包括 19 帧信号。每帧取美尔倒谱系数为 26 位，这样当前帧会提取到 19×26＝494 个 MFCC 特征参数。如果当前帧之前或之后不够 9 个帧序列，则需要进行补 0 操作，将它凑够 9 个。

至此，语音信号的一帧帧数据就被转换成了 MFCC 特征参数，一条完整的语音数据被存储在一个 MFCC 特征参数(行)和时间(列)的矩阵中。将这个矩阵作为网络模型的输入，并且语音文件是一批一批获取并输入到网络中的，这就要求每一批音频的时序长度必须一致，所以在输入到网络中之前，还要对同一批音频做时间对齐处理。

提取完语音数据的特征参数后，其实就跟图像数据差不多了。图像数据输入的是经过卷积神经网络提取后的特征矩阵，序列化语音数据输入的是提取到的 MFCC 特征参数和时间的矩阵。

14.2.3 语音文本输出

接下来就要介绍怎样把这个矩阵变成文本了。

假设一条语音文件有 1000 帧数据，包含不重复的 10 个文字，也就是这段语音的字典长度为 10，那么经过 MFCC 特征提取后，将产生一个 494 行 1000 列的特征矩阵，将这个矩阵作为网络模型的输入，经过前向传播，通过 Softmax 层计算每帧数据分类的概率，输出为 1000×11 的预测矩阵，1000 代表的是 1000 帧数据，11 代表这一帧数据在 11 个分类上的各自概率。在这 11 个分类中，其中 10 代表该条语音文件字典中包含的 10 个文字，剩下的一个代表空白。最后对预测矩阵进行解码，得到正确的语音文本并输出。

那每帧数据分类的概率又是怎样得出来的呢？有个模型库，里面存了一大堆参数，通过这些参数，就可以计算出帧和文字对应的概率，这个概率也就是图 14.2 中所提到的相似度的衡量指标，通过这个指标，可以得到与该帧相似度最高的文字。而获取模型库中那一大堆参数的过程就是模型训练过程，即给网络"喂"入大量的语音数据，反复迭代，优化网络参数。

14.2.4 双向循环神经网络

全连接神经网络具有局限性，其每层之间的节点是无连接的，样本数据之间独立，即前一个输入和后一个输入之间没有关系，网络不具备记忆能力，当需要用到序列之前时刻的信息时，全连接神经网络无法办到。而在有些应用中需要神经网络具有记忆功能，为此 Jordan Elman 等于 20 世纪 80 年代末提出了循环神经网络。

将这类神经网络称为循环神经网络是因为它对一组序列输入重复进行同样的操作，RNN 隐藏层之间的节点是有连接的，且隐藏层是循环的，也就是说，隐藏层的值不仅取决于当前的输入值，还取决于前一时刻隐藏层的值。RNN"记住了"先前的信息并将其应用于计算当前输出，可以做到"联系上文"，是一种具有记忆功能的神经网络。

双向循环神经网络（Bidirectional RNN，BRNN）在 RNN 的基础上进行了进一步的改进。在语音识别系统中，一段语音是有时间序列的，说的话前后都有联系，不仅要"联系上文"，还要"联系下文"，这就是 BRNN 的思想，该网络的结构如图 14.5 所示。

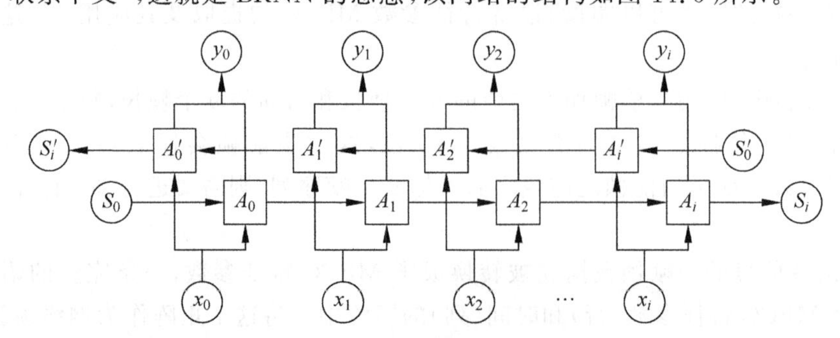

图 14.5 双向循环神经网络结构图

从图 14.5 的结构图中可以看到,BRNN 隐藏层值的计算取决于两个值。A 参与正向计算时,隐藏层的值不仅取决于当前的这次输入 x_i,还取决于上一次隐藏层的值 S_{i-1},A'参与反向计算时,隐藏层的值不仅取决于当前的这次输入 x_i,还取决于上一次隐藏层的值 S_{i+1}。最终的输出值 y 由 A 和 A'共同决定[11]。

14.2.5 Softmax 分类器

Softmax 可以理解为归一化,例如目前图片分类有十种,那经过 Softmax 层的输出就是一个十维的向量。向量中的每一个元素都表示一个对应的概率值,即向量中的第一个元素就是当前图片属于第一类的概率值,向量中的第二个元素就是当前图片属于第二类的概率值,以此类推。基于基本的概率原理,这十维的向量之和为 1,最大概率值所在位置对应的就是当前图片所属分类。

计算过程如图 14.6 所示,假设分类问题有 10 个可能的类别,即类型标签 y 可以取 10 个不同的值,全连接层将权重矩阵与输入向量相乘得到 10 个实数,Softmax 将这 10 个实数映射为 k 个[0,1]的概率,其中概率最大的类就是该样本的最终分类[12]。

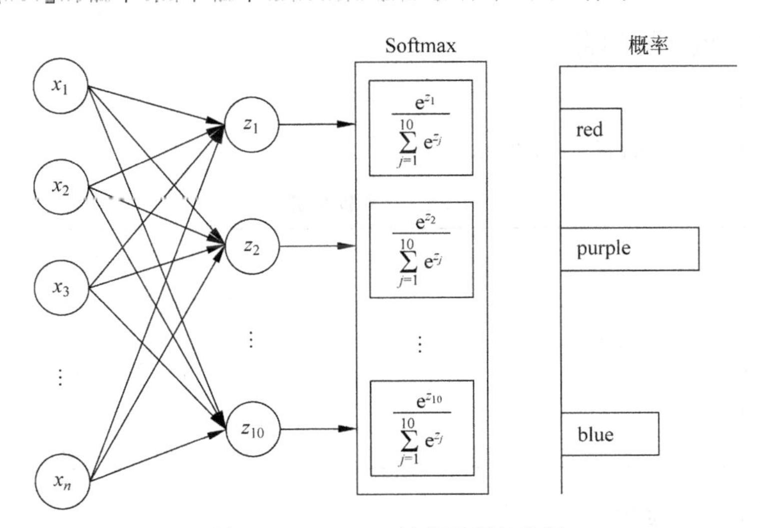

图 14.6 Softmax 计算过程示意图

14.2.6 网络结构介绍

通过上面对实验所需基础知识的学习,了解了本次实验的大致流程,下面具体来看一下本次实验所用的网络结构是怎样的。如图 14.7 所示,本次实验的网络结构由"3 层全连接层+1 层双向循环神经网络(BRNN)+1 层全连接层+1 层全连接 Softmax 分类器"组合而成。底部标有正向层、反向层的两列就是 14.2.4 节介绍的双向循环神经网络正向计算和反向计算的过程,最终由 Softmax 分类器输出每帧数据的分类概率向量。

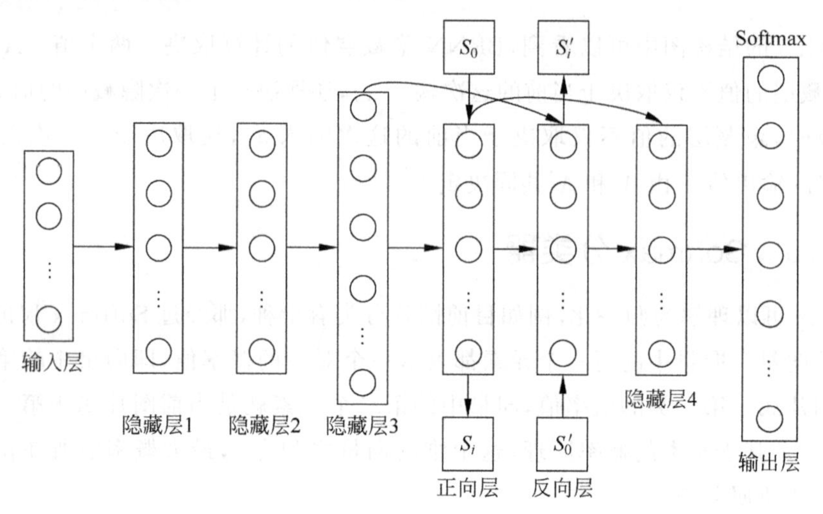

图 14.7　实验所用网络结构图

14.3　实验操作

14.3.1　代码介绍

1. 实验环境

语音识别实验环境如表 14.1 所示。

表 14.1　实验环境

条　　件	环　　境
操作系统	Ubuntu 16.04
开发语言	Python 3.6
深度学习框架	TensorFlow 1.0+
相关库	Scipy 1.2.1 NumPy 1.16.4 Python_speech_features 0.6

2. 实验代码下载地址

扫描二维码下载实验代码。

3. 代码文件目录结构

代码文件目录结构如下：

```
speech_recognition-master·························工程根目录
├── conf·········································配置文件
│    └── conf.ini
├── config.py····································配置文件调用
├── process_trn.py·······························生成标签
├── train.py·····································训练网络
├── test.py······································测试网络
├── utils.py·····································语音文件处理
├── model.py·····································建立网络模型
├── version.py···································软件界面
└── README.md····································说明文件
```

14.3.2 数据集介绍

THCHS—30，是由清华大学语音与语言技术中心(Center for Speech and Language Technologies，CSLT)出版的开放式中文语音数据库，是在安静的办公室环境下，通过单个碳粒麦克风录取的，总时长超过 30 个小时。大部分参与录音的人员是会说流利普通话的大学生。采样频率 16kHz，采样大小 16bit。这些录音根据其文本内容分成了四部分，A(句子的 ID 是 0～249)、B(句子的 ID 是 250～499)、C(句子的 ID 是 500～749)、D(句子的 ID 是 750～999)。ABC 三组包括 30 个人的 10 893 句发音，用来做训练，D 包括 10 个人的 2496 句发音，用来做测试。

下载地址为：http://www.openslr.org/18/。里面共有 3 个文件，分别是：

data_thchs30.tgz [6.4G] (speech data and transcripts)

test-noise.tgz [1.9G] (standard 0db noisy test data)

resource.tgz [24M] (supplementary resources，incl. lexicon for training data，noise samples)

data_thchs30 文件是本次实验所需的数据集，它包含四个部分的数据集 data、train、dev、test 以及两个训练好的语音模型 lm_phone、lm_word。

```
data_thchs30
├── data··························整体数据集
├── train·························训练集
├── dev···························验证集
├── test··························测试集
├── lm_phone······················语音模型 phone
├── lm_word·······················语音模型 word
└── README.TXT····················说明文件
```

data 文件夹中包含.wav 文件和.trn 文件。

```
data
├── A2_0.wav
├── A2_0.wav.trn
├── A2_1.wav
├── A2_1.wav.trn
├── A2_2.wav
├── A2_2.wav.trn
```

wav 文件中存储着音频信息，trn 文件里存放的是对 wav 文件的描述：第一行为词，第二行为拼音，第三行为音素，如图 14.8 所示。

```
四月 的 林 峦 更是 绿 得 诗意 盎然
si4 yue4 de5 lin2 luan2 geng4 shi4 lv4 de5 shi1 yi4 ang4 ran2
s iy4 vv ve4 d e5 l in2 l uan2 g eng4 sh ix4 l v4 d e5 sh ix1 ii i4 aa ang4 r an2
```

图 14.8　data 文件夹中的 trn 文件所含内容

train、dev、test 文件夹中同样包含着.wav 文件和.trn 文件，wav 文件中存储着音频信息，trn 文件中不再是直接存放着对 wav 文件的描述，而是.wav 文件对应的 data 里 trn 文件的路径，如图 14.9 所示。

```
../data/A2_1.wav.trn
```

图 14.9 train 文件夹中的 trn 文件所含内容

除数据集外还包括训练好的语音模型 word.3gram.lm 和 phone.3gram.lm 以及相应的词典。

```
lm_word
├── word.3gram.lm··························语音模型
└── lexicon.txt····························词典
lm_phone
├── phone.3gram.lm·························语音模型
└── lexicon.txt····························词典
```

14.3.3 实验操作及结果

下载数据集。

更改 conf 文件夹下 conf.ini 的配置，conf.ini 文件中重要参数介绍见表 14.2。

表 14.2 conf.ini 文件重要参数

参 数	参数说明
wav_path	数据集存放位置，及 data_thchs30 中的 data 文件
wav_path_test:	测试集存放位置，及 data_thchs30 中的 test 文件
label_file	数据标签存放位置
savedir	模型存放位置
savefile	模型名称
tensorboardfile	生成日志存放位置

使用如下代码运行 process_trn.py，生成本次实验所需语音文件的所有标签，自动生成 txt 文件并保存在 label_file 所指定的路径中，格式如图 14.10 所示。

```
$ python process.trn.py
```

```
B8_485 刘 寿春 崛 出 肮脏 的 尖 须 忘记 把 吞 烟 的 手 收 下来 用 呆 钝 的 眼睛 望 着 他
A19_89 在 桑蚕 生产 处于 不景气 的 形势 下 广西 永福 县 三皇 乡 蚕 农 今年 却 积极 护理 桑 苗 发展 养 蚕
D21_766 宁夏 拥有 四千 多万 亩 草场 其 羊羔肉 滩 羊皮 沙 毛 山羊 驰名中外 羊毛 羊绒 及 皮张 是 宁夏 的 大宗 出口 商品
C31_638 像 滚雪球 那样 愈 滚 愈 大 愈 大 愈 滚 构筑 成了 光耀 显赫 的 群峰
A33_96 以 一根 碗口 粗细 圆 木 作 桩 桩 高 约 两 丈 以 木桩 为 中心 将 晒干 后 成 束 稻草 呈 圆形 码 起
B31_295 阿 颇 瑞特 看着 黑暗 降 临了 这 艘 船 听见 那 遥远 而 柔和 的 原子 发动机 的 咕噜 声 突然 停止
A4_51 旅 与 游 的 时间 比 往往 旅长 游 短 与 游客 的 愿望 相悖
C18_571 长江 航务 管理局 和 长江 轮船 总公司 最近 决定 安排 一百三十三 艘 客轮 迎接 长江 干线 春运
A36_86 氟 碳 化合 物像 螃蟹 的 螯 那样 能够 把 氧 抓住 在 人体 里 再 把 氧气 放 出来 进行 人体 里 的 特种 氧化 还原 反应
A36_0 绿 是 阳春 烟 景 大块 文章 的 底色 四月 的 林 峦 更是 绿 得 鲜活 秀媚 诗意 盎然
B22_355 瘦西湖 蜿蜒 曲折 州 屿 散落 山 环 水 抱 堤 边 一 株 杨柳 一 株 桃 红绿 交 映 风光 秀丽
```

图 14.10 标签格式

使用如下代码运行 train.py，利用下载好的数据集训练模型，训练过程中部分输出如图 14.11 和图 14.12 所示。

```
$ python train.py
```

训练好的模型会自动保存在 savedir 所指定的路径中，如图 14.13 所示。

```
==================开始训练==================

第： 0  次迭代，一共要迭代  100 次
在本次迭代中一共循环：  1481 每次取： 8
循环次数: 69 损失:  368.7127942766462
错误率:  0.65490663
循环次数: 139 损失:  321.82650059291296
错误率:  0.6482146
循环次数: 209 损失:  305.7510681152344
错误率:  0.6653466
循环次数: 279 损失:  297.57449515206474
错误率:  0.6582062
循环次数: 349 损失:  292.00967171805246
错误率:  0.6549765
```

图 14.11 训练开始时的输出

```
循环次数: 1119 损失:  15.904974823338645
错误率:  0.030774783
循环次数: 1189 损失:  15.916149659517432
错误率:  0.06439473
循环次数: 1259 损失:  15.890033035429697
错误率:  0.04434569
循环次数: 1329 损失:  15.82179252258817
错误率:  0.07519727
循环次数: 1399 损失:  15.781226529734475
错误率:  0.098075286
循环次数: 1469 损失:  15.74942945785263
错误率:  0.060449284
迭代次数 99/100, 训练损失: 23348.655, 错误率: 0.060, time: 20426.11 sec
Training complete, total duration: 10211.28 min
```

图 14.12 训练结束时的输出

名称	修改日期	类型	大小
checkpoint	2019/10/18 23:45	文件	1 KB
speech.cpkt-101.data-00000-of-00001	2019/10/17 23:09	DATA-00000-OF...	102,879 KB
speech.cpkt-101.index	2019/10/17 23:09	INDEX 文件	2 KB
speech.cpkt-101.meta	2019/10/17 23:10	META 文件	599 KB

图 14.13 训练好的模型

使用如下代码运行 test.py，利用下载好的 test 数据集进行测试，部分测试结果如图 14.14 所示。

```
$ python test.py
```

```
读入语音文件:  /home/xuan/Desktop/dataset/data_thchs30/test/D4_811.wav
开始识别语音数据......
语音的原始文本 : 运用 这种 仪器 新华医院 又 抢救 了 两 例 胃癌 和 十二指肠 溃疡 大量 涌 血 病人 均 获得 成功
识别出来的文本:  运用 这种 仪器 新华医院 又 抢救 了 两 例 胃癌 和 十二指肠 溃疡 大量 涌 血 病人 均 获得 成功
读入语音文件:  /home/xuan/Desktop/dataset/data_thchs30/test/D32_945.wav
开始识别语音数据......
语音的原始文本 : 此外 鲨鱼 鱼 龙和 海豚 尽管 外貌 上 很相似 都 善长 游泳 有人 把 它们 归属 鱼类
识别出来的文本:  此外 鲨鱼 鱼 龙和 海豚 尽管 外貌 上 很相似 都 善长 游泳 有人 把 它们 归属 鱼类
读入语音文件:  /home/xuan/Desktop/dataset/data_thchs30/test/D6_928.wav
开始识别语音数据......
语音的原始文本 : 这 架 飞机 是 从 日内瓦 飞往 伊 瓦 格 的 飞机 在 将要 到达 伊 瓦 格 时 撞 在 安 弟 斯 山上
识别出来的文本:  这 架 飞机 是 从 日内瓦 飞往 伊 瓦 格 的 飞机 在 将要 到达 伊 瓦 格 时 撞 在 安 弟 斯 山上
读入语音文件:  /home/xuan/Desktop/dataset/data_thchs30/test/D13_999.wav
开始识别语音数据......
语音的原始文本 : 国务委员 兼 国务院 秘书长 罗干 民政部 部长 多吉 才 让 也 一同 前往 延安 看望 人民群众
识别出来的文本:  国务委员 兼 国务院 秘书长 罗干 民政部 部长 因吉 才 岳树 的 来情 千 同到 远 往 延安 看望 民群众
```

图 14.14 部分测试结果

14.4 总结与展望

本次实验所用语音数据是在安静的办公室环境下录制的，所以没有涉及噪声处理。而在真实情况下，语音识别系统是在有噪声的环境下使用的，有效抑制语音信号中的噪声能大大提高识别准确度。

声学模型和语言模型是语音识别系统中最为关键的一部分，本次实验基于全连接神经网络和双向循环神经网络相结合进行声学建模，但并未加入语言模型的相关处理，在这里简单介绍一下。语言模型能够估计某一词序列为自然语言的概率，也就是说这一串词有多“像话”。用一个性能良好的语音模型进行估计，正确句子出现的概率应当相对较高，而对于语法、结构不合理的句子，出现的概率应当接近于零[13]。

RNN 相关网络对序列化的语音数据来说是一种强大的模型[14]，但有一个很大的缺点就是在语料库上容易出现过拟合现象[15]，经过科研工作者的不断改进，语音识别现在已经是注意力机制(Attention Mechanism)相关算法的天下了，而谷歌一直站在语音识别相关技术的最前沿。在 ICASSP 2018 国际顶级学术会议期间，谷歌公司使用基于 Attention 机制的 seq2seq 语音识别模型，在英语语音的识别任务上，取得了优于其他语音识别模型的性能表现。用到的模型在论文 *State-Of-The-Art Speech Recognition With Sequence-To-Sequence Models*[16] 中进行了详细介绍。该端到端(End-to-End)的语音识别系统将单词错误率降低到 5.6%，比已商用的传统系统提升了 16%，而且大小比传统模型小了 18 倍。

随着对语音识别相关技术的深入研究，目前先进的语音识别系统不再局限于识别出语音的文字内容，而且可以在多人对话中准确识别出具体是哪个人正在讲话。谷歌在 Interspeech 2019 全球语音顶级学术会议上展示了一种基于 RNN-T 的说话人识别系统，该系统将多人语音分类识别的错误率从之前的 20% 降到了 2%，性能提高了 10 倍，用到的方法在 *Joint Speech Recognition and Speaker Diarization via Sequence Transduction*[17] 中进行了详细介绍。

14.5 参考文献

[1] 孙冰. 基于覆盖型神经网络集成的语音识别研究[D]. 南京工业大学，2006.

[2] Abdel-Hamid O, Mohamed A R, Jiang H, et al. Convolutional Neural Networks for Speech Recognition[J]. IEEE/ACM Transactions on Audio, Speech, and Language Processing, 2014, 22(10): 1533-1545.

[3] Lippmann R P. Review of neural networks for speech recognition[J]. Neural Computation, 1989, 1(1): 1-38.

[4] 禹琳琳. 语音识别技术及应用综述[J]. 现代电子技术，2013，36(13)：43-45.

[5] Qian, Yanmin, Bi, Mengxiao, Tan, Tian, et al. Very Deep Convolutional Neural Networks for Noise Robust Speech Recognition[J]. IEEE/ACM Transactions on Audio Speech & Language Processing, 24(12): 2263-2276.

[6] 侯一民，周慧琼，王政一. 深度学习在语音识别中的研究进展综述[J]. 计算机应用研究，2017，34(08)：2241-2246.

[7] 何湘智. 语音识别的研究与发展[J]. 计算机与现代化，2002(03)：3-6.

[8] 鲁泽茹. 连续语音识别系统的研究与实现[D]. 2016.

[9] Hinton G,Deng L,Yu D,et al. Deep Neural Networks for Acoustic Modeling in Speech Recognition: The Shared Views of Four Research Groups[J]. IEEE Signal Processing Magazine,2012,29(6): 82-97.

[10] 陈勇,屈志毅,刘莹,等,语音特征参数 MFCC 的提取及其应用[J]. 湖南农业大学学报(自然科学版),2009,35(S1): 106-107.

[11] 夏瑜潞. 循环神经网络的发展综述[J]. 电脑知识与技术,2019(21).

[12] 郑伟民,叶承晋,张曼颖,等,基于 Softmax 概率分类器的数据驱动空间负荷预测[J]. 电力系统自动化,2019,43(09): 150-160.

[13] 徐昊,易绵竹. 神经网络语言模型的结构与技术研究评述[J]. 现代计算机,2019(19): 18-23.

[14] Graves A,Mohamed A,Hinton G E,et al. Speech recognition with deep recurrent neural networks [C]. international conference on acoustics,speech,and signal processing,2013: 6645-6649.

[15] Bahdanau D, Chorowski J, Serdyuk D, et al. End-to-end attention-based large vocabulary speech recognition[C]. international conference on acoustics, speech, and signal processing, 2016: 4945-4949.

[16] Chiu C,Sainath T N,Wu Y,et al. State-of-the-Art Speech Recognition with Sequence-to-Sequence Models[C]. international conference on acoustics,speech,and signal processing,2018: 4774-4778.

[17] Shafey L E,Soltau H,Shafran I,et al. Joint Speech Recognition and Speaker Diarization via Sequence Transduction. [J]. arXiv: Computation and Language,2019.

第 15 章

CHAPTER 15

AI 对对联

对联是我国的传统文化之一，它又称为对偶、春联、桃符、楹联等，是写在纸上、布上，或是刻在竹子、木头、柱子上的对偶语句。对联是一种对偶的文学形式，根据其应用场合的不同而被称作不同的名称：春节时期挂的对联叫做春联，如图 15.1 所示，办丧事使用的对联叫做挽联，办喜事使用的对联叫做庆联。对联是中国传统文化的瑰宝，国务院在 2005 年把对联的这种习俗列为第一批国家非物质文化遗产名录，它对于弘扬中华民族文化有着非常重大的价值。

图 15.1　春联

（来源 news.qq.com）

对联已经有数千年的历史。古代传说东海度朔山有大桃树，桃树下有神荼、郁櫑二神，主管万鬼。如遇作祟的鬼，他们就把它捆起来喂老虎。当时的人们把神荼和郁垒的名字分别书写在两块桃木板上，悬挂于左右门，以驱鬼压邪。这就是桃符。到了五代，人们又开始把联语写在桃木板上，这就成了春联的原型。据《宋史蜀世家》记载，五代后蜀主孟昶："每岁除，命学士为词，题桃符，置寝门左右。"末年（公元 964 年），学士幸寅逊撰词，昶以其非工，自命笔题云："新年纳余庆，嘉节号长春。"这成为我国历史记载的第一副春联。王安石诗中"千门万户曈曈日，总把新桃换旧符"的句子，描绘了宋代民间春节贴对联的盛况。而明代是对联发展的高峰期，此时人们开始用红纸代替桃木板。据《簪云楼杂话》记载，明太祖朱元璋定都金陵后，除夕前，曾命公卿士庶家门须加春联一副，并亲自微服出巡，挨门观赏取乐。随着各国文化交流的发展，对联还传入很多东南亚国家，这些国家至今还保留着贴对联的风俗。

随着科技的发展，尤其是随着人工智能技术在语文文字处理应用的快速发展，人工智能也有机会参与对联的创作，人类也不再是语言艺术的唯一创作者。近年来随着电脑处理信息能力的大幅上升，以及深度神经网络模型的提出，很多科技公司或者技术团队都推出了人工智能对对联的应用，供大家娱乐。本章将通过一个开源小项目，介绍AI对对联功能。

15.1 背景介绍

对联对仗工整，平仄协调，是中文语言的独特艺术形式。对联文字长短不一，短的只有一两个字，长的甚至可达几百字。对联的形式也有多种多样，有正对、反对、流水对等。但是总的来说，对联都有字数相等、断句一致、平仄结合、音调和谐、词性相对、位置相同、内容相关，上下衔接的特点。

人工智能对对联是人工智能与语言艺术融合的结晶，人工智能技术的成熟和计算机性能的提升都为它的实现提供了可能。人工智能对对联使用了自然语言处理（Natural Language Processing，NLP）领域的技术，接下来详细介绍一下自然语言处理及其发展。

身处于信息时代，数据量以难以估量的速度增长着。而此类数据有相当一部分都与语言和文本相关，例如电子邮件、网页、论坛发帖、电话等，而自然语言处理也开始帮助人类去做从简单到复杂的日常处理任务。自然语言处理是计算机科学领域与人工智能领域中的一个重要方向。它研究能实现人与计算机之间用自然语言进行有效通信的各种理论和方法。如今，它已经彻底改变了工作和生活中处理数据的方式，并且未来也会一直持续着。

自然语言处理早在1950年就由艾伦·图灵（Alan Turing）在 *Computing machinery and intelligence* 中提出，1980年底，机器学习（Machine Learning）引入自然语言处理以后，自然语言处理的发展渐渐迅速起来。而深度学习（Deep Learning）技巧的引入，让自然语言处理的发展和效果也更上一层楼。自然语言处理包括自然语言理解（Natural Language Understanding，NLU）和自然语言生成（Natural Language Generation，NLG），自然语言理解是将人类语言转换为代码、电信号等计算机可理解的信息，反之，自然语言生成是将电子信息转换为人类语言，两者互为逆过程，如图15.2所示。

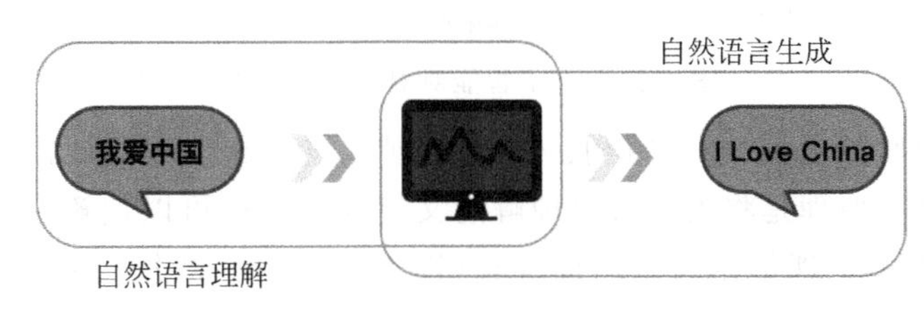

图15.2 NLP原理图示

微软亚洲研究院在2015年推出了人工智能对对联的程序，百度、阿里巴巴和腾讯这三大互联网巨头也在近几年的春节期间提供了智能对联应用[1-2]。2017年，一个名为“王斌给您对对联-_-"的网站在互联网中火了一把，用户输入任意的一个句子作为上联，人工智能则会给你对出令人意想不到的下联，虽然脑回路清奇，但却不失对仗上的问题(见图15.3)。同在2017年，电视节目《机智过人》上亮相的AI对联机器人"小薇"，也是人工智能技术成果的一次综合展示。

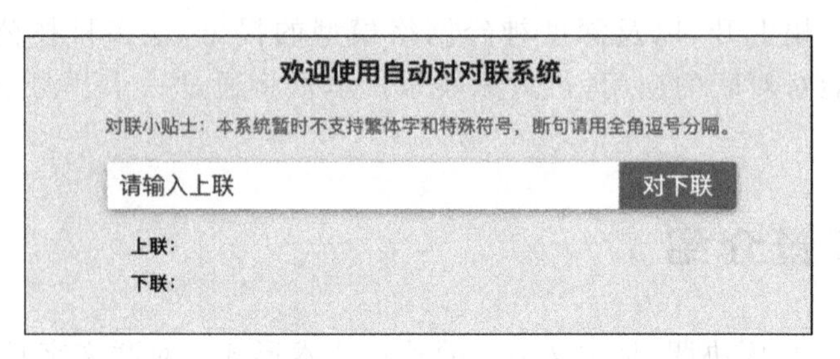

图15.3 "王斌给您对对联-_-"的网页截图[3]

除了人工智能对对联之外，自然语言处理还有很多的实际应用，其中最普遍的应用案例便是机器翻译(Machine Translation)[4]和虚拟助手(Virtual Assistant)，机器翻译已经广泛应用于实际生活中，例如有道词典APP目前就是基于神经网络技术实现的机器翻译；而虚拟助手目前已经运用在智能设备中，例如微软的Cortana、谷歌的Assistant和苹果的Siri。[5-7]

15.2 算法原理

15.2.1 自然语言处理概述

本次实验可实现输入上联，就能对出下联的功能。输入一段中文作为上联，通过编码操作，将转化的向量值输入到深度神经网络，最终输出的结果再经过解码，就生成了字数相同、对仗工整的下联。这种做法能够达到和真的诗人对对联一样的效果。其原理图如图15.4所示。

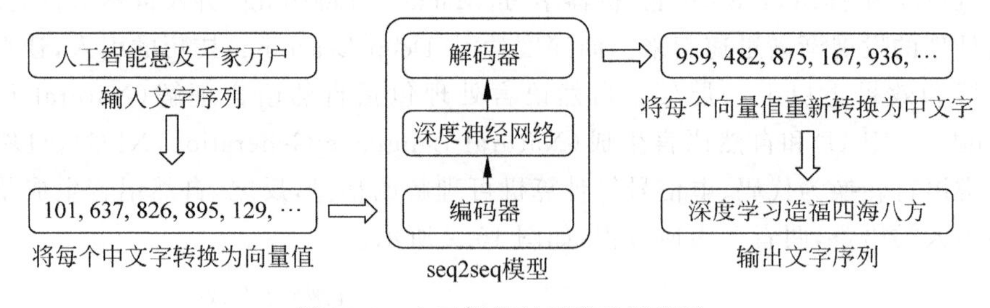

图15.4 人工智能对对联的原理图

人工智能对对联技术由编码解码技术，模型训练技术和模型测试技术三个方面组成。编码解码技术的基本原理是将人类可以理解的文字和计算机可以理解的向量值相互转换；模型训练技术的基本原理是用已有的训练集(即大量的对联数据)训练模型的参数(即后面要提到的语义向量 $\boldsymbol{C}$)，直到模型参数收敛为止。模型测试技术的基本原理是将用户提出的上联经过编码(encode)输入到训练好的模型中，得到的输出再解码(decode)得到下联。

计算机无法直接对文字进行处理，而是将文字转换为计算机可以理解的符号再做进一步的运算[8]。本次实验就是将文字序列中的每一个文字转换成一个个向量值，而数据集中就有一个专门的文件来表示每个汉字映射着什么值。当文字被转换为向量值后，便可载入模型去训练或测试。

15.2.2 递归神经网络

本次实验使用了深度学习算法，其本质是复杂的神经网络（neural network），不用针对其中的特殊任务去执行任何特征工程，就可以将原始数据映射到所需的输出。本次实验使用的RNN是一个特殊的神经网络系列[9]，适用于处理时间序列数据，例如一系列文本或者股票价格。递归神经网络中含有一个叫做状态变量的参数，用来获取数据中隐藏的各种模式，所以它们能够对序列数据建模。传统的前馈神经网络一般不具备这种能力，除非用获取到的序列中的重要模式的特征表示来表示数据，这样的特征表示相当困难。当然，传统神经网络也可以对时间序列中的每个位置都设有单独的参数集，但是这样会让网络变得相当复杂，也大大增加了对内存的需求。递归神经网络却随时共享相同的参数集，这样递归神经网络就能学习序列的每一时刻的模式。在序列中观察到的每一个输入，状态变量将随时间更新，给定先前观察到的序列值，这些随时间共享的参数通过与状态向量组合，就能预测序列的下一个值。

对于网络结构而言，在传统的神经网络模型中，从输入层到隐含层再到输出层，层与层之间是全连接的，然而每层之间的节点却是无连接的。这种普通的神经网络对于解决一些问题有了局限性。例如，你要预测句子的下一个单词是什么，一般需要用到前面的单词，因为一个句子中前后单词并不是独立的。

递归神经网络中的一个序列当前的输出与前面的输出也有关，具体表现为：网络会对前面的信息进行记忆并应用于当前输出的计算中，即隐藏层之间的节点不再无连接而是有连接的，并且隐藏层的输入不仅包括输入层的输出，还包括上一时刻隐藏层的输出。所以理论上，递归神经网络可以对任意长度的序列进行处理。在实践中，为了降低复杂性，往往假设当前的状态与前面几个状态有关。

递归神经网络包含输入单元（input units），输入集标记为$\{x_0, x_1, x_2, \cdots, x_t, x_{t+1}, \cdots\}$，而输出单元（output units）的输出集则被标记为$\{y_0, y_1, y_2, \cdots, y_t, y_{t+1}, \cdots\}$。递归神经网络还包含有隐藏单元（hidden units），将它的输出集标记为$\{h, h_1, h_2, \cdots, h_t, h_{t+1}, \cdots\}$。其中，有一条单向信息流是从输入单元流向隐藏单元的，又有一条单向信息流是从隐藏单元流向输出单元的。而某些情况，递归神经网络会打破限制，引导信息从输出单元返回隐藏单元，这些被称为“Back Projections”，并且隐藏层的输入还包括上一隐藏层的状态，也就是说，隐藏层内的节点可以自连也可以互连。

递归神经网络可以展开成一个全神经网络，如图15.5所示。例如，一个含有t个单词的句子，就可以展开成一个t层的神经网络，每一层代表一个单词。

递归神经网络的应用有几种变体，最简单的是一对一递归神经网络，除此之外，还有一对多递归神经网络、多对一递归神经网络和多对多递归神经网络。一对一递归神经网络是单输入单输出的，即图15.5左边展示的那样，当前输入依赖之前观察到的输入，用于股票预测、场景分类和文本生成。一对多递归神经网络是输入单个元素x（或作为每个阶段的输入x），输出任意数量的元素（$y_1, y_2, y_3, \cdots, y_t$），用于图像描述，如图15.6(b)和图15.6(c)所

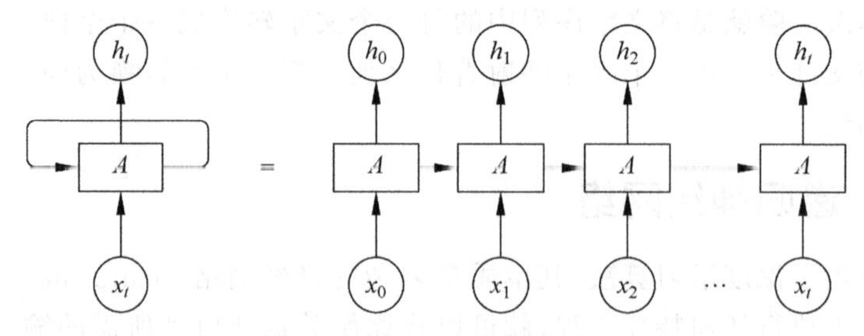

图 15.5 RNN 展开图示

示。多对一递归神经网络是输入一个序列($x_1, x_2, x_3, \cdots, x_t$),输出单个元素 y,主要用于句子分类。而多对多递归神经网络是输入任意长度的序列($x_1, x_2, x_3, \cdots, x_t$),也输出任意长度的序列($y_1, y_2, y_3, \cdots, y_t$),如图 15.6(d)所示,常用于机器翻译和聊天机器人。本次实验使用的模型就是基于多对多递归神经网络的。在机器翻译中,输入序列和输出序列可以是不等长的,这种多对多的结构又称为编码-解码(Encoder-Decoder)结构,后面的内容会有解释。

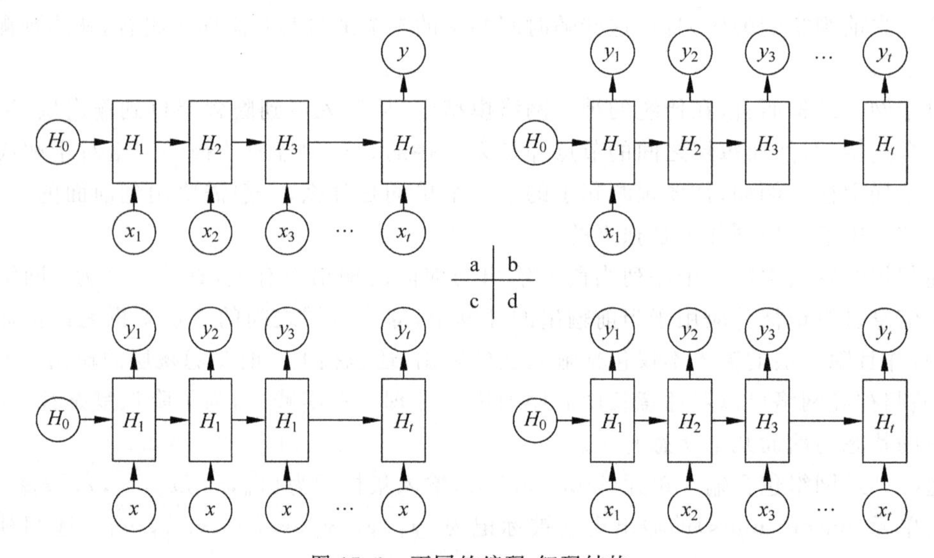

图 15.6 不同的编码-解码结构

a:多对一,b:一对多,c:一对多(输入信息 x 作为每个阶段的输入),d:多对多

在实践中已经证明,递归神经网络在自然语言处理中有着非常成功的应用。例如词向量表达、语句合法性检查、词性标注等。而长短期记忆(Long Short Term Memory, LSTM)模型则是递归神经网络中最广泛最成功的模型[10]。

15.2.3 网络结构介绍

本实验使用的网络基于 seq2seq 模型,它就是一个编码-解码结构在文字序列处理应用的模型[11]。2017 年,谷歌为机器翻译相关研究,开源了基于 TensorFlow 的 seq2seq 函数库,使得仅仅使用几行代码就可以轻松完成模型训练过程。首先要了解什么是编码-解码结构。编码器是将输入序列转化成一个固定长度的向量,解码器是将输入的固定长度向量解码成输出序列。它的编码解码方式可以是递归神经网络(其中,基于递归神经网络的元胞可以是递归神经网络模型，门控循环单元(Gate Recurrent Unit，GRU)模型，长短期记忆模型等结构，本次实验用的是基于长短期记忆模型的元胞)，也可以是卷积神经网络。seq2seq 架构有一个显著的优点，就是输入序列和输出序列的长度是可变的。所以它被广泛应用于机器翻译、自动对话机器人、文档摘要自动生成、图片描述自动生成等实际应用中。

seq2seq 的输入是一个文字序列($x_1,x_2,x_3,\cdots,x_t$)，首先编码器对输入进行编码，再经过函数变换为中间语义向量 $\boldsymbol{C}$，而解码器则根据中间语义向量 $\boldsymbol{C}$ 和已经生成历史输出，去生成新的输出($y_1,y_2,y_3,\cdots,y_k$)，如图 15.7 所示。

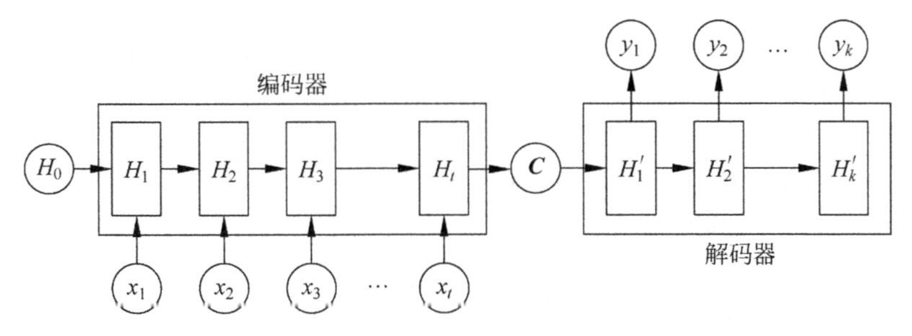

图 15.7 seq2seq 的一种结构

seq2seq 模型有很多变种，图 15.8 展示了另外一种，可以将中间语义向量 $\boldsymbol{C}$ 当做解码器的每一时刻输入。

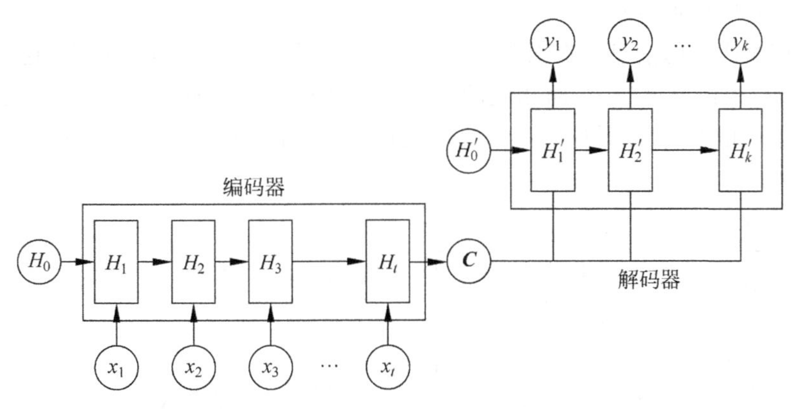

图 15.8 seq2seq 的另一种结构

一般的编码-解码结构中，编码和解码的唯一联系就是语义向量 $\boldsymbol{C}$，即将整个输入序列的信息编码成一个固定大小的状态向量再解码，相当于对信息的有损压缩。很明显这样做有两个缺点：

① 中间语义向量无法完全表达整个输入序列的信息。

② 随着输入信息长度的增加，由于向量长度固定，先前编码好的信息会被后来的信息覆盖，丢失很多信息。

这就相当于，语义编码 $\boldsymbol{C}$ 对输出的影响是相同的。而事实上，一定会有一个输入或者历史输出对当前输出的贡献最大，例如在对对联应用中，上联(输入)的对仗信息和下联(输出)的某一上下文信息，会对输出的另一个字有着很高的影响。这就引出了 seq2seq 结构中带有注意力(Attention)机制的模型。

注意力模型的特点是解码器不再将整个输入序列编码为固定长度的中间语义向量 $\boldsymbol{C}$，而是根据当前生成的新单词计算新的 $\boldsymbol{C}_i$，使得每个时刻输入不同的语义向量 $\boldsymbol{C}$，这样就解决了单词信息丢失的问题，如图 15.9 所示。

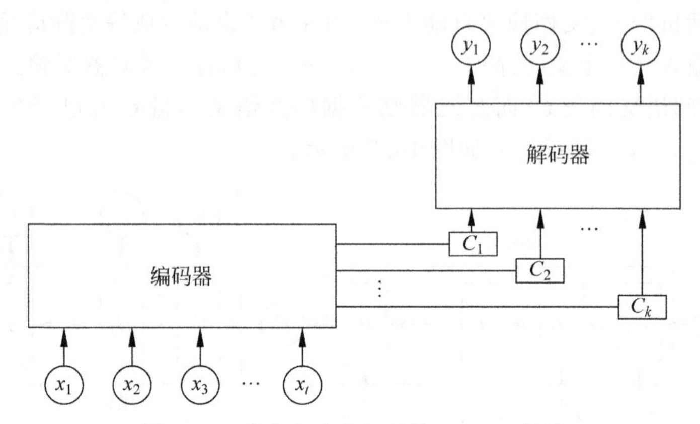

图 15.9　带有注意力机制的 seq2seq 结构

每一个 $\boldsymbol{C}$ 会自动选取当前输入 y 最合适的上下文信息。打个比方说，用 a_{ij} 衡量编码器中的第 j 阶段的 H_j 和解码时第 i 阶段的相关性，最终的解码器中的第 i 阶段的输入的上下文信息 c_i 就来自于所有 H_j 和 a_{ij} 的加权和。

在图 15.10 中可见，输入的序列是“千家万户”，编码器中的 $H_1 \sim H_4$ 就分别看做“千”“家”“万”“户”所代表的信息。在对对联的时候，第一个上下文 c_1 就和“千”这个字最相关，因此对应的 a_{11} 权值就比较大，而相应的 $a_{12} \sim a_{14}$ 的权值就比较小。而第二个上下文 c_2 就和“家”这个字最相关，因此对应的 a_{22} 权值就比较大，而相应的 a_{21}、a_{23} 和 a_{24} 的权值就比较小。依次类推。

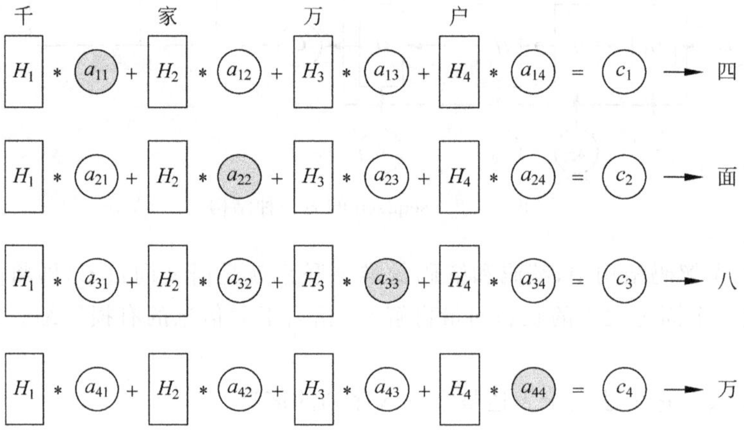

千　家　万　户

$H_1 * a_{11} + H_2 * a_{12} + H_3 * a_{13} + H_4 * a_{14} = c_1$ → 四

$H_1 * a_{21} + H_2 * a_{22} + H_3 * a_{23} + H_4 * a_{24} = c_2$ → 面

$H_1 * a_{31} + H_2 * a_{32} + H_3 * a_{33} + H_4 * a_{34} = c_3$ → 八

$H_1 * a_{41} + H_2 * a_{42} + H_3 * a_{43} + H_4 * a_{44} = c_4$ → 万

图 15.10　Attention 机制的语义编码 C 生成图示

而权重 a_{ij} 也是从模型中学出的，如图 15.11 所示，它与解码器的第 $i-1$ 阶段的隐状态和编码器第 j 个阶段的隐状态有关。图 15.12 就展示了的前面的例子中，对于 a_{1j}、a_{2j}、a_{3j}、a_{4j} 的学习过程。

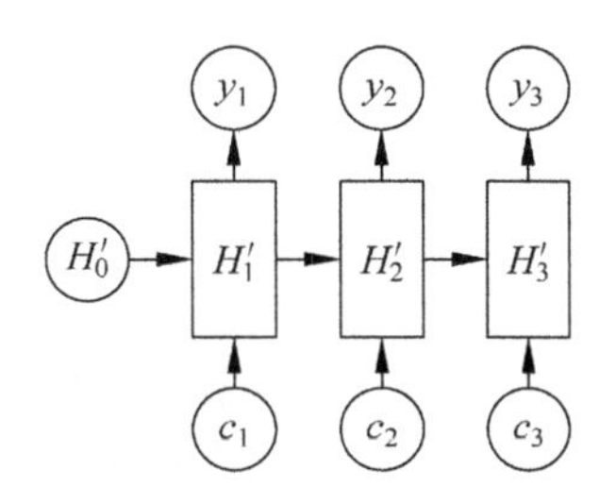

图 15.11 attention 机制的解码器图示

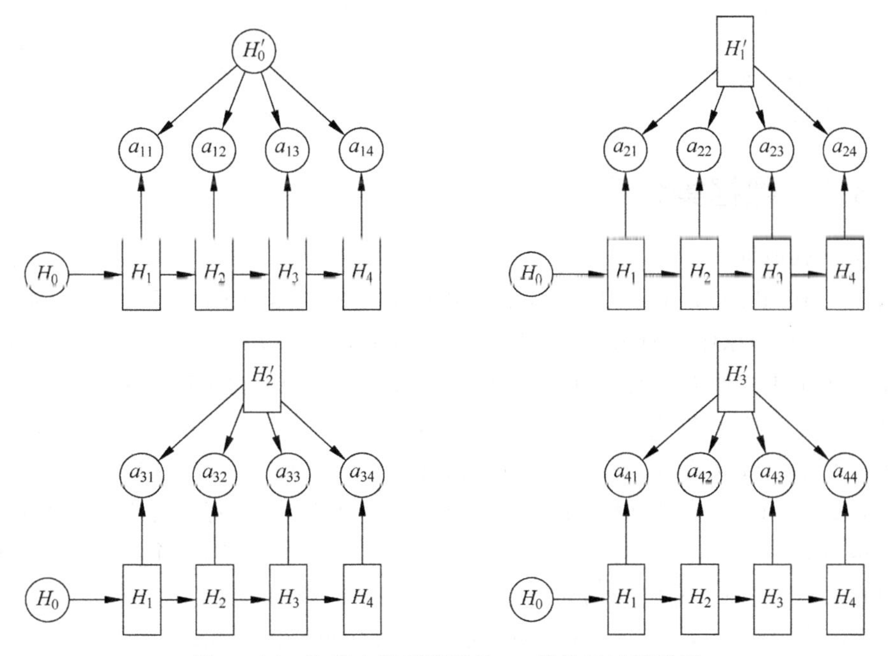

图 15.12 注意力机制模型的 a_{ij} 的学习过程图示

(分别是 a_{1j}、a_{2j}、a_{3j}、a_{4j} 的学习过程)

15.3 实验操作

15.3.1 代码介绍

1. 实验环境

条 件	环 境
操作系统	Ubuntu 18.04LTS
开发语言	Python 3.6
深度学习框架	TensorFlow 1.14
相关库	仅 Python 内建函数

2. 实验代码下载地址

扫描二维码下载实验代码。

3. 代码文件目录结构

```
├── bleu.py ··························· bleu 评价函数
├── couplet.py ························ 存放输入输出文件地址及训练参数
├── LICENSE ··························· 原作者的开源许可证文件
├── model.py ·························· 模型文件,定义了 init、train、eval 等函数
├── reader.py ························· 读取数据的文件
├── README.markdown ··················· 说明书
├── seq2seq.py ························ seq2seq 结构文件,调用了 tf 库的一些函数
├── terminal.py ······················· 让结果在终端显示
└── test.py ··························· 让结果在终端显示
```

15.3.2 数据集介绍

数据集下载地址：

https://github.com/wb14123/couplet-dataset/releases/download/1.0/couplet.tar.gz

一开始，代码的原作者使用了数据爬取工具在互联网上抓取了 700 000 对对联样本作为数据集。为了更方便大家使用，作者又直接发布了现成的数据集供大家使用。

下载 zip 包并解压，得到了两个文件夹 train 和 test，另有一个文件 vocabs，而两个文件夹都各有一个 in.txt 文件和 out.txt 文件。解压后的文件夹的文件结构如下：

其中，文件夹 train 为训练集，train/in.txt 包含了上联数据，每一行为一个上联，每个字都用空格隔开，train/out.txt 包含了下联数据，每一行为一个下联，每个字也都用空格隔开。in.txt 和 out.txt 这两个文件的相同行数的内容为一个对偶。文件夹 test 为测试集，test/in.txt 的内容来自于并少于 train/in.txt，test/out.txt 也同样如此。vocabs 为单字文件，除了前四行是"<s>""</s>""。"","之外，其余每行都是对联中出现过的字，在本次实验中有文字转向量表的作用。

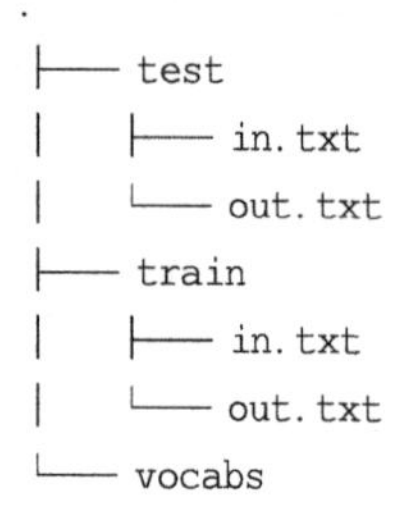

.
├── test
│ ├── in.txt
│ └── out.txt
├── train
│ ├── in.txt
│ └── out.txt
└── vocabs

15.3.3 实验操作及结果

训练网络模型：下载代码并解压，进入工程文件夹后，打开 couplet.py，将文件中引用数据集路径的代码改成数据集的路径，并指示 output_dir 路径，假如数据集放在工程文件夹里，并且指示输出的网络文件到工程文件夹里的 couplet_output 文件夹中，可以将代码改成如下：

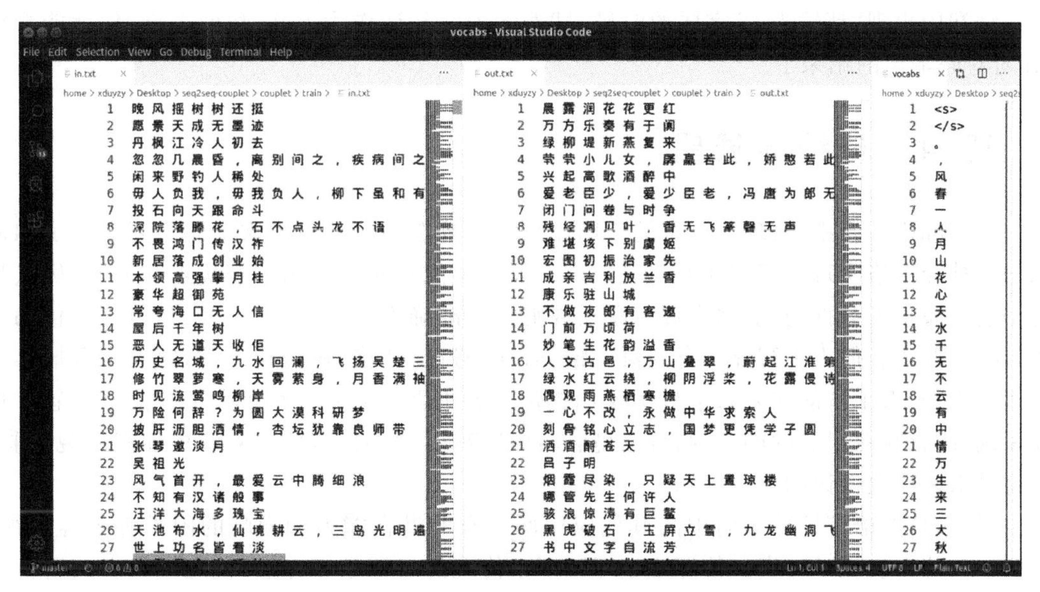

图 15-13　训练集数据内容

```
m = Model(
        'couplet/train/in.txt',
        'couplet/train/out.txt',
        'couplet/test/in.txt',
        'couplet/test/out.txt',
        'couplet/vocabs',
        num_units = 1024, layers = 4, dropout = 0.2,
        batch_size = 32, learning_rate = 0.001,
        output_dir = 'couplet_output',
        restore_model = False)
```

而最后一行的 m.train(5000000)设置的训练代数，可以编辑修改。

接下来，在 py36 虚拟环境的终端下，当前目录切换到工程文件夹，输入：

```
python couplet.py
```

接下来就是漫长的训练时间了，你可以实时地在终端上查看效果，一开始，output 内容可以用“鬼畜”来形容，而到了后面，output 内容会渐渐地正常起来，此时，你就会第一次体会到你亲手训练的人工智能“变聪明”的喜悦了。

测试网络模型：当训练完成以后，进入工程文件夹，打开 terminal.py，将其中的两段代码改成如下：

```
vocab_file = 'couplet/vocabs'
model_dir = 'couplet_output'
```

在 py36 虚拟环境的终端下，当前目录切换到工程文件夹，输入

```
python test.py
```

终端中出现“请输入：”字样的时候，试着输入一句话作为上联，按回车键，你就能看见AI对对联输出的结果了。

15.4 总结与展望

在实际生活当中，实现更复杂的应用往往需要复杂的算法。本次实验主要展示了如何用深度神经网络实现人工智能对对联应用。人工智能对对联应用兼有优点和缺点，优点是它是基于海量大数据的，能够实现对联在规则上的准确无误，丰富了语言，是传统文化和现代科技的融合。但人工智能毕竟还没有情感，规则过于严格，机械化严重，缺乏主观情感的表达。于是，人工智能在未来给科学家们提出了新的要求：能否赋予人工智能以情感。具体来说，能否在对对联的同时，结合语境、人物身份等环境要素，使得对联更加有主观色彩，这将是未来可以探讨的一个问题。

当然，自然语言处理方向中的其他应用所具有的潜在能力和面临的困难都不容忽视。端到端训练和表征学习真正使深度学习区别于传统的机器学习方法，使之成为自然语言处理的强大工具。深度学习中通常可以执行端到端的训练，原因在于深度神经网络能够提供充足的可表征性，数据中的信息能够在模型中得到高效编码。比如，在神经机器翻译中，模型完全利用平行语料库自动构建而成，且通常不需要人工干预。与传统的统计机器翻译（特征工程是其关键）相比，这是一个明显的优势。

深度学习中的数据可以有不同形式的表征，比如，文本和图像都可以作为真值向量被学习。这使之能够多模态执行信息处理。比如，在图像检索任务中，将查询（文本）与图像匹配并找到最相关的图像变得可行，因为这些数据都可以用向量来表征。

深度学习虽然带来很多机遇，但是它也依旧面临着更普遍的挑战。比如，缺乏理论基础和模型可解释性、需要大量数据和强大的计算资源。而自然语言处理需要面对一些独特的挑战，即长尾挑战、无法直接处理符号以及有效进行推断和决策。对于训练数据短缺，研究人员开发了各种技术用于使用网络上海量未标注的文本（称为预训练）来训练通用语言表示模型。然后，将其应用于小数据自然语言处理任务（如问答和情感分析）微调预训练模型，与从头对数据集进行训练相比，使用预训练模型可以显著地提高准确度。例如谷歌就公布了一项称为BERT（Bidirectional Encoder Representations from Transformers）的用于自然语言处理预训练的新技术，BERT是第一个深度双向无监督的语言表示，仅使用纯文本语料库（例如维基百科）进行预训练。相比其他模型，BERT有更好的性能评估值。

事实上，自然语言处理的大量知识都是符号的形式，包括语言学知识（如语法）、词汇知识（如WordNet）和世界知识（如维基百科）。目前，深度学习方法尚未有效利用这些知识。符号表征易于解释和操作，而向量表征对歧义和噪声具有一定的鲁棒性。如何把符号数据和向量数据结合起来、如何利用二者的力量仍然是自然语言处理领域一个有待解决的问题。

15.5 参考文献

[1] 微软亚洲研究院. 电脑对联[EB/OL]. [2020-07-10]. https://duilian.msra.cn/app/couplet.aspx.
[2] 雍黎. 脑回路清奇的AI原来是这么对对联的[EB/OL]. (2019-01-14)[2020-07-10]. http://

digitalpaper. stdaily. com/http_www. kjrb. com/kjrb/html/2019-01/14/content_412476. htm?div=-1.

[3] 王斌给您对对联 -_-! [EB/OL]. [2020-07-10]. https://ai. binwang. me/couplet/

[4] Bahdanau D, Cho K, Bengio Y. Neural Machine Translation by Jointly Learning to Align and Translate[J/OL]. (2016-05-16)[2020-07-10]. www. arxiv. org/abs/1409. 0473.

[5] Sébastien J,Cho K,Memisevic R,et al. On Using Very Large Target Vocabulary for Neural Machine Translation[J/OL]. (2015-05-18)[2020-07-10]. https://arxiv. org/abs/1412. 2007.

[6] Vinyals O,Le Q. A Neural Conversational Model[J/OL]. (2015-07-22)[2020-07-10]. https://arxiv. org/abs/1506. 05869.

[7] Devlin J, Chang M W, Lee K, et al. BERT: Pre-training of Deep Bidirectional Transformers for Language Understanding[J/OL]. (2019-05-24)[2020-07-10]. https://arxiv. org/abs/1810. 04805.

[8] Li H. Deep Learning for Natural Language Processing: Advantages and Challenges[J]. National ence Review,2018,5(001): 24-26.

[9] Cho K,Van Merrienboer B,Gulcehre C,et al. Learning Phrase Representations using RNN Encoder-Decoder for Statistical Machine Translation[J/OL]. (2014-09-03)[2020-07-10]. https://arxiv. org/abs/1406. 1078.

[10] Understanding LSTM Networks [EB/OL]. (2015-08-27)[2020-07-10]. https://colah. github. io/posts/2015-08-Understanding-LSTMs/.

[11] Sutskever I,Vinyals O,Le Q V. Sequence to Sequence Learning with Neural Networks[J/OL]. (2014-12-14)[2020-07-10]. https://arxiv. org/abs/1409. 3215.

第16章 手写体风格转化

CHAPTER 16

随着科技的迅猛发展、图像时代的来临以及视觉文化的转向，平面设计逐渐成为信息传递的主流媒介。其中，字体设计不仅能体现出设计的美感，流露出内涵与艺术，更可以让用户一目了然、准确无误地读懂掌握设计者传达的信息，是设计三要素中表达最直接、最简单、最方便的载体。

近几年来，随着 Photoshop、Illustrator、Freehand 等工具的普及，设计者只需要通过键盘输入文本信息，寻找满足设计风格的字体，然后再以此为基准，就可以设计出令人耳目一新的设计作品。风格迥异的字体，使得设计别具匠心，独树一帜，而且它们的巧妙应用可以对作品起到画龙点睛的效果。图16.1展示了不同字体的设计风格图。

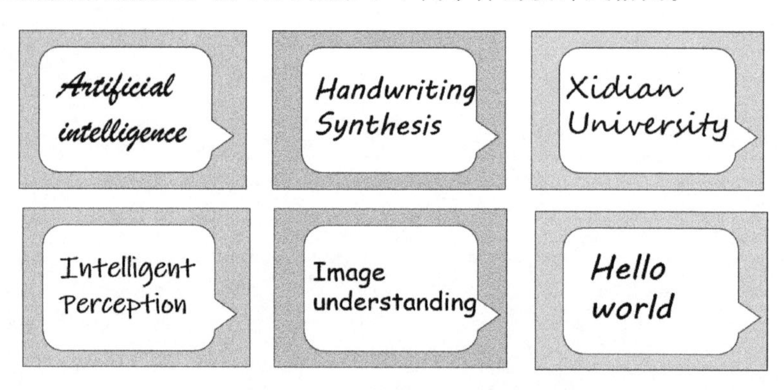

图16.1 不同风格的手写体

然而，这些用计算机软件生成的手写体风格样式毕竟有限。随着人工智能的普及与发展，不断更新的神经网络可以生成任意风格的手写体。本实验介绍了如何利用人工智能合成这些风格迥异的手写体。

16.1 背景介绍

书法艺术是人类文明中古老而璀璨的瑰宝，是人们表达感情、交流思想的工具，同时，“字如其人”，更是表现了书写者的个性与风格。今天，信息技术的蓬勃发展赋予了这门艺术崭新的面貌与生命。

基于计算机强大的仿真与图形处理能力，人们使用计算机处理接收到的文本信息，并结合不同类型的字体数据库，进而生成高度逼真、不同风格的手写体笔迹，以全新的方式传承与弘扬书法艺术。

这些合成的风格迥异的手写体设计吸收着人类文明与科技进步带来的无限养分，闪耀着创意的光芒。数码时代带来了科幻般的电子设备，智能手机、平板电脑、智能穿戴这些电子产品与生活的各个环节紧密相连、息息相关，使生活色彩斑斓、焕然一新。它们不仅可以美化电子设备的界面，体现书法独特的魅力，更重要的是，在这个多元化的个性时代，还彰显了用户个人特色，体验即时随心的定制化服务。

国内外关于手写体的探讨，尤其是英文和数字手写体的研究是一个很早就已经提出的课题，经历了漫长而艰难的过程，发展至今。

1989 年，Horst Bunke Varga 通过动力模型来表示手写体的产生过程，把手写体生成的过程看作是动力模型去控制某种写字的方法。此后几年，Singer Y 和 Tishby N 用调制模型来对手写体的轨迹进行建模和表示，并对手写体的轨迹用速度和压力函数来表示和分析。Wacef Guerfali 和 R. Plamondon 采用 Delta 对数正态理论参数化来表示手写体的生成。这些研究发现奠定了手写合成的理论基础[2]。

2005 年，Y. Zheng 和 D. Doermann 采用基于点配准的算法学习字符的形变，并用于手写体的合成。它是给定同一字符的两个手写体样本，在这“两个样本之间”应该存在很多其他风格的样本。手写体样本是通过字符骨架上的样本点表示。首先进行样本点的配准，通过 Shape Context 距离的方法进行配准。这种方法主要目的是生成手写样本作为字符识别的训练样本，产生的形变极其有限[5]。

2005 年，Juc Wang、Chenyu Wu 提出了一种基于学习的英文连笔手写体合成的方法。每个字母的轨迹由 B 样条的控制点表示，将个性化手写体风格的学习过程转换为对这些控制点的统计分布。在训练阶段先对样本进行对齐，使得样本的分布逼近高斯分布，由于英文手写体存在连笔，将一个字母分为三个部分：头部、中部、尾部。在合成阶段，通过一定的约束使得生成的样本既能代表手写体的风格又使字母与字母之间产生平滑的连笔。此方法实现了计算机模拟手写过程中出现的连笔情况，使得生成的手写体更加逼真[3]。

手写体风格的变换不但具有独特的视觉赏析，而且能表达出使用者的情感，带给用户视觉上的美感与享受。在互联网技术高度发达的今天，电子设备中手写体随处可见。

打开手机，个性化的主题怎么离得开手写体，或可爱俏皮，或简约清新，或酷炫时尚，或稳重大气，无一不向我们诉说着手机用户的性格与偏爱。制作 PPT，对字体进行适当的手写体变化、格式编排、创意组合是不可或缺的部分，使传达的思想得到浓缩与凝聚，产生鲜明的视觉效果，让听众在快速掌握信息的同时不会产生疲劳之感。观看产品广告，鲜明的色彩搭配凝缩的文字，传播着商品的信息、体现了商品价值，吸引着消费者的眼球。

此外，海报设计、网页美化、标志设计，甚至一件衣服、QQ 聊天界面，都可以看见手写体的存在。在信息高速公路上，形形色色、匠心独具的手写体展示的内容与结果也是前所未有的丰富与精彩，它们的设计也以润物细无声的方式在这个多元化的时代中发挥着淋漓尽致的作用。

16.2　算法原理

本实验借鉴了 Alex Graves 发表的论文 *Generating Sequences With Recurrent Neural Networks*[1]。该论文使用构成的递归神经网络作为预测网络，生成具有长期结构的复杂序列,并将其扩展到手写合成,允许网络对文本序列的预测设定条件,由此产生的系统能够生成多种风格、高度逼真的草书手写体。

在手写合成中,用户通过键盘输入文本,算法合成手写体。本实验的基本网络结构如图 16.2 所示。

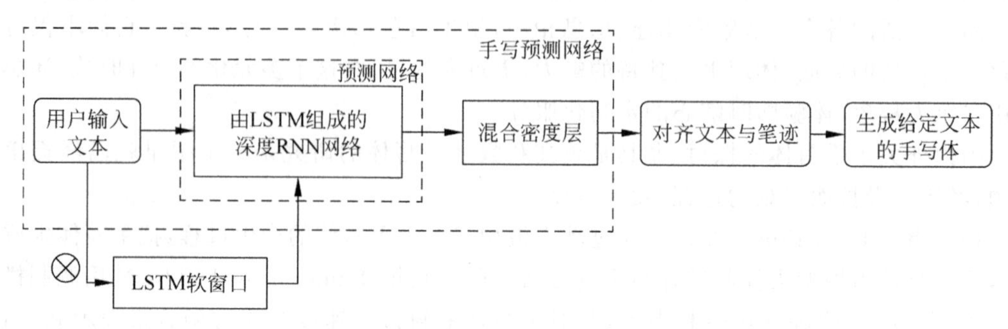

图 16.2 手写合成网络基本流程图

本实验首先定义了一个由多层 LSTM 层组成的深度 RNN 预测网络,解释了如何训练它并进行下一步预测,从而生成序列;然后将预测网络通过混合密度输出层应用于 IAM 在线手写数据库,从手写轨迹中学习笔画、字母和短单词,并对手写风格的全局特征进行建模;最后对手写预测网络进行扩展,将 LSTM 软窗口与文本字符串进行卷积,并作为额外的输入输入到预测网络中,合成网络在 IAM 数据库进行训练,生成给定文本的手写体。

为方便实验理解,先详细讲述由多层 LSTM 层组成的深度 RNN 预测网络,然后构建手写合成网络,再将 IAM 在线手写数据集应用该网络,层层递进,逐步深入。

16.2.1 RNN 预测网络

RNN 是一类丰富的动态模型,被用于生成多种领域的序列,如音乐、文本、运动捕捉数据。RNN 可以通过逐步处理真实数据并预测接下来会发生什么来训练序列的生成。原则上,一个足够大的 RNN 能够生成任意复杂度的序列。然而在实践中,对于长时间过去的输入,标准的 RNN 无法存储大量数据。这种“健忘症”不仅降低了其对长期结构的建模能力,还造成生成序列的不稳定性。长短时记忆(LSTM)是一种 RNN 结构,但它比标准 RNN 更适合于存储和访问信息,最近在一系列序列处理任务中给出了最先进的结果,包括语音和手写识别。LSTM 架构使用门构建的内存单元来存储信息,更善于发现和利用数据中的长期依赖关系。本实验预测网络采用基本递归神经网络预测体系结构,如图 16.3 所示。RNN 通过逐步处理真实数据序列并预测下一步状况来训练序列的生成,然后对网络输出分布进行迭代采样,并将样本作为下一步的输入,从而训练网络生成新的序列。

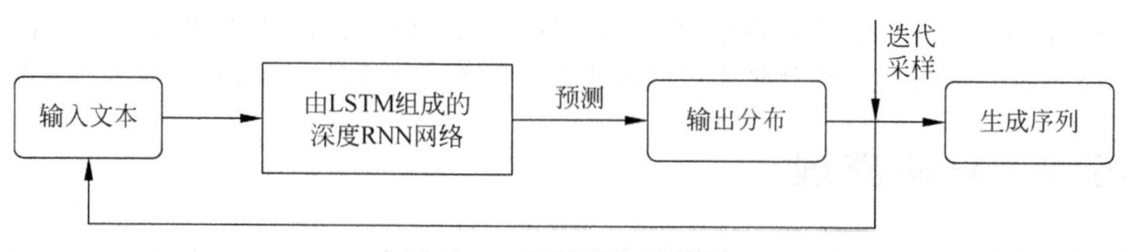

图 16.3 预测网络流程图

一个输入向量 $\boldsymbol{x}$ 通过加权链接被传递到一个由 N 个递归连接的隐藏层堆栈中，计算隐向量 $\boldsymbol{h}$，输出向量 $\boldsymbol{y}$。这使得训练深层网络更加容易，应用高效计算反向传播，可以有效计算出损失对网络权值的偏导数，然后用梯度下降法对网络进行训练。

大多数 RNN 中，隐层函数是 sigmoid 函数的基本应用。LSTM 架构使用专门构建的内存单元来存储信息，更善于发现和利用数据中的长期依赖关系。图 16.4 为 LSTM 基本单元图。

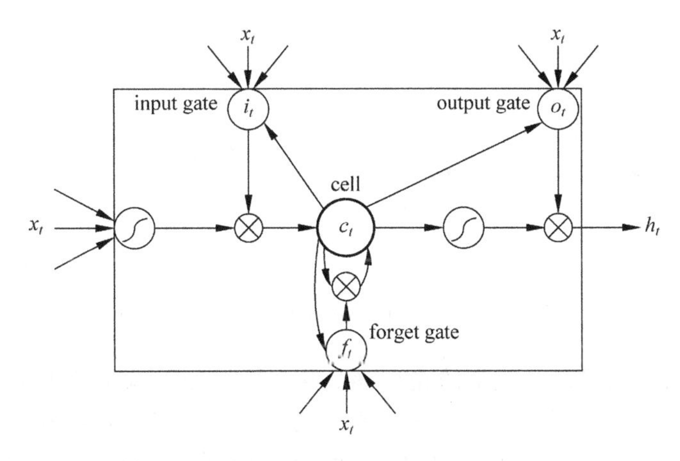

图 16.4　LSTM 存储单元

图 16.4 表示单个 LSTM 存储单元。隐藏向量 $\boldsymbol{h}$ 通过以下复合函数关系实现：

$$i_t = \sigma(W_{x^i} x_i + W_{h^i} h_{t-1} + W_{c^i} c_{t-1} + b_i)$$
$$f_t = \sigma(W_{xf} x_i + W_{hf} h_{t-1} + W_{cf} c_{t-1} + b_f)$$
$$c_t = f_t c_{t-1} + i_t \tanh(W_{xc} x_t + W_{hc} h_{t-1} + b_c)$$
$$o_t = \sigma(W_{xo} x_i + W_{ho} h_{t-1} + W_{co} c_t + b_o)$$
$$h_t = o_t \tanh(c_t) \tag{16-1}$$

其中，σ 是 sigmoid 函数，i、f、o、c 分别代表输入门(input gate)、遗忘(forget)门、输出(output)门、胞(cell)状态，所有都与隐藏向量 $\boldsymbol{h}$ 是同样大小。权重矩阵下标 $\boldsymbol{W}_{xo}$ 表示输入-输出门矩阵，$\boldsymbol{W}_{hi}$ 表示隐藏-输入门矩阵。从单元格到门向量(例如 $\boldsymbol{W}_{ci}$)的权重矩阵是对角矩阵，因此每个门向量中的元素只接收单元格向量的元素的输入。

本文通过时间的反向传播计算全梯度，在训练全梯度 LSTM 时，将网络输入的损耗导数裁剪为预定义范围内，防止导数过大有时会导致数值问题。

16.2.2　网络结构介绍

预测网络是否可以生成高度逼真的实值序列呢？

将其应用于 IAM 在线手写数据库。本节使用的所有数据均取自 IAM 在线手写数据库(IAM-OnDB)。IAM-OnDB 由 221 位不同的书写者在智能白板上书写的手写行组成。实验通过白板的红外设备跟踪笔的位置，以此来采集训练数据的样本。训练数据的样本如图 16.5 所示，原始输入数据包括笔迹点在 x 轴和 y 轴的坐标，以及当笔从白板上拿起时顺序中的点。通过插值填充丢失的读数，并删除长度超过特定阈值的步长，纠正 x 和 y 数据中的记录错误。除此之外，本实验没有采用任何预处理，通过训练网络，可以一次预测一个点的 x、y 坐标和笔画终点标记。

图 16.6 表示手写预测网络的训练流程：将预测网络通过混合密度输出层应用于 IAM 在线手写数据库，从手写轨迹中学习笔画、字母和短单词，并对手写风格的全局特征进行建模。

在线意味着书写被记录为笔尖位置的序列，而离线则只有页面图像可用。

图 16.5 训练数据的样本

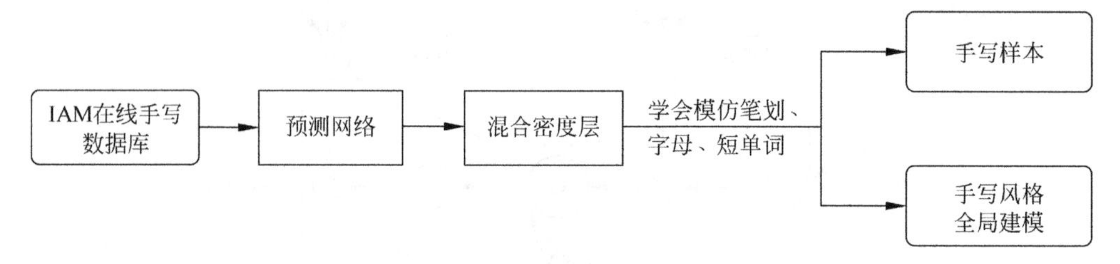

图 16.6 手写预测网络流程图

混合密度网络是利用神经网络的输出参数化混合分布。输出的子集用于定义混合权重，其余的输出用于参数化混合组件。混合权重与 Softmax 函数输出确保函数形成一个有效的离散分布。实验通过最大限度地提高目标在诱导分布下的对数概率密度，训练混合密度网络。

将混合密度输出应用于 RNN，输出不仅取决于当前输入，还取决于以前输入的历史。即组件数目指直到目前为止的输入，网络对下一个输出的可供选择数目。对于本文的笔迹实验，基本的 RNN 结构与更新方程保持不变。每个输入向量 $\boldsymbol{x}_t$ 由一对实值 x_1，x_2 表示，定义笔抵消之前的输入以及一个二进制 x_3，值 1 表示向量为 Stroke（笔在记录下一个向量之前从白板拿开），值 0 代表其他。用二元高斯混合预测 x_1 和 x_2，用伯努利分布预测 x_3。

如图 16.7 所示为在线手写预测的混合密度输出层的情况示意图。

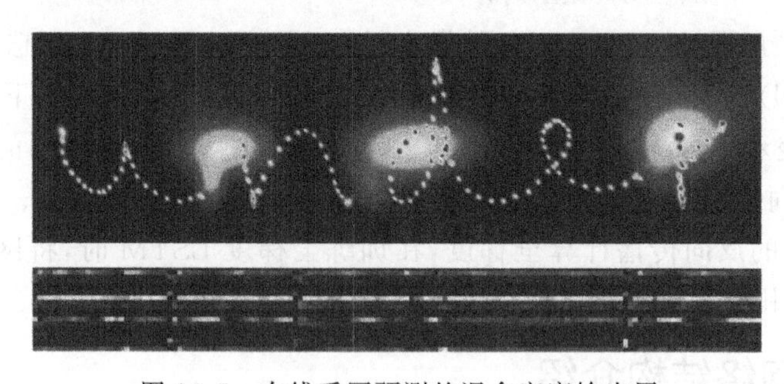

图 16.7 在线手写预测的混合密度输出层

从密度图 16.7 可以得到两种类型的预测：拼出字母的小点是笔画正在书写时的预测，3 个大点是笔画末尾对下一笔画第一点的预测。笔画结束预测的方差很大，因为笔离开白板时没有记录笔的位置，因此在一次笔画结束和下一次笔画开始之间可能有很大的距离。

手写预测网络生成的数据序列中，每个点由三个数字组成：与前一个点相比 x 和 y 的偏移量，以及二进制行程的结束特性。本实验使用 20 个混合分量对偏移量进行建模，每个时间步共给出 120 个混合参数(20 个权重、40 个平均值、40 个标准差和 20 个相关性)。其余的参数对行程结束的概率进行建模,给出 121 的输出层。本实验有两种隐藏层的网络结构:一种是三个隐藏层,每层包含 400 个 LSTM 单元,另一种是包含 900 个 LSTM 单元的单层隐藏层。实验采用自适应全值噪声对三层网络进行再次训练,预测网络学会了模仿笔画、字母、甚至是简短的单词。

手写合成是生成给定文本的手写,而手写预测网络无法限制网络书写的字母内容。接下来在保留之前展示的书写风格多样性的前提下,生成了给定文本的手写体。对手写预测网络进行扩展,允许网络根据某些高级注释序列生成特定的数据序列(手写合成中是字符串),构成用于手写合成的网络体系结构。

图 16.8 为手写合成网络的流程图,与手写预测网络一样,合成网络的隐藏层堆叠在一起,每一层向上传播,从输入层到所有隐藏层,从隐藏层到所有输出层都有跳跃链接。不同之处在于由窗口层调节的字符序列添加输入,即 LSTM 软窗口与文本字符串进行卷积,并作为额外的输入输入到预测网络中,窗口的参数由网络输出同时进行预测,将文本和钢笔轨迹对齐。简单地说,合成网络学会了决定接下来要写的字符。其中,软窗口向量的大小与字符向量的大小相同。

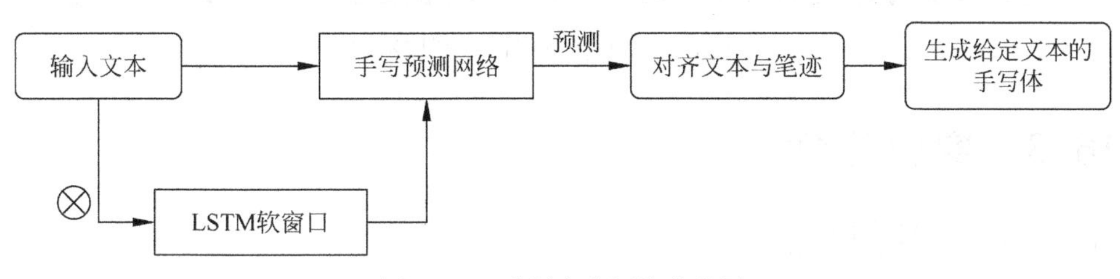

图 16.8 手写合成网络流程图

综合合成网络架构如图 16.9 所示。

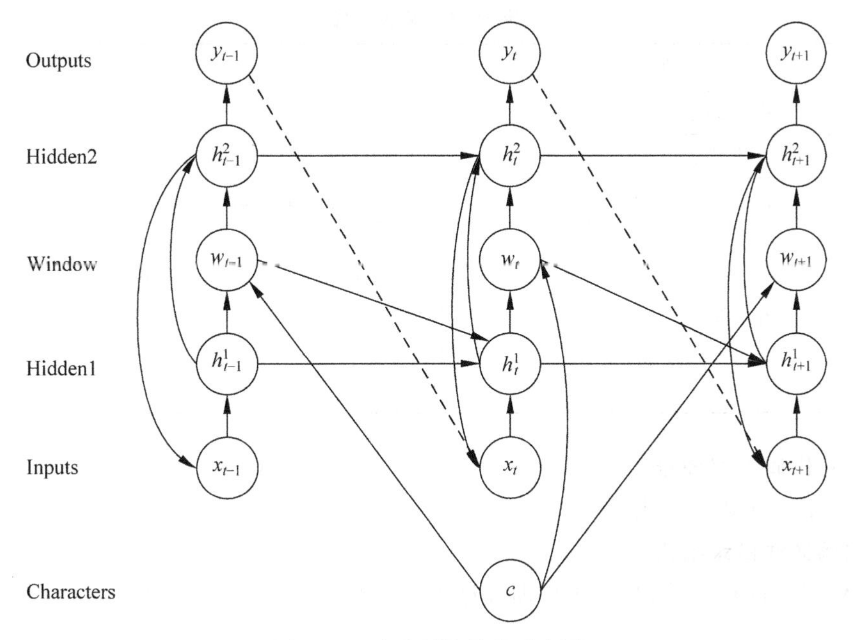

图 16.9 合成网络结构示意图

将合成网络应用于IAM在线手写数据库，其混合密度输出如图16.10所示。图16.10中，顶部的图显示了笔迹位置的预测分布，底部的图显示了混合成分的权重，与仅使用预测网络的图16.7相比，合成网络可以做出更精确的预测(具有更小的密度团块)，尤其在笔画的末端，此时的合成网络具有知道下一个字母的优势。

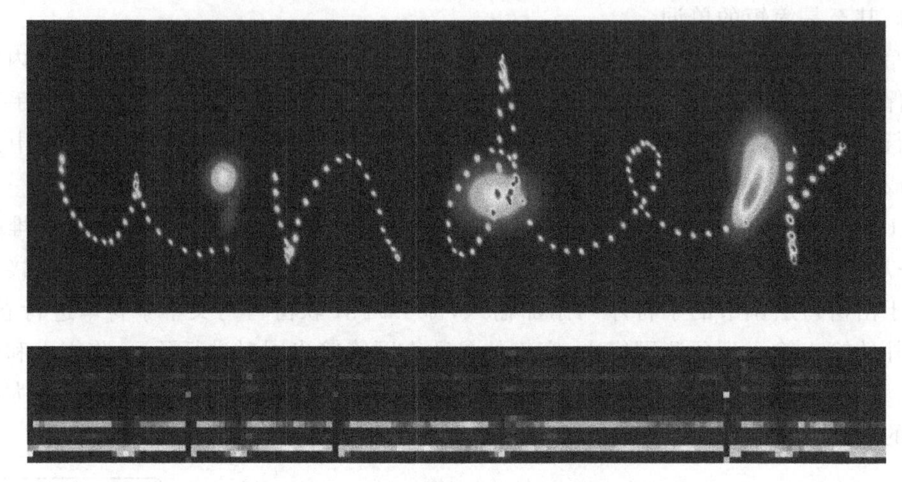

图16.10 合成网络的混合密度输出

16.3 实验操作

16.3.1 代码介绍

1. 实验环境

手写合成实验环境如表16.1所示。

表16.1 实验环境

条 件	环 境
操作系统	Ubuntu 16.04
开发语言	Python 3.6
深度学习框架	TensorFlow 1.6.0
相关库	matplotlib >=2.1.0 pandas >= 0.22.0 scikit-learn >=0.19.1 scipy >=1.0.0 svgwrite >=1.1.12

2. 实验代码下载地址

扫描二维码下载实验代码。

3. 代码文件目录结构

下载代码文件目录结构，即执行训练过程之前的文件目录(蓝色标注代表目录名)如下：

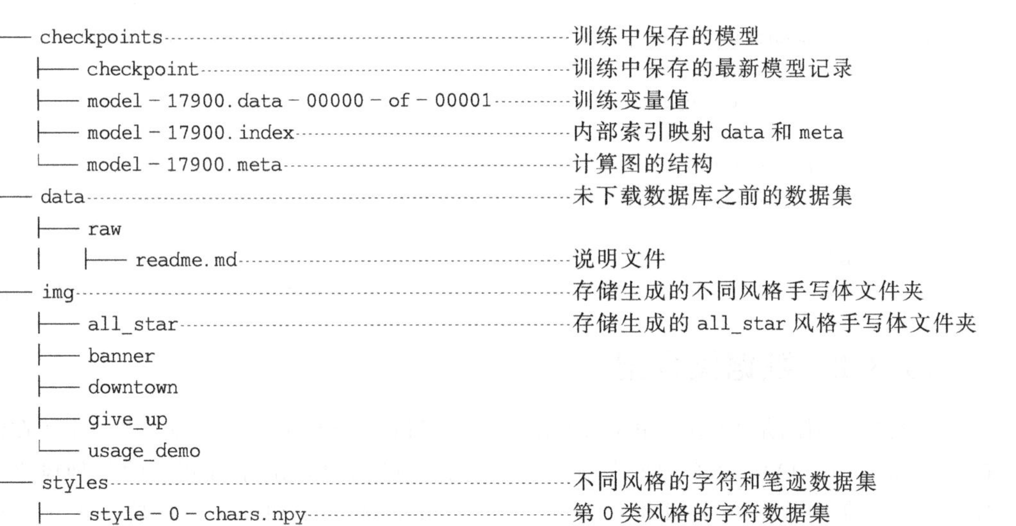

```
├── checkpoints·····································训练中保存的模型
│   ├── checkpoint··································训练中保存的最新模型记录
│   ├── model - 17900. data - 00000 - of - 00001···········训练变量值
│   ├── model - 17900. index··························内部索引映射 data 和 meta
│   └── model - 17900. meta···························计算图的结构
├── data··············································未下载数据库之前的数据集
│   ├── raw
│   │   ├── readme. md·································说明文件
├── img···············································存储生成的不同风格手写体文件夹
│   ├── all_star·······································存储生成的 all_star 风格手写体文件夹
│   ├── banner
│   ├── downtown
│   ├── give_up
│   └── usage_demo
├── styles············································不同风格的字符和笔迹数据集
│   ├── style - 0 - chars. npy···························第 0 类风格的字符数据集
│   ├── style - 0 - strokes. npy·························第 0 类风格的笔迹数据集
 ………
│   ├── style - 12 - chars. npy··························第 12 类风格的字符数据集
    └── style - 12 - strokes. npy························第 12 类风格的笔迹数据集
├── data_frame. py·····································处理 n 维 numpy 矩阵
├── demo. py···········································运行手写合成不同风格的样例
├── drawing. py········································处理白板上的笔迹
├── lyrics. py·········································输入文件
├── prepare_data. py···································数据集处理
├── readme. md·········································说明文件
├── requirements. txt··································相关库包要求
├── rnn. py ···········································训练主函数的模型,
├── rnn_cell. py·······································LSTM 函数模型
├── rnn_ops. py········································RNN 在下一个时间步长将其预测反馈给自身
├── tf_base_model. py··································训练张量流的样本代码接口
└── tf. _utils. py ····································定义混合密度层
```

如以上目录所示，是直接下载代码之后得到的文件目录，. py 文件为接下来要用于操作的 Python 代码文件：

(1) rnn. py 对输入数据进行处理，通过训练 RNN 网络对参数进行迭代优化，并计算损失函数。

(2) rnn_ops. py 定义 raw_rnn 函数，从原始的 TensorFlow 实现改变，RNN 网络在下一个时间步长将其预测结果作为输入反馈给自身。

(3) rnn_cell. py 定义 LSTMAttentionCell，将 LSTM 作为 RNN 的一个单元，定义状态大小、输出大小、零状态，输出函数终止条件。

(4) tf_base_model. py 包含一些用于训练张量流模型的样板代码的接口。该函数返回批量损失的张量。此处实现了用于训练循环、计算损失函数、参数更新、检查点和推理的代码，子类主要负责构建以占位符开头并以损失张量结尾的计算图。

(5) tf. _utils. py 定义混合密度层的输入输出以及权重和无偏参数，在此基础上，定义了一个基于时间分布的混合密度层。

执行训练过程后，文件夹新增目录如下：

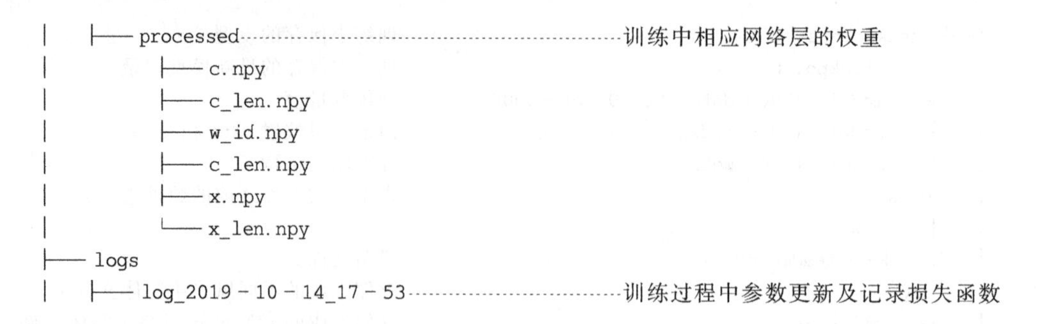

```
|    ├── processed·····························训练中相应网络层的权重
|    |      ├── c.npy
|    |      ├── c_len.npy
|    |      ├── w_id.npy
|    |      ├── c_len.npy
|    |      ├── x.npy
|    |      └── x_len.npy
├── logs
|    ├── log_2019-10-14_17-53·····················训练过程中参数更新及记录损失函数
```

16.3.2 数据集介绍

本实验使用的是 IAM-OnDB(IAM On-line Handwriting Database)，即 IAM 在线手写体数据库，在 ICDAR 2005 中发布，该数据库包含通过 E-Beam 系统获取的各种风格的手写体文本。收集的数据以.xml 格式存储，包含 writer-id、转录和记录的设置。把每个作者的性别、母语和其他可能与分析相关的事实都存储在数据库中。

IAM 在线手写数据库包含在白板上获取的手写英文体形式。它可用于训练和测试手写体识别器、识别作者以及验证实验。IAM 在线手写体数据库结构包括：221 位书写者提供了各自的笔迹样本、超过 1700 个表格和 13 049 在线和离线格式的隔离标记文本行、11 059 单词词典中的 86 272 个单词实例。训练数据的样本：原始输入数据包括笔迹点在 x 轴和 y 轴上的坐标，以及当笔从白板上拿起时顺序中的点。部分样本图像信息如图 16.11 所示。

```
- <Stroke end_time="769.64" start_time="769.05" colour="black">
    <Point y="1058" x="1073" time="769.05"/>
    <Point y="1085" x="1072" time="769.07"/>
    <Point y="1117" x="1066" time="769.08"/>
    <Point y="1152" x="1052" time="769.10"/>
    <Point y="1196" x="1030" time="769.12"/>
    <Point y="1242" x="1009" time="769.13"/>
```

图 16.11 IAM 在线手写数据库的训练样本

数据集下载地址：http://www.fki.inf.unibe.ch/databases/iam-on-line-handwriting-database。

下载数据集之后，按如下目录将其复制至 data 数据集中。

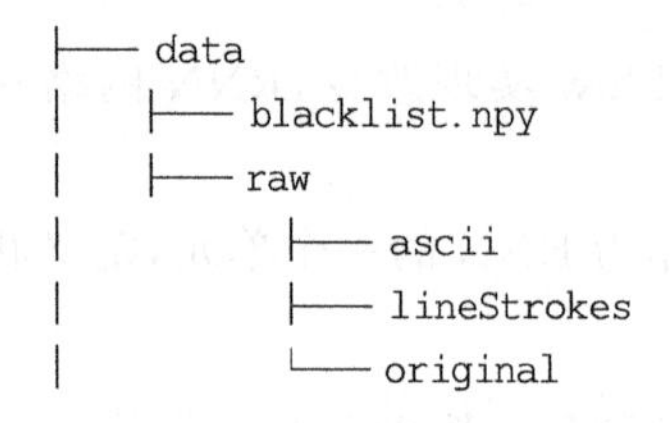

```
├── data
|    ├── blacklist.npy
|    ├── raw
|    |      ├── ascii
|    |      ├── lineStrokes
|    |      └── original
```

16.3.3 实验操作及结果

1. 训练过程

打开代码文件夹，显示终端界面，进行网络训练：

```
$ conda activate base
$ python rnn.py
```

训练结束后，将会自动新建一个 log 文件夹，里面记录了随着迭代次数的增加，网络不同参数的变化情况。除此之外，在 data 数据集的 processed 目录下，会生成一系列. npy 文件，记录训练时产生的权重。

2. 测试过程

输入文本进行测试，首先打开 lyrics. py 文件，输入待生成的信息，选择想要的风格，在终端进行如下命令操作：

```
$ conda activate base
$ python demo.py
```

测试结束后，会在 img 文件目录下输出生成的手写体图片。测试结束后，在 img 文件夹下会产生不同风格的手写体，测试结果如图 16.12 所示。

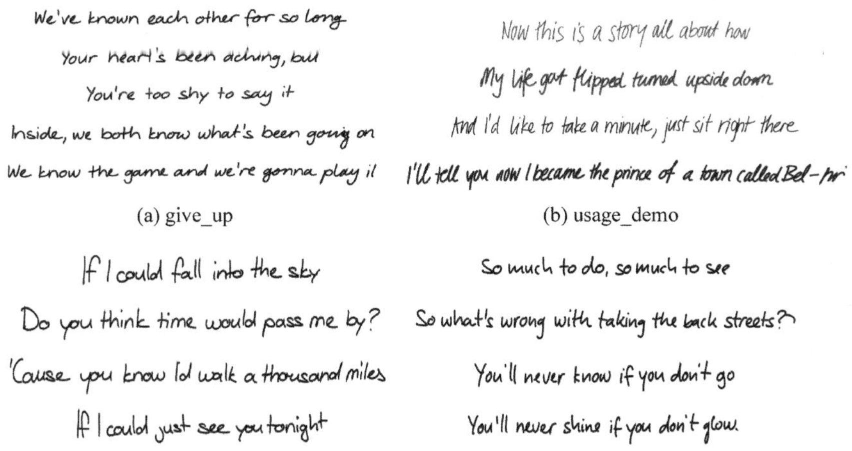

(a) give_up　　(b) usage_demo

(c) downtown　　(d) all_star

图 16.12　合成的手写体测试图

16.4　总结与展望

本实验使用长短期记忆递归神经网络生成具有复杂的远程结构的实值序列，将其应用到 IAM 在线手写数据库，结合混合密度输出层，从手写轨迹中学习笔画、字母和段单词。此外，它还引入了一种新颖的卷积机制，该机制允许循环网络根据辅助注释序列来调节其预测，并使用此方法来合成在线手写的多样且逼真的样本。此外，本实验展示了如何将这些样本偏向于更高的可读性，以及如何根据特定书写者的风格对它们进行建模。

针对合成网络，可将其应用于语音合成，由于语音数据点的维数较大，因此与手写合成相比，更具有挑战性。另外，还可以通过更好地了解数据的内部表示，并使用它来直接操纵样本分布，开发一种从序列数据中自动提取高级注释的机制。在手写的情况下，这可能会带来比文字更多的细微注释，例如风格特征，相同字母的形式，有关笔画顺序的信息等。

生成字符的评价：虽然定义了一些约束，但对于评价一个字符的好坏远远不够，因此怎样定义一个评价函数来评价生成的字符是一个值得商榷的问题。

手写体的扩展：汉字文化源远流长，本实验使用英文字符数据库，如果对该项目感兴趣，读者可以自行使用汉字数据库，生成特定风格的汉字手写体[4]。

16.5 参考文献

[1] Graves A. Generating Sequences With Recurrent Neural Networks[J/OL]. (2014-06-05)[2020-07-10]. https://arxiv.org/abs/1308.0850.
[2] 顾翼，武妍. 基于结构知识的手写体汉字合成方法[J]. 计算机工程，2011，37(03)：266-26.
[3] 陈露开. 基于轮廓方法的实时手写美化技术及应用[D]. 广州：华南理工大学，2014.
[4] 王颖. 手写体汉字的合成方法研究[D]. 南京：南京航空航天大学，2008.
[5] 杨端端. 手写虚拟汉字识别研究及其在多通道短信交互系统中的应用[D]. 广州：华南理工大学，2007.

第17章 图像风格化

CHAPTER 17

或许，在某个瞬间你曾艳羡于梵高和莫奈的画作；或许，某个年纪你曾幻想成为二次元的一个动漫人物；或许，你曾梦回古代，想象自己穿上古装的样子。如今，"图像风格化"就可以将你的梦想变成现实。

也许你还没听过"图像风格化"，但苹果2016年度最佳手机应用Prisma的神奇可能让你惊叹不已，用户可以利用Prisma将拍摄的普通照片进行处理，模仿著名艺术家画作的风格，最终呈现出选定的效果。Prisma内置了许多种不同艺术风格供用户选择，不管你欣赏现代派还是印象派，表现主义抑或浮世绘风格，毕加索、梵高、莫奈等大师都能助你一"点"而就，秒入画魂。你甚至可以创作出自己的漫威化或日漫风的照片，想想就很酷！此外，开发者还承诺后续会不断加入新风格，你随手一点就可以将自己的照片秒变"大师"作品，如图17.1所示。

(a) 普通照片

(c) Prisma风格化后的哥特风作品

图17.1 普通照片在Prisma中1秒变为哥特风作品

关于Prisma的使用，更是简单至极，只需要两三步就可以完成一幅作品。没有复杂多余的操作，拍照(或者选择一张图片)，选择风格，等待几秒("梵高"正在服务器端拼命挥动画笔)，然后就可以看到结果了。

17.1 背景介绍

图像风格化，又称图像风格迁移(Image style transfer)，由 Leon Gatys 等于 2015 年提出[1]。它的目的是将一张具有特定艺术风格的图片的风格迁移到一张普通的图片上，使其保持原有内容的前提下具有特定的艺术风格，这些风格可以是油画、水墨画、漫画或者任意一个画家的作品等，如图 17.2 所示。

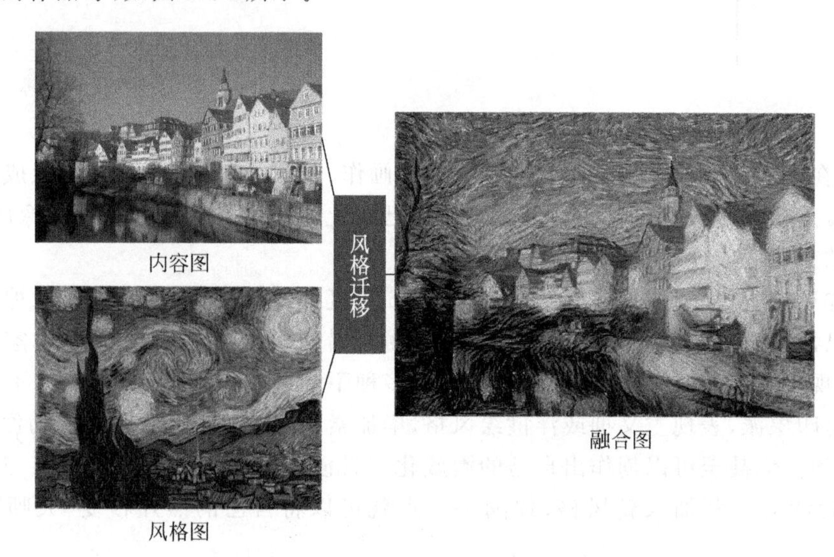

图 17.2 将《星空》的风格迁移到建筑物图片(Gatys et al,2016)

图像风格迁移可以被认为是图像纹理合成问题。图像纹理是一种反映图像中同质现象的视觉特征，它体现了物体表面的具有缓慢变化或者周期性变化的表面结构组织排列属性。图像纹理合成的目标是从纹理图像中提取出纹理用于合成，同时限制纹理合成的程度以保留内容图像的语义内容。对于纹理合成，有大量有效的非参数方法，它们可以通过重新采样给定源纹理图像的像素来合成逼真的自然纹理。之前大多数纹理迁移算法的策略是，在采用非参数方法用于纹理合成的同时，采用其他不同方法保留内容图像的结构信息。Efros 等引入了一个映射图来约束纹理合成过程，其中包括了目标图像的特征，比如图像亮度等；同时他们证明了可以将任意纹理转移到任意照片上，为其赋予特定的艺术风格[2]。Hertzman 等使用图像类比技术从风格图像中将纹理转移到目标图像中[3]。Ashikhmin 专注转移高频纹理信息，只保留目标图像的粗糙尺度[4]。Hochang Lee 等在纹理转移过程中添加边缘方向信息来改进图像纹理迁移算法[5]。与非参数方法并行，第二条研究线是建立视觉纹理的参数模型，这些模型的策略是匹配视觉模式的边缘空间统计信息[6]。参数方法的早期模型专注于匹配多尺度线性滤波器组的边缘统计信息[7]。

以上学者提出的图像纹理迁移算法虽然取得了一定程度上较好的效果，但是这些方法都限定在图像的低层特征，而理想的方法应该可以提取图像的语义信息(如目标、场景等)，然后在这些语义内容上运用特定风格。深度卷积神经网络的出现使提取高层语义信息变成可能。Leon Gatys 等于 2016 年提出了一种基于 CNN 的图像风格迁移算法，该算法可以提取任意图像的高层语义信息，然后和另一幅风格图像中提取出来的风格结合，生成一张风格化的图片[1]。Leon Gatys 等提出的方法将图像风格迁移问题转化成为在内容与风格约束情况下的最优化问题，但是这种最优化的计算代价是昂贵的，而且这种方法中不包含学习到的对风格的表示，因此每换一张风格图片就必须从头进行最优化过程。一些学者通过建立辅助网络如“风格迁移网络”来解决此问题，该辅助网络可以从照片中显式地学习特定绘画风格的转换表示[8]。尽管这种方法可以提高计算速度，但是却失去了很多灵活性：每个风格都需学习它的风格迁移网络，并且必须为每种新绘画风格构建和训练单独的风格迁移网络。为了解决这个问题，Golnaz Ghiasi 等在上面网络的基础上增添了一个名为“风格预测网络”的辅助网络，该网络可以根据输入的风格图像预测得到一组参数，将这些参数用于风格迁移网络即可实现风格迁移[9]。

图像风格迁移的应用场景非常广泛，它可以用于社交，实时分享用户自己制作的作品(如苹果的 Prisma)；也可以用于辅助设计师或者艺术家进行创作；还可用来制作特定风格的电影等。图像风格化作为图像处理领域一个有趣的应用，将来一定会有更多研究人员在这个领域进行创新，推动它的发展。

17.2 算法原理

本实验采用 Golnaz Ghiasi 等在文献[9]中提出的图像风格迁移算法，该算法输入一张内容图和一张风格图，经过两个预训练好的辅助网络(风格预测网络和风格迁移网络)的处理，输出一张具有风格图特定风格但保持内容图内容的融合图片，实验总体的框架图如图17.3所示，该模型首先输入一张风格图(style image)s 到风格预测网络(style prediction network)P，该网络会预测然后输出一个向量 $\boldsymbol{S}$，$\boldsymbol{S}$ 中包含一组用于标准化的参数，然后将 $\boldsymbol{S}$ 中的参数传给风格迁移网络(style transfer network)$\boldsymbol{T}$，接着输入一张内容图(content image)$\boldsymbol{c}$，网络 $\boldsymbol{T}$ 利用 $\boldsymbol{S}$ 中的参数对其进行处理，最终输出一个风格化后的图片 $\boldsymbol{T}(\boldsymbol{c},\boldsymbol{S})$，该图片保持了 $\boldsymbol{c}$ 的内容且具备了 $\boldsymbol{S}$ 的风格。图 17.3 中的 VGG-16 网络是用来定义损失函数从而来训练网络的，$\boldsymbol{L}_c$ 指内容损失，$\boldsymbol{L}_S$ 指在 4 个不同深度的卷积模块中分别定义的 4 个风格损失函数。在测试过程中该网络不存在。

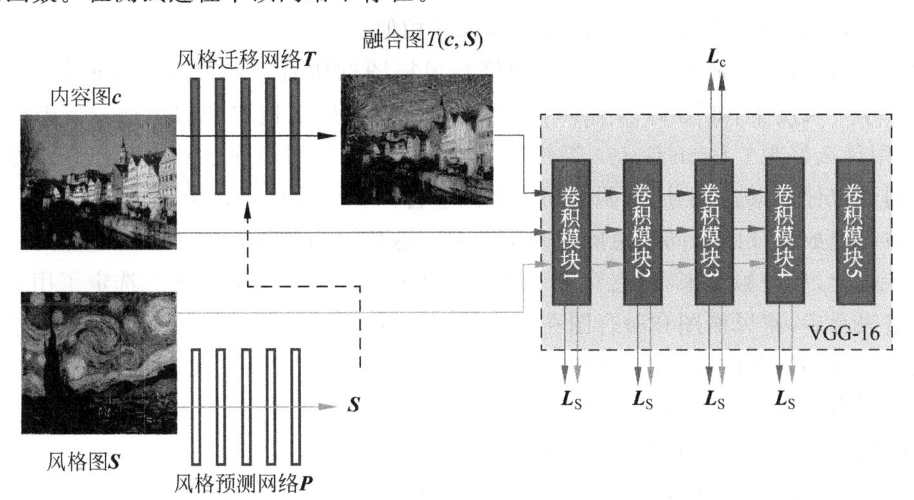

图 17.3 图像风格化模型

17.2.1 损失函数的定义

实现风格迁移背后的关键概念与所有深度学习算法的核心思想是一样的：定义一个损失函数来指定想要实现的目标，然后将这个损失最小化。该实验就是利用 VGG-16 网络分别定义内容损失和风格损失，然后将损失最小化，具体的损失定义如图 17.4，图中 $\boldsymbol{L}_{\mathrm{S}}^{\phi,\mathrm{ReLU1\_2}}$ 指在 VGG-16 网络第一个卷积块（同一颜色矩形代表同一卷积块）第 2 个卷积层处定义的风格损失，其余标记同理；$\boldsymbol{L}_{\mathrm{c}}^{\phi,\mathrm{ReLU3\_3}}$ 指在 VGG-16 网络第 3 个卷积块第 3 个卷积层处定义的内容损失。

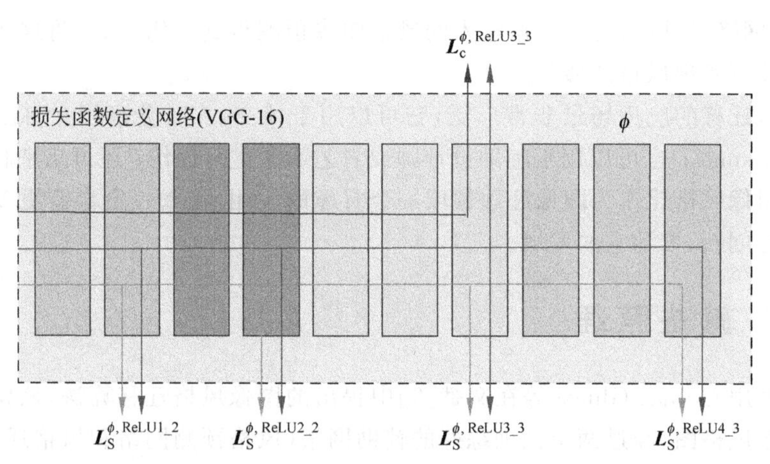

图 17.4 利用 VGG-16 网络定义内容损失和风格损失

网络更靠底部的层提取的特征包含图像的局部信息，而更靠近顶部的层提取的特征则包含更加全局、更加抽象的信息。卷积神经网络不同层提取的特征用另一种方式提供了图像内容在不同空间尺度上的分解。因此，认为 VGG-16 网络更靠顶部的层提取的特征能捕捉到图像更加全局和抽象的内容。本实验中选用 VGG-16 网络第 3 个卷积模块中的第 3 个卷积层提取的特征来进行内容表示（也可选更靠顶部的层），如图 17.4 中 $\boldsymbol{L}_{\mathrm{c}}^{\phi,\mathrm{ReLU3\_3}}$，接着将内容损失定义为融合图与内容图在选定层上的内容表示之间的 $\boldsymbol{L}_2$ 范数。这样定义内容损失可以保证，融合图与内容图中的内容看起来很相似。

而对于风格，需要捕捉到 VGG-16 网络在风格图的所有空间尺度上提取的外观，而不仅仅是在单一尺度上，如图 17.4 所示，共选取 4 个卷积层上提取到的特征。首先得进行风格表示，用什么好呢？Leon Gatys 等使用了特征图的格拉姆矩阵（Gram matrix），即将特征图每个通道拉伸成向量，然后每两个向量之间进行内积生成格拉姆矩阵对应的元素，这个内积可以被理解成特征图不同通道间的映射关系。这些映射关系描述了在特定空间尺度下模式的统计规律，从经验上来看，它对应于这个尺度上找到的纹理的外观。选定了用 Gram 矩阵作风格表示后，将风格图和融合图在选定层上分别得到的 Gram 矩阵逐元素作差进一步得到矩阵 $\boldsymbol{G}$，将 $\boldsymbol{G}$ 的 Frobenius 范数（对实矩阵来说就是矩阵所有元素的平方和再开方）定义为风格损失。这样定义风格损失，最终可以保证在风格参考图像与生成的融合图像之间，不同空间尺度找到的纹理看起来都很相似。

那么，最终总的损失函数就是内容损失与风格损失的一个线性组合：

$$L_{\text{total}} = \alpha L_c + \beta L_S \tag{17-1}$$

其中，L_{total} 指总的损失，α 是内容权重系数，β 指风格权重系数，α 与 β 的比值越大，则最终生成的融合图更接近内容图；否则更接近风格图。

17.2.2 风格迁移网络

图 17.5 中，Conv 指的是一个卷积层；“残差块”指的是一个残差模块，具体结构如图 17.6 所示；“上采样块”由一次上采样和一个卷积层组成。

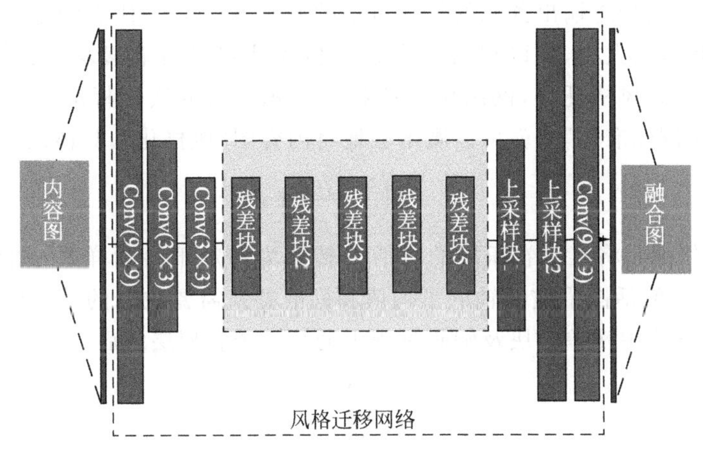

图 17.5 风格迁移网络结构图

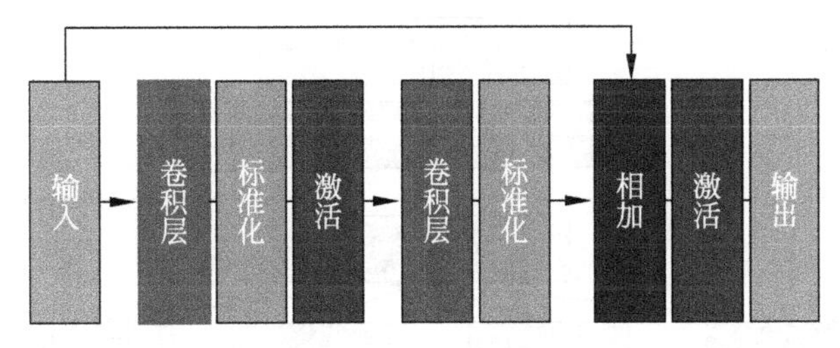

图 17.6 残差模块

风格迁移网络是一个深度残差卷积神经网络，总体架构为编码器/解码器，如图 17.5 所示，它的设计灵感来自于 Jonathan Long 等(2015 年)提出的一种用于图像语义分割的全卷积深度网络，这种网络先使用网络内下采样来减少特征图的空间范围，然后使用网络内上采样来生成与输入尺寸相同的输出图像[10]。从网络的总体结构来看，可以理解为前 3 个卷积层及一系列的残差模块先将输入图片编码为高维空间上的特征表示，然后通过两个上采样块以及一次卷积进行解码生成输出图像。那么，为什么经过一次编码/解码的过程就会将内容图转化为融合图呢？这是因为在训练时，图 17.4 中定义的损失通过 VGG 网络以及风格迁移网络反向传播，不断更新风格迁移网络的权重，使得最终训练好的风格迁移网络中保存了风格信息，从而经过一次编码/解码后风格迁移网络就可以将内容图风格化为融合图了。

17.2.3 风格预测网络

既然风格迁移网络已经能做到将内容图风格化为融合图了，那么还需要风格预测网络来做什么？如果仅有风格迁移网络，那么训练时只能用一张风格图作为参考图片来训练，训练好的网络也只记录了这一张风格图的风格信息，因此只能将内容图转换成这一个风格，要想生成其他风格的图片，那就必须从头开始训练网络。风格预测网络就是用来提取任意风格图像的风格特征从而让你在风格化图片时可以选任意风格图片。风格预测网络借助于 Inception-v3 模型，对其进行微调，在它的 Mixed_6e 模块上先计算每个激活通道的均值使其输出变为一个一维的向量(形状为 1×通道数)，再在其上加两个全连接层，然后进行训练，使其能从任意风格参考图中预测出一个代表风格的一个向量 $\boldsymbol{S}$。如图 17.7 所示，在其上添加两个全连接层最终输出预测的代表风格的向量 $\boldsymbol{S}$；Conv 代表的是一个卷积层，1×1 及 1×7 代表卷积核的大小，可以粗略认为 $\boldsymbol{S}$ 中包含特定风格平移及缩放信息的参数 β 和 γ，将这些参数运用到风格迁移，网络中一些特定卷积层后的实例标准化操作中(这种标准化被称为“条件实例标准化”)，就可以魔术般地将内容图“风格化”，具体的标准化为

$$\tilde{z}=\gamma\left(\frac{z-\mu}{\sigma}\right)+\beta \tag{17-2}$$

式(17-2)的作用是将某一卷积层的激活 z 转换为特定于绘画样式 $\boldsymbol{S}$ 的标准化激活 $\tilde{z}$，其中 μ 和 σ 是该层激活图沿空间轴的平均值和标准差。需要注意的是，这个标准化操作被应用到风格迁移网络中残差模块及解码过程中的每一个卷积层之后。

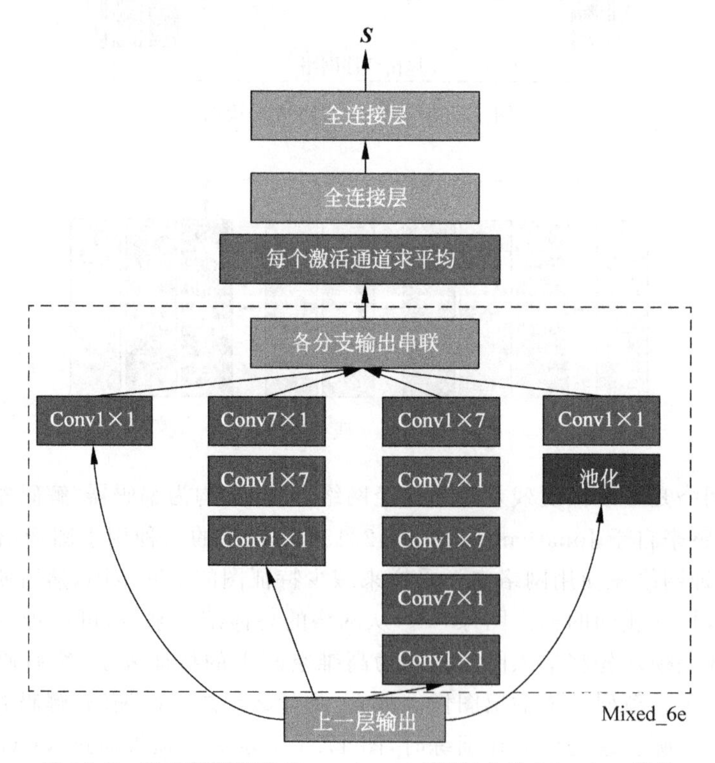

图 17.7 风格预测网络(Inception-v3 模型)中的 Mixed-6e 模块

至此，整个风格迁移过程就结束了。首先利用 VGG 网络定义的损失函数对风格迁移网络及风格预测网络进行联合训练，训练好之后，使用时将一张风格图输入风格预测网络，它会预测得到一个代表其风格的向量 $\boldsymbol{S}$；然后将一张内容图输入风格迁移网络，将 $\boldsymbol{S}$ 作为参数应用到风格迁移网络特定卷积层后的条件实例标准化中，最终风格迁移网络会输出风

格化后的图片。

17.2.4　网络结构介绍

本实验采用 Golnaz Ghiasi 等(2017 年)在文献[9]中提出的图像风格迁移算法,具体的网络结构如图 17.3 所示,其中风格迁移网络是一个编码器/解码器结构的深度残差网络,具体的结构如图 17.5 所示,其中的残差块具体结构如图 17.6 所示;风格预测网络为 Inception v3 网络,网络主体为一系列的 Inception 模块,其中本实验选取了 Inception v3 网络靠近顶层的一个 Inception 模块即 Mixed_6e 模块(如图 17.7 所示),并在其上添加两个全连接层用来预测风格化参数;最后还需要 VGG-16 网络来提取内容特征和风格特征从而定义损失函数。

17.3　实验操作

17.3.1　代码介绍

1. 实验环境

图像风格化实验环境如表 17.1 所示。

表 17.1　实验环境

条　　件	环　　境
开发语言	Python 3.7
深度学习框架	TensorFlow 1.14

2. 实验代码下载地址

扫描二维码下载实验代码。

3. 代码目录结构

代码目录结构如下:

```
Image_Style_Transfer···························工程根目录
├── __init__.py
├── image_stylization··························风格迁移网络
│   ├── __init__.py
│   ├── evaluation_images······················用于评估网络的图片
│   ├── imagenet_data.py······················处理 ImageNet 数据集
│   ├── image_stylization_create_dataset.py···处理风格数据集
│   ├── image_stylization_evaluate.py·········评估风格迁移网络
│   ├── image_stylization_train.py············训练风格迁移网络
│   ├── image_stylization_transform.py········风格迁移
│   ├── image_utils.py························定义图像处理的一些函数
│   ├── learning.py···························定义损失函数
│   ├── model.py······························构建网络模型(仅含网络 T)
│   ├── ops.py································定义一些操作的函数
│   ├── vgg.py································对 VGG 网络进行微调
│   └── README.md·····························说明文件
├── images·····································存放图片的目录
```

```
|   ├── content_images···································内容图存放目录
|   ├── style_images·····································风格图存放目录
|   └── white.jpg········································白噪声图片
├── arbitrary_image_stylization_build_model.py···········建立网络模型(含 T 和 S)
├── arbitrary_image_stylization_evaluate.py··············评估网络
├── arbitrary_image_stylization_losses.py················定义损失函数
├── arbitrary_image_stylization_train.py·················训练网络
├── arbitrary_image_stylization_with_weights.py··········风格迁移
├── nza_model.py·········································定义条件实例标准化操作
├── results··············································存放融合图结果的目录
└── README.md············································说明文件
```

17.3.2 数据集介绍

本实验用到 3 个数据集，分别为 ImageNet 数据集、DTD 数据集，以及 PBN 数据集，详细的介绍如下。

1. ImageNet 数据集

ImageNet 数据集是按照 WordNet 架构组织的大规模带标签图像数据集，大约有 1500 万张图片，2.2 万个类别，每张图片都经过严格的人工筛选与标记。本实验使用的是 2012 年用于 ILSVRC(ImageNet Large Scale Visual Recognition Challenge)的 ImageNet 子集，其中训练集共 1 281 167 张图片＋标签，验证集为 50 000 张图片＋标签，测试集为 100 000 张图片，所有图片属于 1000 个不同的类别。本实验中该数据集用来作为内容图的数据集来训练风格迁移网络。

2. DTD 数据集

DTD(Describable Textures Dataset)数据集主要是纹理图像数据，包含 5640 张纹理图像，按照人类感知分为 47 类，每一类 120 张图像，分辨率从 300×300 到 640×640 不等，图像从 Google 和 Flickr 网站获取，部分纹理图像如图 17.8 所示。本实验中该数据集用来作为风格图的一个较小的数据集来训练风格预测网络使最终的总体模型能迁移一些简单的纹理。

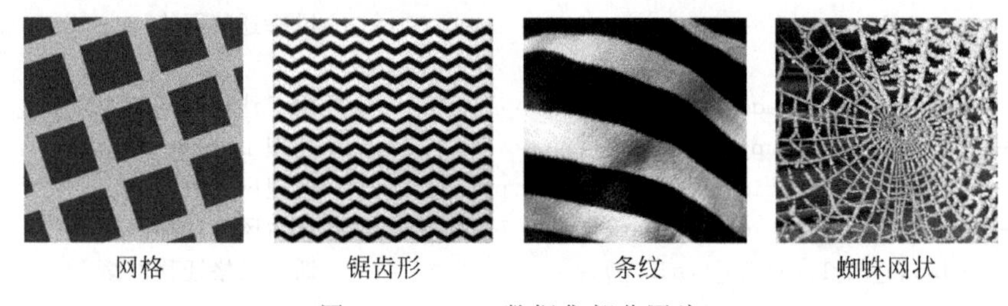

图 17.8 DTD 数据集部分图片

3. PBN 数据集

PBN(Painter By Numbers)数据集是众多画家的作品数据集，其中的图片大部分来自于 WikiArt.org 网站。训练集约包含 80 000 张不同风格的作品，测试集约含有 20 000 张不同风格的作品，部分作品如图 17.9 所示。本实验中该数据集用来作为风格图的一个较大的数据集来训练风格预测网络使最终的总体模型能迁移各式各样的作品风格。

图 17.9 PBN 数据集部分画家作品

17.3.3 实验操作及结果

1. 预训练模型权重下载

VGG-16：http://download.tensorflow.org/models/vgg_16_2016_08_28.tar.gz。

Inception-v3：http://download.tensorflow.org/models/inception_v3_2016_08_28.tar.gz。

2. 数据集的下载及 TFRecord 文件的制作

DTD 数据集：https://www.robots.ox.ac.uk/～vgg/data/dtd/。

PBN 数据集：https://www.kaggle.com/c/painter-by-numbers。

ImageNet 数据集的下载及 TFrecord 文件的制作请参考：

https://blog.csdn.net/intjun/article/details/82620714。

制作风格数据集的 TFRecord 文件：

```
$ python image_stylization_create_dataset.py \
      --style_files = $ STYLE_IMAGES_PATHS \
      --output_file = $ RECORDIO_PATH \
      --logtostderr
```

STYLE_IMAGES_PATHS 为风格数据集的路径，如：/home/username/DTD/images/*/*.jpg，“*”为匹配任意字符串；RECORDIO_PATH 为生成的 TFRecord 文件的存放路径。

3. 训练模型

```
$ python arbitrary_image_stylization_train.py \
        --batch_size=8 \
        --imagenet_data_dir=/path/to/imagenet-2012-tfrecord \
        --vgg_checkpoint=/path/to/vgg-checkpoint \
        --inception_v3_checkpoint=/path/to/inception-v3-checkpoint \
        --style_dataset_file=$RECORDIO_PATH \
        --train_dir=/train_dir \
        --content_weights={\"vgg_16/conv3\":2.0} \
        --augment_style_images=False \
        --logtostderr
```

程序的各个参数如表 17.2 所示。

表 17.2 训练时的参数

参数名称	含义	取值示例
batch_size	批的大小	8
imagenet_data_dir	ImageNet 的 TFRecord 文件路径	~/ imagenet-2012-tfrecord
vgg_checkpoint	VGG 模型的权重路径	~/vgg-checkpoint
inception_v3_checkpoint	Inception_v3 模型的权重路径	~/inception-v3-checkpoint
style_dataset_file	风格数据集 TFRecord 文件路径	~/dtd. tfrecord
train_dir	存放训练好的模型的路径	~/train/
content_weights	内容图权重系数	{\"vgg_16/conv3\": 2.0}
augment_style_images	是否使用数据增强	False

在训练网络时，先制作 DTD 数据集的 TFRecord 文件(因为这个数据集较小，可以先用来验证训练运转正常)，利用其训练网络，这时将 augment_style_images 的值设为 False。接着再制作 PBN 数据集的 TFRecord 文件，利用其训练网络，将 augment_style_images 的值设为 True。

4. 评估模型

首先制作用于评估模型的图片集的 TFRecord 文件，方法见第 2 步；接着执行以下命令进行评估：

```
$ python arbitrary_image_stylization_evaluate.py \
        --batch_size=16 \
        --imagenet_data_dir=/path/to/imagenet-2012-tfrecord \
        --eval_style_dataset_file=/path/to/evaluation_style_images.tfrecord \
        --checkpoint_dir=/path/to /train_dir \
        --eval_dir=/path/to /eval_dir \
        --logtostderr
```

程序的各个参数如表 17.3 所示。

表 17.3　测试时的参数

参数名称	含　义	取值示例
batch_size	批的大小	16
imagenet_data_dir	ImageNet 的 TFRecord 文件路径	～/ imagenet-2012-tfrecord
eval_style_dataset_file	测试集的 TFRecord 文件路径	～/eval. tfrecord
checkpoint_dir	训练好的模型	～/train
eval_dir	评估信息存放目录	～/eval

5. 实现风格迁移

利用训练好的模型进行风格迁移：

```
$ INTERPOLATION_WEIGHTS = '[0.0,0.2,0.4,0.6,0.8,1.0]'
$ python arbitrary_image_stylization_with_weights.py \
  -- checkpoint = /path/to /model.ckpt \
  -- output_dir = /path/to/output_dir \
  -- style_images_paths = images/style_images/ * . jpg \
  -- content_images_paths = images/content_images/ * . jpg \
  -- image_size = 256 \
  -- style_image_size = 256 \
  -- interpolation_weights = $ INTERPOLATION_WEIGHTS \
  -- logtostderr
```

程序的各参数如表 17.4 所示。

表 17.4　测试时的参数

参数名称	含　义	取值示例
checkpoint	训练好的模型路径	～/train/model. ckpt
output_dir	融合图的保存路径	～/results
style_images_paths	风格图的路径	images/style_images/ * . jpg
content_images_paths	内容图的路径	images/content_images/ * . jpg
image_size	内容图的尺寸(宽度)	256(默认)
style_image_size	风格图的尺寸(宽度)	256(默认)
interpolation_weights	不同风格化的程度数组	'[0.0,0.2,0.4,0.6,0.8,1.0]'

如果想生成不同风格化程度的图片，则可使用 interpolation_weights 参数，它的取值如'[0.0,0.5,1.0]'，指依次生成了 3 幅风格化图片，且程度依次加深，如图 17.10 所示。

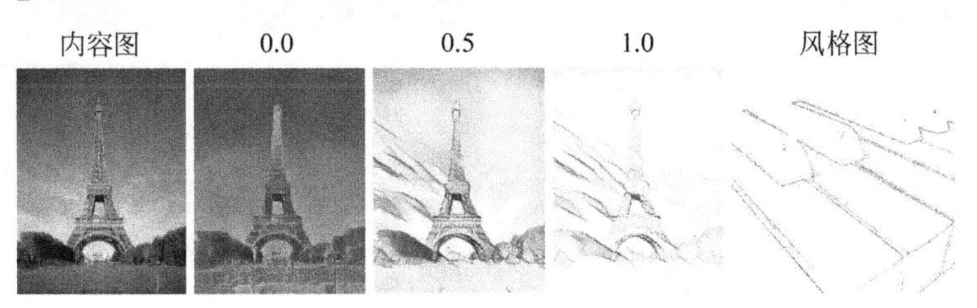

图 17.10　生成不同风格化程度的融合图

注意事项：

(1) 分辨率高的图片效果不是很理想，所以不宜选择分辨率过高的图片。

(2) 本实验采用的图像风格迁移算法本质上更接近纹理迁移，需要风格参考图像有明显的纹理结构且高度自相似，内容图高层次的细节不宜丰富，这样才可能取得较理想的结果。

6. 一些实验结构展示

实验结果展示如图 17.11 所示，图中最左边为内容图，最上方为风格图，其余为生成的一些风格化图片。采用 interpolation_weights 参数生成一些不同风格化程度的图片结果如图 17.12 所示，其中最上方的为内容图，最下方的为风格图，中间的图片为依次加深风格化程度的融合图。

图 17.11　最左侧的内容图被最上面的风格图风格化后的结果展示

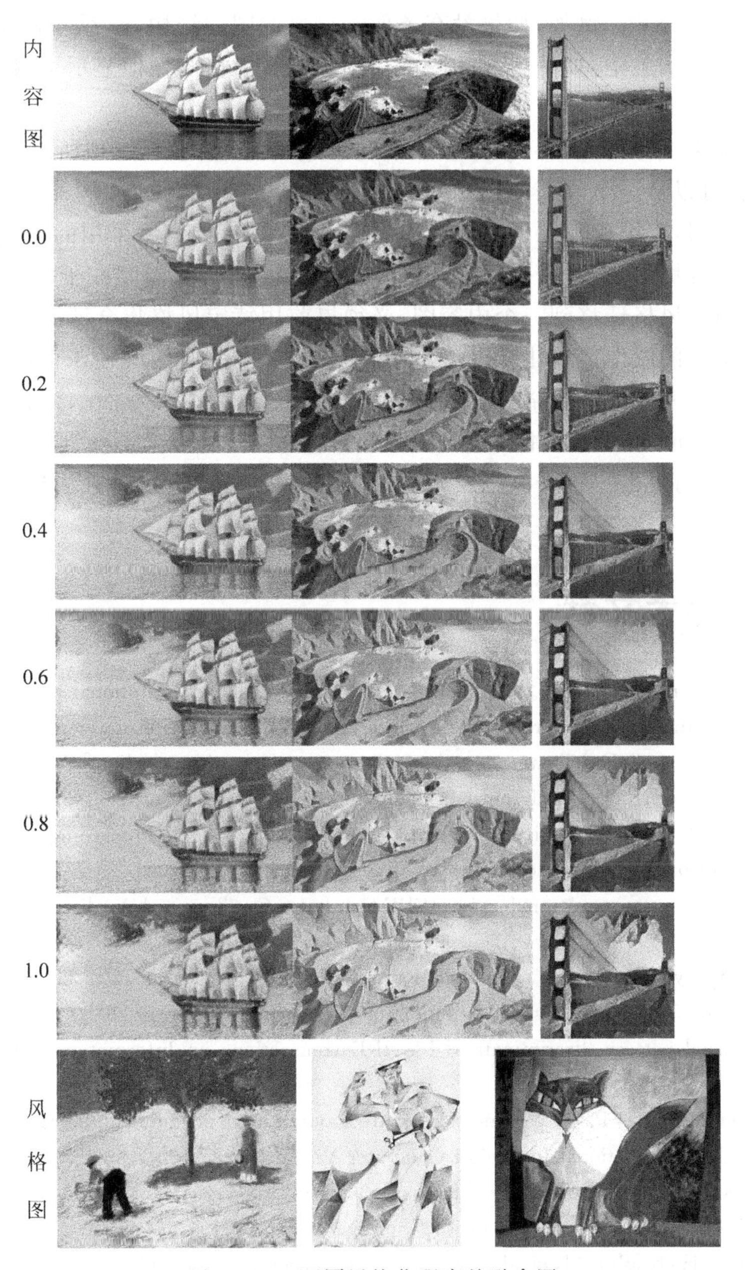

图 17.12　不同风格化程度的融合图

17.4 总结与展望

本实验采用文献[9]中的方法实现了一个能迁移任意图像风格至指定内容图的网络，输入一张内容图和风格图，经过训练好的网络，你就可以得到融合图。实际上，将图像的内容与风格分离并没有一个很好的定义，因为图像的风格是很难具体定义的。它可能是绘画中的笔触、颜色图、某些主要形式和形状，或者图像中场景的选择和图像主题的选择，图像风格可能是所有这些的混合体，甚至更多。因此，通常不清楚图像内容和样式是否可以完全分开，如果可以，如何分开。例如，如果没有类似于星星的图像结构，就不可能以梵高的“星夜”样式绘制图像。在实验中，如果生成的图像“看起来像”风格图像但显示了内容图像的内容，那么风格迁移就是成功的。

2017年朱俊彦等[11]提出将cycleGAN用于图像风格化的方法，他所提出方法的创新点在于，他的方法可以从一个风格图集合中学习到这个集合中的风格，比如从若干梵高的作品中学习梵高的风格，而不仅仅是学习梵高的“星夜”的风格，他们所采用的生成式对抗网络生成的图像真实感也更强，且不需要很大的训练集。这种网络的限制在于它还是无法在使用时将任意风格图的风格迁移到一个内容图，必须提前用特定风格集合训练好网络。

基于深度学习的图像风格化从诞生至今，存在的一个主要的问题在于，采用基于最优化的方法可以较好地完成图像风格化任务，但是，这种方法必须在线优化，计算量很大，难以保证风格化的速度；但是如果采用提前训练风格迁移网络的话，又不会针对特定图像取得理想的效果，因此如何提出一种既满足风格化效果，又满足转化速度的方法是以后研究的主要方向。

17.5 参考文献

[1] Gatys L A, Ecker A S, Bethge M. Image style transfer using convolutional neural networks[C]//Proceedings of the IEEE conference on computer vision and pattern recognition. 2016: 2414-2423.

[2] Efros A A, Leung T K. Texture synthesis by non-parametric sampling[C]//Proceedings of the seventh IEEE international conference on computer vision. IEEE, 1999, 2: 1033-1038.

[3] Hertzmann A, Jacobs C E, Oliver N, et al. Image analogies[C]//Proceedings of the 28th annual conference on Computer graphics and interactive techniques. 2001: 327-340.

[4] Ashikhmin N. Fast texture transfer[J]. IEEE Computer Graphics and Applications, 2003, 23(4): 38-43.

[5] Lee H, Seo S, Ryoo S, et al. Directional texture transfer[C]//Proceedings of the 8th International Symposium on Non-Photorealistic Animation and Rendering. 2010: 43-48.

[6] Julesz B. Visual pattern discrimination[J]. IRE transactions on Information Theory, 1962, 8(2): 84-92.

[7] Portilla J, Simoncelli E P. A parametric texture model based on joint statistics of complex wavelet coefficients[J]. International Journal of Computer Vision, 2000, 40(1): 49-70.

[8] Johnson J, Alahi A, Fei-Fei L. Perceptual losses for real-time style transfer and super-resolution[C]//European Conference on Computer Vision. Springer, Cham, 2016: 694-711.

[9] Ghiasi G, Lee H, Kudlur M, et al. Exploring the structure of a real-time, arbitrary neural artistic stylization network[J]. [2020-07-20]. https://arxiv.org/abs/1705.06830.

[10] Long J, Shelhamer E, Darrell T. Fully convolutional networks for semantic segmentation[C]//Proceedings of the IEEE conference on Computer Vision and Pattern Recognition, 2015: 3431-3440.

[11] Zhu J Y, Park T, Isola P, et al. Unpaired image-to-image translation using cycle-consistent adversarial networks[C]//Proceedings of the IEEE International Cconference on Computer Vision. 2017: 2223-2232.

第 18 章 三维人脸重建

CHAPTER 18

电影《碟中谍》中阿汤哥手撕面具的招牌动作你是否还记忆犹新,《画皮》中妖狐小唯在水下换皮的场景你是否还历历在目。随着科技的发展,这些电影中出现的改变人相貌的神秘技艺,也就是古代所说的"易容之术",已不再是什么稀奇之事。如图 18.1 所示,日本大阪大学的石黑浩教授通过 3D 人脸建模技术和 3D 打印技术,成功打造了一款跟自己长得一模一样的机器人 Geminoid,其相似度震惊了全世界。

但是三维人脸建模方法是通过多视图几何来重建人脸,需要专业的操作人员使用成本较高的三维扫描仪来采集不同角度的人脸。随着人工智能技术的发展,现在仅需要一张 2D 的人脸图片,就可以进行三维人脸重建。如果用这种三维人脸重建技术来定做一款人脸面具,那岂不是既方便快捷又省时省力?但与此同时,你是否会为你的脸再也不是你的唯一而感到害怕?是否会担心面部解锁会因此变得不可靠?又是否会因带上一款自己偶像的高仿真"3D 人脸面具"而感到兴奋?

图 18.1　石黑浩教授和他的机器人

18.1　背景介绍

3D 人脸重建是指根据某个人的一张或者多张 2D 人脸图像重建出其 3D 人脸模型。3D 人脸建模一直是计算机图形学研究的一个重要方向,由于人脸的普遍性和易用性,许多学者纷纷将其作为众多 3D 建模算法的实践平台,但同时因其复杂性和易变性,重建出真实感的 3D 人脸模型极具挑战性[1]。

从 20 世纪 70 年代以来,人们开始逐渐关注 3D 人脸重建技术,以 Park 为代表的参数模型最早应用于 3D 人脸建模。该模型的主要原理是使用参数来描述不同人脸的几何特征,通过改变模型的参数即可生成基本的人脸表情。由于这种参数模型仅能表示人脸的形状,且提取到的人脸细节特征较少,故得到的 3D 人脸模型缺乏真实感[2]。

20 世纪 80 年代,由 Platt 提出的肌肉模型十分流行,因此许多学者进行了深入研究,其中 Waters、Thalmann 等对其进行发展和改进的肌肉模型在当时表现出不错的性能。该模型通过提取面部肌肉特征来模拟人脸的面部表情，能够较为真实地还原出人脸的运动变化。但是这种肌肉模型存在明显的缺点，即运算复杂度较高，计算量较大，甚至需要人工设定模型参数。除此之外，该方法生成的3D人脸模型精度也不高[2]。

20世纪90年代，由Vetter等提出了3D人脸形变模型（3D Morphable Face Model，3DMM），使3D人脸建模技术进入了一个崭新的发展阶段。该方法不再需要大量手工设计和人工参与，第一次实现了3D人脸建模的自动化，即只要给定2D人脸图像，就可自动重建出3D人脸[2]。3D人脸形变模型的基础是线性组合理论，即对3D人脸数据库中的人脸模型进行线性组合，构建出参数化人脸模型，进而将模型匹配到2D人脸图像上，实现3D人脸重建。该方法用人脸形状和人脸纹理来表示3D人脸模型，同时考虑了光照因素、头部姿态、人脸大小带来的影响，因而可以生成高度真实感的3D人脸图像[3]。

基于3DMM的传统3D人脸重建方法大多依赖于人脸特征点检测，即在重建前或在重建中进行人脸特征点检测。但是在处理无约束的图片中，存在一些问题，如：头部姿势的旋转导致人脸关键点部分被遮挡以及图像尺寸变换导致特征点太模糊，这些情况都不能准确标记人脸特征点。除此之外，以前的方法大多都采用了综合分析的迭代步骤，从而导致计算量大，且难以在GPU上并行运行。因此本实验采用卷积神经网络，根据输入人脸图像来调整3DMM人脸脸型参数，并将面部表情、形状和头部姿势特征结合在一起，恢复人脸更多的细节特征，生成更加逼真的3D人脸图像。

3D人脸重建技术可以用于娱乐业、商业、服务业、医学以及教育等众多领域。在影视特效、广告宣传片、动画片制作中，用计算机合成的3D虚拟人物深受人们的喜爱，其最为关键的技术之一就是3D人脸重建。在VR游戏中，玩家带上虚拟现实头盔进入一个可交互的虚拟场景，使用3D人脸重建技术可构建出3D人脸游戏角色。在医疗整形领域中，通过3D人脸重建技术可快速构建出患者的面部模型，帮助医生进行整形预测[1]。

18.2 算法原理

本实验采用的3D人脸形变模型是巴塞尔人脸模型（Basel face model，BFM）[8]，该模型是包含了200个3D人脸模型的数据库。将该数据库中所有的3D人脸数据相加求平均后得到了一个平均脸，也就是所谓的大众脸，然后通过调节3D人脸形变模型中的系数改变人脸的细节特征，如眼睛的大小、鼻梁的高低等，从而拟合出一个与输入人脸图像匹配的3D人脸。

为了得到更为逼真的3D人脸模型，不仅需要提取人脸形状的特征，还需要融合人脸表情和头部姿态的特征。如图18.2所示，采用Face Pose Net[12]对VGG人脸数据集[5]进行训练，回归出6维的3D头部姿态系数；采用Identity Shape Net[10]和Expression Net[13]对CASIA WebFace数据集[7]进行训练，回归出99维的3D人脸形状系数和29维的3D人脸表情系数。根据3D人脸形变模型的原理可知，通过改变上述3DMM系数，即可重建出3D人脸模型。

如图18.3所示，输入单张2D人脸图片，通过人脸检测库Rustface得到人脸的位置和大小，并对人脸边界框填充后的图像进行裁剪、缩放，然后将归一化的人脸数据输入到头部姿态网络、人脸形状和表情网络，回归出3D人脸形变模型系数，最后将该系数输入到巴塞

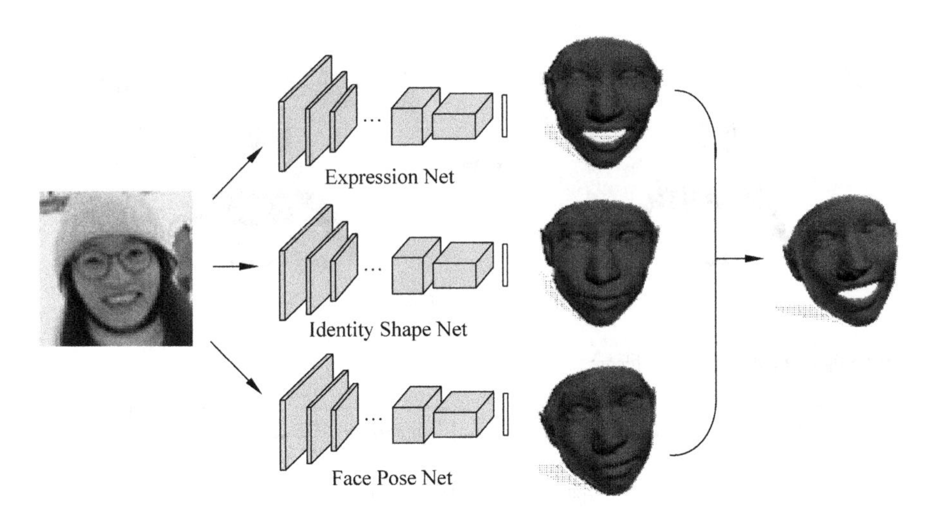

图 18.2　整体框架图

尔人脸模型中，得到 3D 人脸模型的顶点及面片信息，即生成了与输入人脸图像匹配的 3D 人脸模型。为了可视化 3D 人脸模型，使用 matplot 中的三角曲面函数绘制出 3D 人脸模型。

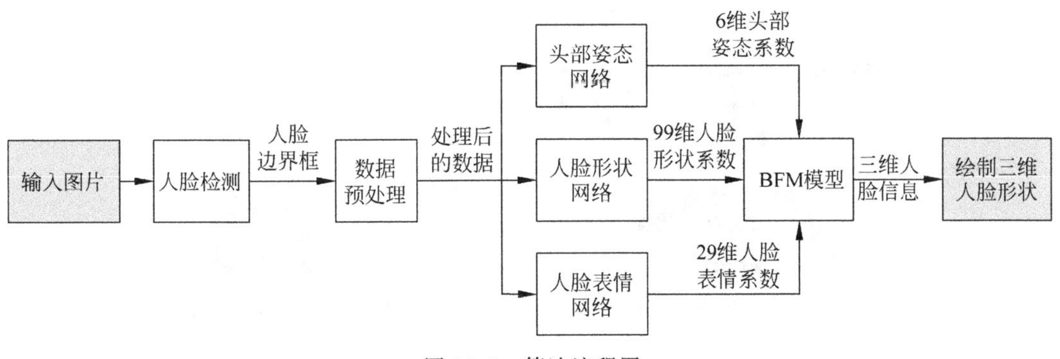

图 18.3　算法流程图

18.2.1　人脸检测及数据预处理

1. 人脸检测

在进行 3D 人脸重建前，必须知道输入图片中是否包含人脸，以及图片中人脸的位置和大小。这时，需要通过人脸检测器从输入的图像中挑选出有用的图像信息，自动剔除掉其他多余的图像信息，从而精准定位出人脸的位置和大小。

采用适用于 Python 的人脸检测库 Rustface，检测结果如图 18.4 所示。该库使用 Rust 语言编写，派生自 SeetaFace，检测速度非常快。采用漏斗型级联结构，能够进行多视图面部实时检测，准确率高。

2. 数据预处理

在构建网络模型时，对数据的预处理是十分重要的，它往往能够决定训练结果。本实验

图 18.4　人脸检测

对数据的预处理过程如图 18.5 所示。

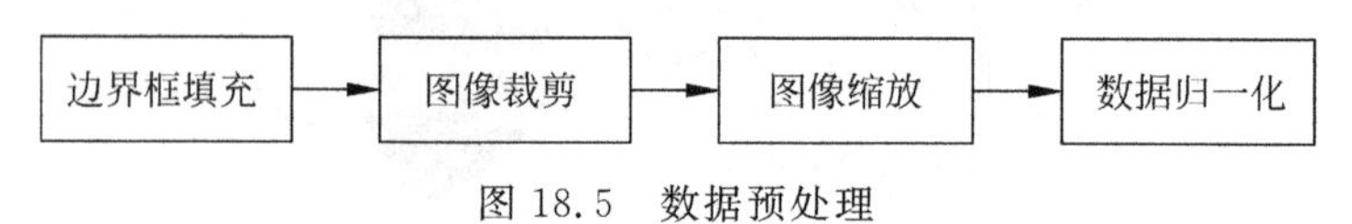

图 18.5　数据预处理

(1) 边界框填充。如图 18.6 所示,将返回的人脸边界框放大 1.25 倍,使人脸边界框的大小适合神经网络的输入。

(2) 图像裁剪。根据人脸边界框对测试图片进行裁剪并调整大小,如图 18.7 所示,输出大小为 227×227×3 的图像。

图 18.6　边界框填充后的图像

图 18.7　裁剪后的图像

(3) 图像缩放。采用双线性插值法对裁剪后的测试图片进行图像缩放,生成适合人脸姿态网络的大小为 227×227×3 的输入图像和适合人脸形状和表情网络的大小为 224×224×3 的输入图像。

(4) 数据归一化。针对人脸姿态网络,先对缩放后的图像进行像素归一化处理,即通过将所有像素值除以最大像素值,得到图像中的每个像素值都为 0～1。然后再进行像素去均值,即减去训练集里面所有图片的 RGB 通道像素均值。针对人脸形状和表情网络,对缩放后的图像进行图像去均值,即减去训练集里面所有图片在同一个空间位置上的像素对应通道的均值,使得输入数据各个维度的数据都中心化到了 0。

18.2.2　人脸姿态、形状、表情网络

1. 人脸姿态网络

人脸姿态网络(Face Pose Net)主要有以下两种方法。

(1) 3D 人脸姿态表示方法采用式(18-1)中的 6 个参数来表示头部的任意姿态:

$$\boldsymbol{h}=(r_x,r_y,r_z,t_x,t_y,t_z) \tag{18-1}$$

其中，$\boldsymbol{r}=(r_x,r_y,r_z)^{\mathrm{T}}$ 表示旋转参数，由俯仰角、偏航角和滚转角组成，通俗讲就是抬头、摇头和转头，如图 18.8 所示。$\boldsymbol{t}=(t_x,t_y,t_z)^{\mathrm{T}}$ 表示平移参数，即原坐标加上对应的变化值。

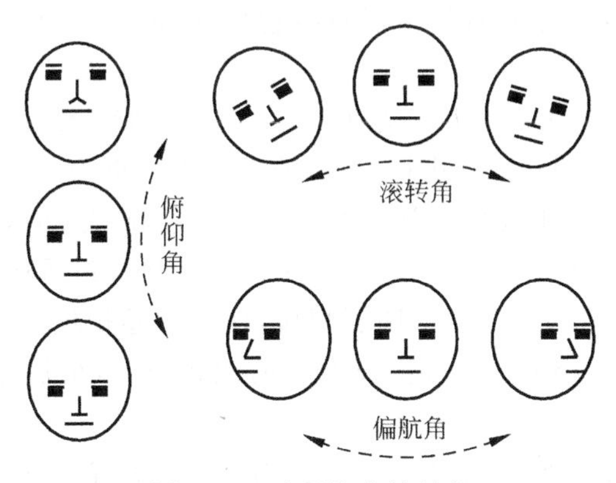

图 18.8 头部姿态旋转角

(2) 生成头部姿态系数方法采用 AlexNet 网络[4]进行训练，输入为 VGG 人脸数据集[5]，输出为 6 维的 3D 头部姿态系数向量，采用均值平方差损失函数来表示输出的头部姿态系数与真实值之间的误差，通过随机梯度下降算法来优化网络模型。

那么 AlexNet 网络是怎样将大小为 227×227 的图像变成 6 维的 3D 头部姿态系数呢？由图 18.9 可知，AlexNet 网络总共包括 8 层，其中前 5 层为卷积层，后 3 层为全连接层。

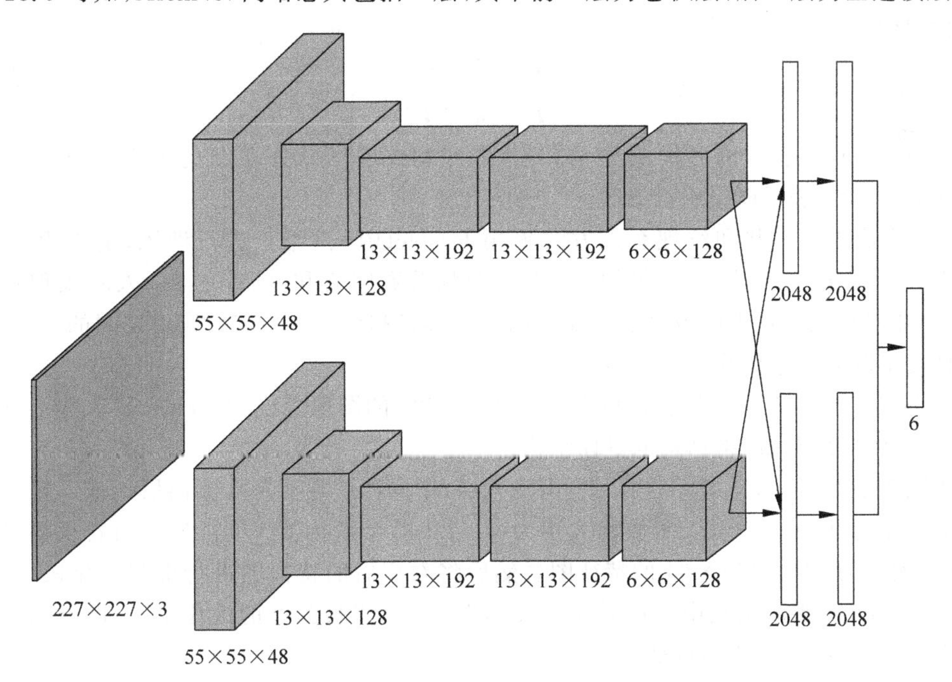

图 18.9 AlexNet 网络结构

在第一层卷积层中，首先将大小为 227×227×3 的输入图像和大小为 11×11×3，个数为 96，步长为 4 的卷积核进行卷积，输出大小为 55×55×96 的特征图。然后将卷积后的特征图输入到 ReLU 激活函数中，并使用大小为 3×3，步长为 2 的池化单元进行池化操作，输出大小为 27×27×96 的特征图。最后进行局部响应归一化操作，输出 2 组大小为 27×27×48 的特征图。第二层卷积层的处理流程与第一层类似，不同的是卷积核的大小为 5×5×48，个数为 128，步长为 1，且使用了两组卷积核，最后输出 2 组人小为 13×13×128 的特征图。

在第三层卷积层中，先将 2 组大小为 13×13×128 的输入图像和 2 组大小为 3×3×128，个数为 192，步长为 1 的卷积核进行卷积，输出 2 组大小为 13×13×192 的特征图。然后将卷积后的特征图输入到 ReLU 激活函数中。第四层卷积层的处理流程与第三层类似，不同的是卷积核的大小为 3×3×192，个数为 192，步长为 1，最后输出 2 组大小为 13×13×192 的特征图。第五层卷积层与第三、四层相比，使用的卷积核大小为 3×3×192，个数为 128，步长为 1，且增加了大小为 3×3，步长为 2 的池化单元，最后输出两组大小为 6×6×128 的特征图。

前两层全连接层都是将输入图像与 4096 个神经元进行全连接，输出都为 4096×1 的向量。然后将输出的向量送入 ReLU 激活函数中，并通过 dropout 操作来抑制过拟合。最后一层全连接层将输入为 4096×1 的向量与 6 个神经元进行全连接，输出 6 个浮点型(float32)的值，即为预测的头部姿态系数。

2. 人脸形状网络

人脸形状网络(Identity Shape Net)包括以下两种方法。

(1) 3D 人脸形状和纹理表示方法使用标准的线性 3DMM 表示法对 3D 人脸形状和纹理进行建模：

$$\boldsymbol{S}' = \hat{\boldsymbol{s}} + \boldsymbol{S}\alpha \tag{18-2}$$

$$\boldsymbol{T}' = \hat{\boldsymbol{u}} + \boldsymbol{T}\beta \tag{18-3}$$

其中，$\hat{\boldsymbol{s}}$ 表示 3D 人脸平均形状，$\hat{\boldsymbol{u}}$ 表示 3D 人脸平均纹理，$\boldsymbol{S}$ 表示形状的主成分，$\boldsymbol{T}$ 表示纹理的主成分，α 和 β 表示向量组合参数。

(2) 生成人脸形状和纹理系数方法采用 ResNet101 网络[6]进行训练，输入为 CASIA WebFace 数据集[7]，输出为 99 维的 3D 人脸形状系数向量和 99 维的 3D 人脸纹理系数向量，采用非对称欧拉损失函数来表示输出的面部形状和纹理系数与真实值之间的误差，通过随机梯度下降算法来优化网络模型。

那么 ResNet101 网络是怎样将大小为 224×224 的图像变成 99 维的 3D 人脸形状系数呢？下面详细介绍该网络结构的具体结构。

由图 18.10 可知，ResNet101 网络由输入层、中间四层卷积层和输出层组成。输入层将大小为 224×224×3 的输入图像和大小为 7×7×3，个数为 64，步长为 2 的卷积核进行卷积，输出大小为 112×112×64 的特征图。然后将卷积后的特征图进行批归一化操作，并将数据送入 ReLU 激活函数中。最后使用大小为 3×3，步长为 2 的池化单元进行池化操作，输出大小为 56×56×64 的特征图。

中间卷积层的区别主要在于残差块的个数不同。第一层卷积层包含 3 个三层的残差块，每个残差块将输入数据分成两条路。一条路先通过一个 1×1 的卷积减少通道数，再经过 3×3 的卷积使得输出通道数等于输入通道数，后经过 1×1 的卷积恢复通道数得到 256 维的特征图。另一条路直接与输出进行短接，最后将二者相加送入 ReLU 激活函数中，输

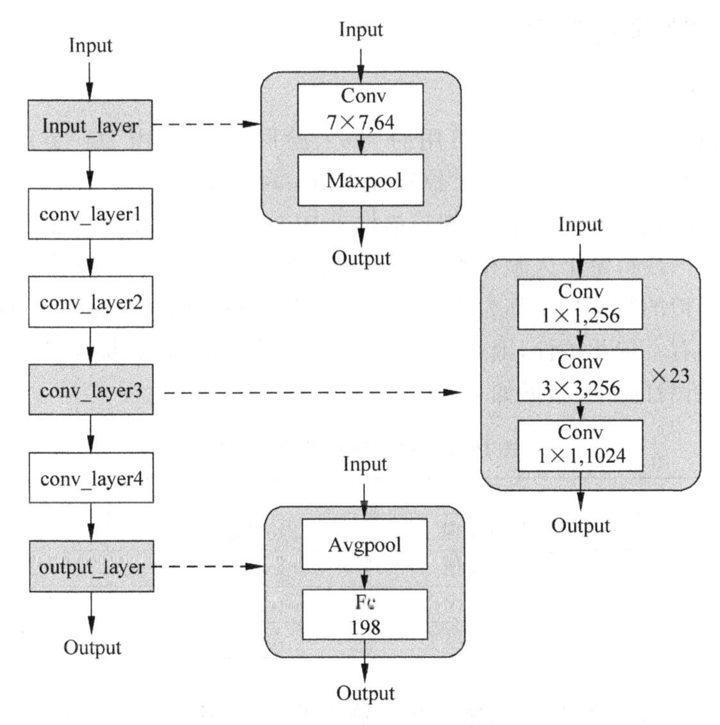

图 18.10 ResNet101 网络结构

出大小为 56×56×256 的特征图。后三层卷积层分别包含 4 个、23 个和 3 个三层的残差块，经过类似与第一层卷积层的处理流程后，分别输出大小为 28×28×512、14×14×1024 和 7×7×2048 的特征图。在实际使用中，由于上下组的卷积层通道数不同，使得短路连接不能直接相加，故在相加前需要添加投影卷积使得二者维度相同。

在卷积之后全连接层之前有一个全局自适应平滑池化，通过该操作把大小为 7×7×2048 的特征图拉成了 1×1×2048 的向量。这里对特征图直接池化，而不用全连接层的原因是因为池化不需要参数，可以在一定程度上节省计算资源，而且池化可以防止模型过拟合，提升泛化能力。最后全连接层将输入为 1×1×2048 的向量与 198 个神经元进行全连接，输出 198 个浮点型(float32)的值，前 99 个为人脸形状系数的预测结果，后 99 个为人脸纹理系数的预测结果。

3. 人脸表情网络

人脸表情网络(Expression Net)主要包括以下两种方法。

(1) 3D 人脸表情表示方法是在 3D 人脸形状表示方法的基础上，添加人脸表情后得到 3D 人脸模型表示形式为：

$$\boldsymbol{S}' = \hat{\boldsymbol{s}} + \boldsymbol{S}\alpha + \hat{\boldsymbol{e}} + \boldsymbol{E}\eta \tag{18-4}$$

其中，$\hat{\boldsymbol{s}}$ 表示 3D 人脸平均形状，$\hat{\boldsymbol{e}}$ 表示 3D 人脸平均表情，$\boldsymbol{S}$ 表示形状的主成分，$\boldsymbol{E}$ 表示表情的主成分，α 和 η 表示向量组合参数。

(2) 生成人脸表情系数使用 ResNet101 网络生成 29 维的人脸表情系数的原理与上一部分中介绍的生成人脸形状系数一样，兹不赘述。

18.2.3 数据后处理

1. 巴塞尔人脸模型

巴塞尔人脸模型[8]，是一个公开可用的3D人脸形变模型，由200个人脸模型组成，其中每一个人脸模型都包含相应的脸型、纹理和表情三种向量。

将100名女性和100名男性的面部扫描作为BFM模型的数据集，然后对扫描后的人脸数据进行稠密对齐，使得每个人脸模型都被参数化为一个具有46 990个顶点的三角网络，其形状、纹理和表情的数据长度都为140 970，并且共享拓扑结构。由于原型人脸数量比较大，且人脸数据间有一定相关性，因此使用主成分分析法对人脸形状、纹理和表情向量进行处理。主成分分析后的人脸数据如表18.1所示。

表18.1 主成分分析后的数据

shapeMU	人脸平均形状	shapePC	人脸形状主成分
texMU	人脸平均纹理	texPC	人脸纹理主成分
expMU	人脸平均表情	expPC	人脸表情主成分
shapeEV	人脸形状标准差	texEV	人脸纹理标准差
expEV	人脸表情标准差	faces	人脸面片信息

将主成分分析后的人脸数据和神经网络输出的3DMM参数送入到结合了3D人脸姿态、形状和表情的最终3D人脸模型表示形式中：

$$\boldsymbol{S}_{\text{model}} = (\boldsymbol{R} \times \boldsymbol{S}'^{\mathrm{T}} + \boldsymbol{t})^{\mathrm{T}} \tag{18-5}$$

其中，$\boldsymbol{R}$ 是由Rodrigues公式将旋转参数 r 转换得到的头部姿态旋转矩阵，$\boldsymbol{S}'$ 表示添加表情后的人脸形状，$\boldsymbol{t}$ 表示头部姿态的平移参数。

由式(18-5)即可得到3D人脸模型的顶点及面片信息，将其保存在obj_Shape_Expr_Pose.csv文件中，文件内容如图18.11所示。

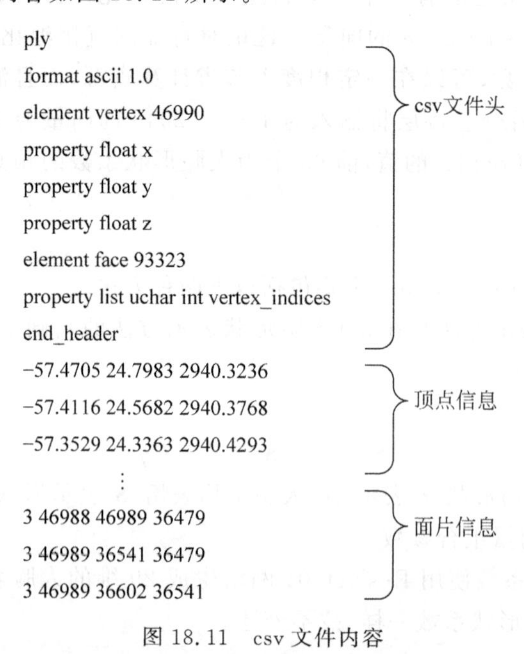

图18.11 csv文件内容

2. 绘制 3D 人脸模型

读取 csv 文件中的顶点和面片信息，使用 matplot 中的三角曲面函数绘制测试图片对应的 3D 人脸模型，并将其保存为图片。然后使用 pyqt 设计软件界面，显示出测试图片对应的 3D 人脸模型。

18.2.4　网络结构介绍

对于人脸姿态网络，采用 AlexNet 网络进行训练。AlexNet 网络的提出，标志着深度神经网络开始大规模地应用在视觉识别上。与之前的网络相比，AlexNet 网络提出了许多改进的方法，取得了不错的效果。该网络采用了分段线性函数 ReLU 作为激活函数，提高了网络模型的优化速度。此外，使用了局部响应归一化来提高模型的泛化能力，还应用重叠池化来达到避免过拟合的作用。AlexNet 网络的前两层全连接层后面还引入了 dropout 的功能，有效地防止了模型过拟合，让网络泛化能力更强，同时由于降低了网络的复杂度，从而加快了运算速度。最后，该网络还使用了数据增强技术，扩大了数据集。

对于人脸形状和表情网络，采用 ResNet101 网络进行训练。一方面是因为希望网络模型的深度较深，以便可以学习到更多的人脸细节特征，使 3D 人脸模型具有更多的区别性。另一方面是因为 ResNet 网络中的残差单元有效地解决了由于网络深度加深而导致网络性能下降的退化问题。那为什么网络深度的增加会导致网络性能的下降呢？ResNet 网络又是怎样成功解决这一难题的呢？

随着网络深度的增加，可能会伴随梯度消失或者梯度爆炸的问题，从而阻碍了网络的收敛。梯度消失会导致反向传播过程中无法更新靠近输入层的部分隐藏层的权重，使得这些隐藏层相当于只是一个映射层，其结果就是只有靠近输出层的隐藏层网络在学习，这必然也就会导致训练误差和测试误差都很高。如果网络的初始权值过大，会导致靠近输入层的隐藏层权值变化比靠近输出层的隐藏层权值变化更快，从而出现梯度爆炸问题。

ResNet 网络就是为了解决上述问题而诞生的。该网络的核心是残差学习基本单元，如图 18.12 所示。

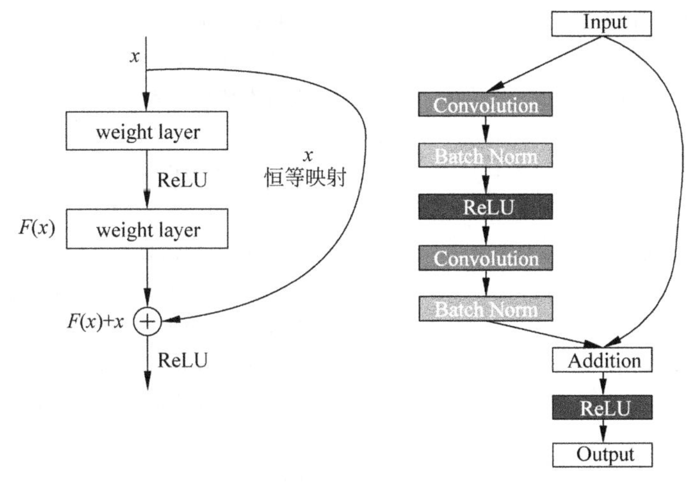

图 18.12　残差学习基本单元

假设原先的网络输入为 x，期望输出为 $H(x)=F(x)$。而残差学习单元通过恒等映射的引入在输入、输出之间建立了一条直接的关联通道，使得输入为 x，输出为 $H(x)=F(x)+x$，那么网络只需要学习输入和输出之间的残差 $F(x)=H(x)-x$ 即可，这比以前的网络直接学习原始特征 $H(x)$简单许多。

18.3 实验操作

18.3.1 代码介绍

1. 实验环境

3D 人脸重建实验环境如表 18.2 所示。

表 18.2 实验环境

条　件	环　境
操作系统	Ubuntu 16.04
开发语言	Python 2.7
深度学习框架	TensorFlow 1.14.0
相关库	NumPy 1.12.0 Opencv 4.1.1.26 Matplotlib 2.2.4 PyQt 5.9.7 Rustface 0.1.0 Pillow 6.2.1

2. 实验代码下载地址

扫描二维码下载实验代码。

3. 代码文件目录结构

```
Expression-Net-master·······························工程根目录
├── AlexNet·······························构建头部姿态网络
├── Expression_Model·······························人脸表情预训练网络模型
├── fpn_new_model·······························头部姿态预训练网络模型
├── gui.py·······························绘制 3D 人脸模型
├── images·······························测试图片
├── main_ExpShapePoseNet.py·······························生成 3D 人脸信息
├── output·······························保存生成的.ply 文件和 3D 人脸模型图片
├── pillow.py·······························人脸检测,输出人脸边界框
├── prepro_data.py·······························扩充人脸边界框,并对图像进行裁剪
├── README.md·······························配置环境步骤及程序运行说明
├── ResNet·······························构建人脸形状和表情网络
├── Shape_Model·······························人脸表情预训练网络模型
├── tmp·······························保存数据预处理后的图片
└── utils.py·······························使用 BFM 模型生成 3DMM 信息
```

18.3.2 数据集介绍

1. CASIA WebFace 数据集

CASIA-WebFace[7]数据集是从 IMBb 网站上搜集来的，包含了 10 575 人的 494 414 张图像。该数据集做了相似度聚类来去掉一部分噪声，适合作为训练数据。部分样本图像如图 18.13 所示。

图 18.13 部分 CASIA WebFace 数据

采用一种大致基于 M. Piotraschke 等人提出的多图像 3DMM 生成方法[9]，在 CASIA WebFace 数据集上生成 3DMM 形状系数，并将其作为训练人脸形状网络的标签值，具体操作方法请参考文献[10]。同样，根据现有的人脸特征点检测器[11]和头部姿态网络生成的投影矩阵[12]，得到 3DMM 表情系数，并将其作为训练人脸表情网络的标签值，具体操作方法请参考文献[13]。

2. VGG 人脸数据集

VGG 人脸数据集(VGG Face Dataset)[5]是一个人脸图像数据，包含了 2622 人的 200 万张人脸图像。数据内容包括人脸图像网址和对应人脸检测位置。该数据集噪声比较小，相对来说能训练出比较好的结果，所以经常作为训练模型的数据。部分样本图像如图 18.14 所示。

通过在 VGG 人脸数据集上采用现有的人脸特征点检测器[14]来合成 3D 头部姿态系数，并将其作为训练网络的标签值，具体方法请参考文献[12]。除此之外，还在 VGG 人脸数据集上应用了多种面部增强技术以丰富图像的外观变化[12,14-15]。

图 18.14 部分 VGG 人脸数据

18.3.3 实验操作及结果

1. 实验操作步骤

(1) 根据上述实验环境的说明,配置好环境,详细步骤请查看程序文件夹中的 README.md。

(2) 进入文件夹 Expression-Net-master 中,运行 gui.py 文件,上传一张 2D 图片,即可生成 3D 人脸。

2. 软件界面及结果展示

(1) 软件界面:如图 18.15 所示,单击“打开图片”按钮,上传一张带有人脸的图片。然后单击“3D 人脸建模”按钮,即可重建出 3D 人脸模型。

图 18.15 软件界面

(2) 结果展示：如图 18.16 所示，用 Windows 自带的 3D 查看器打开生成的. ply 文件，按住鼠标左键即可旋转查看 3D 人脸模型。

图 18.16 结果展示

18.4 总结与展望

近年来，端到端的 3D 人脸重建方法开始流行，它们绕开像 3DMM 的人脸模型，设计自己的 3D 人脸表示方法，采用 CNN 结构进行直接回归，端到端地重建 3D 人脸，主要代表有体素回归网络[16]和位置映射回归网络[17]。

论文 *Large Pose 3D Face Reconstruction from a Single Image via Direct Volumetric CNN Regressio* 提出了一种新型的体素回归网络(VRNet)，能够对任意姿势和表情的 2D 面部图片进行 3D 面部重建。该方法的主要思想是用一个 192×192×200 的体素网格来表示 3D 人脸模型，相当于将人脸看成是从耳后平面到鼻尖平面的 200 个横切片。通过训练 CNN 网络直接回归出体素值，从而进行 3D 人脸重建。

论文 *Joint 3D Face Reconstruction and Dense Alignment with Position Map Regression Network* 提出了一种可以直接从单幅人脸图像同时完成 3D 人脸重建和稠密人脸对齐的端到端的方法，即位置映射回归网络(PRNet)。该方法的主要思想是用 UV 位置映射图来表示 3D 人脸模型，而 UV 位置映射图是一种记录所有面部点云 3D 坐标的 2D 图像，并且每个 UV 多边形中都保留了语义信息。通过训练 CNN(编码-解码)网络，从单张 2D 人脸图像中回归出 UV 位置映射，从而直接获得 3D 几何以及语义信息，完成密集对齐，单图 3D 人脸重建，姿态估计等任务。

除此之外，仍有许多学者使用 CNN 估计 3DMM 系数来进行 3D 人脸重建，并针对带有 3D 注释的训练数据不足的问题提出了进一步的解决方案。论文 *Joint 3D Face Reconstruction and Dense Face Alignment from A Single Image with 2D-Assisted Self-Supervised Learning* 提出了 2D 辅助自监督学习方法(2DASL)[18]，引入了 4 种新颖的自监督方案，将 2D 特征点和 3D 特征点的预测看作是一个自映射过程，包括 2D 和 3D 特征点自预测一致性、2D 特征点预测的循环一致性和基于特征点预测的 3DMM 系数预测自评估，从而有效地解决了带有 3D 注释的训练数据不足的问题。该方法将带有 3DMM 标签值的 2D 图像和带有 2D 面部特征点注释的 2D 面部图像输入到 CNN 网络中，通过最小化一个 3D 监督函数和四个自监督损失函数得到 3DMM 系数，从而进行 3D 人脸重建和密集人脸对齐等任务。

18.5 参考文献

[1] 石磊. 三维人脸建模研究的进展与展望 [J]. 计算机与数字工程，2011，39(3)：141-3.
[2] 何晏晏. 面向三维人脸形变模型的非均匀重采样对齐技术 [D]. 北京：北京工业大学，2006.

[3] Blanz, V, Vetter, T, Rockwood, A. A Morphable Model for the Synthesis of 3D Faces [C]. Proceedings of the 26th annual conference on Computer Graphics and Interactive Techniquesacm, 1999: 187-194.

[4] Krizhevsky A, Sutskever I, Hinton G E. Imagenet classification with deep convolutional neural networks[C]. Proceedings of the Advances in Neural Information Processing Systems, 2012.

[5] Parkhi O M, Vedaldi A, Zisserman A. Deep Face Recognition [C]// British Machine Vision Conference, 2015.

[6] He K, Zhang X, Ren S, et al. Deep Residual Learning for Image Recognition[J/OL]. (2015-12-10) [2020-07-10]. https://arxiv. org/abs/1512. 03385.

[7] Yi D, Lei Z, Liao S, et al. Learning face representation from scratch [J/OL]. (2014-11-28)[2020-08-20]. https://arxiv. org/abs/1411. 7923.

[8] Paysan P, Knothe R, Amberg B, et al. A 3D Face Model for Pose and Illumination Invariant Face Recognition[C]//IEEE International Conference on Advanced Video and Signal Based Surveillance. IEEE, 2009.

[9] Piotraschke M, Blanz V. Automated 3D Face Reconstruction from Multiple Images Using Quality Measures[C]// Computer Vision & Pattern Recognition. IEEE, 2016: 3418-3427.

[10] Tran A T, Hassner T, Masi I, et al. Regressing Robust and Discriminative 3D Morphable Models with a Very Deep Neural Network [C]// IEEE Conference on Computer Vision and Pattern Recognition (CVPR). IEEE, 2017.

[11] Baltrusaitis T, Robinson P, Morency L P. Constrained Local Neural Fields for Robust Facial Landmark Detection in the Wild [C]// IEEE International Conference on Computer Vision Workshops. IEEE, 2013.

[12] Chang F J, Tran A T, Hassner T, et al. Faceposenet: Making a case for landmark-free face alignment [C]//the Proceedings of the IEEE International Conference on Computer Vision, 2017.

[13] Chang F J, Tran A T, Hassner T, et al. ExpNet: Landmark-free, deep, 3D facial expressions[J/OL]. (2018-02-02)[2020-08-20]. https://arxiv. org/abs/1802. 00542.

[14] Baltrusaitis T, Robinson P, Morency L P. OpenFace: An open source facial behavior analysis toolkit [C]// IEEE Winter Conference on Applications of Computer Vision. IEEE, 2016.

[15] Yang Z, Nevatia R. A multi-scale cascade fully convolutional network face detector[J/OL]. (2016-09-12)[2020-08-20]. https://arxiv. org/abs/1609. 03536.

[16] Jackson A S, Bulat A, Argyriou V, et al. Large pose 3D face reconstruction from a single image via direct volumetric CNN regression [J/OL]. (2017-05-22) [2020-08-20]. https://arxiv. org/abs/1703. 07834.

[17] Feng Y, Wu F, Shao X, et al. Joint 3D face reconstruction and dense alignment with position map regression network[J/OL]. (2018-03-18)[2020-08-20]. https://arxiv. org/abs/1803. 07835.

[18] Tu X, Zhao J, Jiang Z, et al. Joint 3D Face Reconstruction and Dense Face Alignment from A Single Image with 2D-Assisted Self-Supervised Learning [EB/OL]. (2018-03-22) [2020-08-20]. https://arxiv. org/abs/1903. 09359.

图书资源支持

感谢您一直以来对清华大学出版社图书的支持和爱护。为了配合本书的使用，本书提供配套的资源，有需求的读者请扫描下方的“书圈”微信公众号二维码，在图书专区下载，也可以拨打电话或发送电子邮件咨询。

如果您在使用本书的过程中遇到了什么问题，或者有相关图书出版计划，也请您发邮件告诉我们，以便我们更好地为您服务。

我们的联系方式：

地　　址：北京市海淀区双清路学研大厦 A 座 701

邮　　编：100084

电　　话：010-83470236　010-83470237

资源下载：http://www.tup.com.cn

客服邮箱：tupjsj@vip.163.com

QQ：2301891038（请写明您的单位和姓名）

教学资源 · 教学样书 · 新书信息

人工智能科学与技术
人工智能|电子通信|自动控制

资料下载 · 样书申请

书圈

用微信扫一扫右边的二维码，即可关注清华大学出版社公众号。